高等职业教育公共课精品教材

"互联网+"新形态立体化教学资源特色教材

U0861305

线性代数与概率统计

主　编　吴叶民　顾春华

副主编　徐亚丹　仲　盛　何　鸣

参　编　李　彦　夏　瞾

中国轻工业出版社

图书在版编目（CIP）数据

线性代数与概率统计 / 吴叶民，顾春华主编.
北京：中国轻工业出版社，2025. 1. -- (高等职业教育公共课精品教材). -- ISBN 978-7-5184-4800-5

Ⅰ. O151. 2； O21

中国国家版本馆 CIP 数据核字第 2024V89T91 号

责任编辑：张文佳　　责任终审：许春英
文字编辑：姜瑞雪　　责任校对：吴大朋　　封面设计：锋尚设计
策划编辑：张文佳　　版式设计：砚祥志远　　责任监印：张　可

出版发行：中国轻工业出版社（北京鲁谷东街 5 号，邮编：100040）
印　　刷：河北鑫兆源印刷有限公司
经　　销：各地新华书店
版　　次：2025 年 1 月第 1 版第 1 次印刷
开　　本：787×1092　1/16　印张：15
字　　数：420 千字
书　　号：ISBN 978-7-5184-4800-5　定价：59. 80 元
邮购电话：010-85119873
发行电话：010-85119832　010-85119912
网　　址：http：//www. chlip. com. cn
Email：club@ chlip. com. cn

231729J2X101ZBW

前　言

“线性代数与概率统计”是高职高专各专业的公共基础课，对学生学习专业课程和技能提供了必要的数学基础，有利于培养学生应用数学解决问题的能力和素质。我们在总结多年高职高专“线性代数与概率统计”教学经验的基础上，分析国内外同类教材发展趋势，探索高职高专“线性代数与概率统计”教学的发展动向，组织编写本教材。

本教材编写中坚持以下几点。

（1）在内容的选择上，根据高职高专教育的培养目标和教学的实际需要，知识的介绍从宽从简，注重讲清概念，降低理论要求，重视应用。在内容的编排上，由浅入深，由易到难，循序渐进，符合学生的认知规律和接受能力。

（2）根据高职高专各专业对“线性代数与概率统计”的基本要求，贯彻“理解概念、强化应用”的教学原理，注重与实际应用联系较多的基础知识、方法和技能的训练，不追求过分复杂的计算和证明。

（3）注重培养学生应用数学知识和计算机软件解决实际问题的能力，把知识点结合实际应用案例进行讲解，能更好地使学生形成数学建模意识，培养数学建模能力，并且通过 MATLAB 软件的使用，真正提高学生应用软件计算的能力。

（4）本教材有配套的学习通线上课程，具备丰富的微课、课件、作业、测验等课程资源，非常方便开展线上线下混合式教学。

全书分两篇共 8 章，包括：行列式，矩阵，线性方程组，特征值、特征向量及二次型，线性规划，随机事件与概率，随机变量及其数字特征，数理统计初步。另外把 MATLAB 在线性代数与概率统计中的应用编入附录，有利于培养学生数学建模和数学实验的能力。书中加“*”部分为选学内容。

本教材由吴叶民、顾春华担任主编，徐亚丹、仲盛、何鸣担任副主编，参加编写的有李彦、夏曌。

限于编者水平，加之时间仓促，教材中一定存在不妥之处，欢迎使用本教材的教师与广大读者提出宝贵意见。

编　者

目 录

第一篇 线性代数

第 1 章 行列式 …… 2
1.1 行列式的概念和性质 …… 2
1.1.1 二阶和三阶行列式 …… 2
1.1.2 n 阶行列式 …… 4
1.1.3 行列式的性质 …… 6
1.2 行列式的计算 …… 10
1.2.1 行列式的初等变换 …… 10
1.2.2 行列式的计算方法 …… 10
1.3 克拉默法则 …… 13
1.4 本章小结 …… 16
1.4.1 行列式的概念和性质 …… 16
1.4.2 行列式的计算 …… 17
1.4.3 克拉默法则 …… 17
习题 1 …… 18
自测题 1 …… 19

第 2 章 矩阵 …… 23
2.1 矩阵的概念及运算 …… 23
2.1.1 矩阵的概念 …… 23
2.1.2 矩阵的运算 …… 26
2.2 逆矩阵 …… 30
2.2.1 逆矩阵的概念 …… 30
2.2.2 逆矩阵的存在性及求法 …… 30
2.2.3 逆矩阵的性质 …… 32
2.2.4 用逆矩阵解线性方程组和矩阵方程 …… 33
2.3 矩阵的初等变换与矩阵的秩 …… 34
2.3.1 矩阵的初等变换与初等矩阵 …… 34
2.3.2 矩阵的秩 …… 38

2.4 矩阵初等行变换的应用 …… 40
2.4.1 利用矩阵的初等行变换求逆矩阵 …… 40
2.4.2 利用矩阵的初等行变换解矩阵方程 …… 41
2.5 本章小结 …… 42
2.5.1 矩阵的概念及运算 …… 42
2.5.2 逆矩阵 …… 43
2.5.3 矩阵的初等变换和矩阵的秩 …… 43
2.5.4 矩阵初等行变换的应用 …… 44
习题 2 …… 44
自测题 2 …… 46

第 3 章 线性方程组 …… 48
3.1 消元法 …… 48
3.1.1 增广矩阵的概念 …… 48
3.1.2 消元法 …… 49
3.2 线性方程组解的判定 …… 53
3.2.1 非齐次线性方程组解的判定 …… 54
3.2.2 齐次线性方程组解的判定 …… 57
3.3 向量与向量组 …… 58
3.3.1 向量的概念及运算 …… 59
3.3.2 向量间的线性关系 …… 60
3.3.3 向量组的秩 …… 63
3.4 线性方程组解的结构 …… 64
3.4.1 齐次线性方程组解的结构 …… 64
3.4.2 非齐次线性方程组解的结构 …… 67
3.5 本章小结 …… 69
3.5.1 消元法 …… 69
3.5.2 线性方程组解的判定 …… 69
3.5.3 向量与向量组 …… 70
3.5.4 线性方程组解的结构 …… 70
习题 3 …… 70
自测题 3 …… 72

***第 4 章 特征值、特征向量及二次型** …… 75
4.1 矩阵的特征值和特征向量 …… 75
4.1.1 矩阵的特征值与特征向量的概念及性质 …… 75

4.1.2 矩阵的特征值与特征向量的求法 …… 76
4.2 相似矩阵与矩阵的对角化 …… 78
4.2.1 相似矩阵及其性质 …… 78
4.2.2 矩阵与对角矩阵相似的条件 …… 79
4.3 实对称矩阵的相似矩阵 …… 81
4.3.1 向量的内积与向量组的施密特正交化法 …… 82
4.3.2 正交矩阵 …… 84
4.3.3 实对称矩阵的相似矩阵 …… 84
4.4 二次型及其标准形 …… 86
4.4.1 二次型的概念 …… 86
4.4.2 用配方法化实二次型为标准形 …… 87
4.4.3 用正交变换化实二次型为标准形 …… 88
4.5 正定二次型和负定二次型 …… 89
4.5.1 正定、负定二次型的概念 …… 89
4.5.2 正定、负定二次型的判别法 …… 90
4.6 本章小结 …… 91
4.6.1 矩阵的特征值和特征向量 …… 91
4.6.2 相似矩阵与矩阵的对角化 …… 92
4.6.3 实对称矩阵的相似矩阵 …… 92
4.6.4 二次型及其标准形 …… 92
4.6.5 正定二次型 …… 92
习题4 …… 93
自测题4 …… 94

*第5章 线性规划 …… 96
5.1 线性规划问题的数学模型及其标准形 …… 96
5.1.1 线性规划问题的数学模型 …… 96
5.1.2 线性规划问题的标准形 …… 98
5.2 图解法 …… 100
5.3 单纯形法 …… 104
5.3.1 基本概念和解的判别法 …… 104
5.3.2 单纯形法 …… 106
5.4 两阶段法 …… 112
5.5 本章小结 …… 119
5.5.1 线性规划问题的数学模型及其标准形 …… 119
5.5.2 图解法 …… 119

5.5.3 单纯形法 …… 119
5.5.4 两阶段法 …… 120
习题5 …… 120
自测题5 …… 122

第二篇 概率统计

第6章 随机事件与概率 …… 126
6.1 随机事件 …… 126
6.1.1 随机现象及其统计规律性 …… 126
6.1.2 随机事件 …… 127
6.1.3 事件的关系与运算 …… 128
6.2 随机事件的概率 …… 130
6.2.1 频率与概率 …… 130
6.2.2 古典概型 …… 131
6.2.3 加法公式 …… 133
6.3 条件概率、全概公式与逆概公式 …… 135
6.3.1 条件概率与乘法公式 …… 135
6.3.2 全概公式 …… 136
6.3.3 逆概公式 …… 137
6.4 事件的独立性与伯努利概型 …… 138
6.4.1 事件的独立性 …… 138
6.4.2 伯努利概型 …… 140
6.5 本章小结 …… 141
6.5.1 随机事件 …… 141
6.5.2 事件的概率 …… 142
6.5.3 条件概率、全概公式与逆概公式 …… 142
6.5.4 事件的独立性与伯努利概型 …… 143
习题6 …… 143
自测题6 …… 145

第7章 随机变量及其数字特征 …… 147
7.1 随机变量 …… 147
7.1.1 随机变量的概念 …… 147
7.1.2 离散型随机变量及其概率分布 …… 148

7.1.3 连续型随机变量及其概率密度函数 …… 150
7.2 分布函数 …… 153
7.2.1 分布函数的概念 …… 153
7.2.2 离散型随机变量的分布函数 …… 153
7.2.3 连续型随机变量的分布函数 …… 154
7.2.4 随机变量函数的分布 …… 156
7.3 两个重要分布 …… 159
7.3.1 二项分布 …… 159
7.3.2 正态分布 …… 161
7.4 数学期望 …… 163
7.4.1 离散型随机变量的数学期望 …… 163
7.4.2 连续型随机变量的数学期望 …… 165
7.4.3 随机变量函数的数学期望 …… 165
7.4.4 数学期望的性质 …… 166
7.5 方差 …… 167
7.5.1 方差的概念 …… 167
7.5.2 方差的性质 …… 169
7.5.3 常用分布的数学期望和方差 …… 169
7.6 本章小结 …… 170
7.6.1 随机变量 …… 170
7.6.2 分布函数 …… 171
7.6.3 两个重要分布 …… 171
7.6.4 数学期望 …… 171
7.6.5 方差 …… 172
习题 7 …… 172
自测题 7 …… 174

第 8 章 数理统计初步 …… 176
8.1 数理统计的基本概念 …… 176
8.1.1 总体与样本 …… 176
8.1.2 统计量 …… 178
8.1.3 抽样分布 …… 180
8.2 点估计 …… 182
8.2.1 矩估计 …… 182
8.2.2 极大似然估计 …… 183
8.2.3 评价估计量优劣的标准 …… 185

8.3 区间估计 …… 186
8.3.1 基本概念 …… 186
8.3.2 单个正态总体数学期望的区间估计 …… 187
8.3.3 单个正态总体方差的区间估计 …… 189
8.4 假设检验 …… 190
8.4.1 基本概念 …… 190
8.4.2 单个正态总体数学期望的假设检验 …… 191
8.4.3 单个正态总体方差的假设检验（χ^2 检验法） …… 192
8.5 本章小结 …… 194
8.5.1 数理统计的基本概念 …… 194
8.5.2 点估计 …… 194
8.5.3 区间估计 …… 195
8.5.4 假设检验 …… 195
习题 8 …… 196
自测题 8 …… 197

习题与自测题答案 …… 200

附录 MATLAB 在线性代数与概率统计中的应用 …… 214
附表 1 标准正态分布表 …… 227
附表 2 t 分布表 …… 228
附表 3 χ^2 分布表 …… 229

参考文献 …… 230

第一篇 线性代数

线性代数（Linear Algebra）是数学的一个分支，它的研究对象包括向量、向量空间、线性变换和线性方程组等。它的主要理论成熟于19世纪，而第一块基石（二元、三元线性方程组的解法）则早在两千年前中国古代数学名著《九章算术》中就已经出现。线性代数广泛应用于科学技术的各个领域。在计算机日益发展和普及的今天，线性代数已成为学生所必备的基础理论知识和重要的数学工具。

第 1 章　行列式

学习目标

1. 理解 n 阶行列式的概念和性质。
2. 熟练掌握行列式的计算方法。
3. 会用克拉默（Cramer）法则解线性方程组及判断线性方程组解的情况。

行列式是线性代数中一个最基本的概念，出现于线性方程组的求解，最早是一种速记表达式，现在它不仅是研究线性代数的重要工具，在其他数学分支及一些实际问题中也常常要用到。

1.1　行列式的概念和性质

1.1.1　二阶和三阶行列式

行列式的概念

在初等数学中，我们用加减消元法求解二元一次方程组

$$\begin{cases} a_{11}x_1 + a_{12}x_2 = b_1 \\ a_{21}x_1 + a_{22}x_2 = b_2 \end{cases}$$

得

$$\begin{cases} (a_{11}a_{22} - a_{12}a_{21})x_2 = a_{11}b_2 - a_{21}b_1 \\ (a_{11}a_{22} - a_{12}a_{21})x_1 = a_{22}b_1 - a_{12}b_2 \end{cases}$$

为了方便使用和记忆，将未知数 x_1，x_2 的共有系数（$a_{11}a_{22} - a_{12}a_{21}$）简记为

$$\begin{vmatrix} a_{11} & a_{12} \\ a_{21} & a_{22} \end{vmatrix}$$

称为二阶行列式，即

$$\begin{vmatrix} a_{11} & a_{12} \\ a_{21} & a_{22} \end{vmatrix} = a_{11}a_{22} - a_{12}a_{21}$$

数 a_{ij} ($i=1,2;j=1,2$) 称为该行列式的元素，元素 a_{ij} 的第一个下标 i 称为行标，表明该元素位于第 i 行，第二个下标 j 称为列标，表明该元素位于第 j 列。

上述二阶行列式的定义，可用对角线法则

$$\begin{vmatrix} a_{11} & a_{12} \\ a_{21} & a_{22} \end{vmatrix}$$

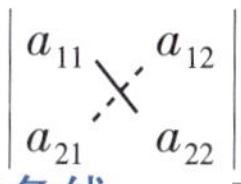

来记忆。把 a_{11} 到 a_{22} 的实连线称为**主对角线**，a_{12} 到 a_{21} 的虚连线称为**副对角线**，于是二阶行列式的值便是主对角线上的两元素乘积与副对角线上两元素乘积之差。

根据对角线法则，$a_{22}b_1 - a_{12}b_2$、$a_{11}b_2 - a_{21}b_1$ 可分别简记为 $\begin{vmatrix} b_1 & a_{12} \\ b_2 & a_{22} \end{vmatrix}$ 和 $\begin{vmatrix} a_{11} & b_1 \\ a_{21} & b_2 \end{vmatrix}$，当 $\begin{vmatrix} a_{11} & a_{12} \\ a_{21} & a_{22} \end{vmatrix} \neq 0$ 时，一元二次方程组的解可以表示为

$$x_1 = \frac{\begin{vmatrix} b_1 & a_{12} \\ b_2 & a_{22} \end{vmatrix}}{\begin{vmatrix} a_{11} & a_{12} \\ a_{21} & a_{22} \end{vmatrix}}, \quad x_2 = \frac{\begin{vmatrix} a_{11} & b_1 \\ a_{21} & b_2 \end{vmatrix}}{\begin{vmatrix} a_{11} & a_{12} \\ a_{21} & a_{22} \end{vmatrix}}$$

类似地，由 3^2 个数组成的符号 $\begin{vmatrix} a_{11} & a_{12} & a_{13} \\ a_{21} & a_{22} & a_{23} \\ a_{31} & a_{32} & a_{33} \end{vmatrix}$ 称为三阶行列式，表示数值

$$a_{11}a_{22}a_{33} + a_{12}a_{23}a_{31} + a_{21}a_{32}a_{13} - a_{11}a_{23}a_{32} - a_{12}a_{21}a_{33} - a_{13}a_{22}a_{31}$$

为便于记忆，也可由如下对角线法则来得到。

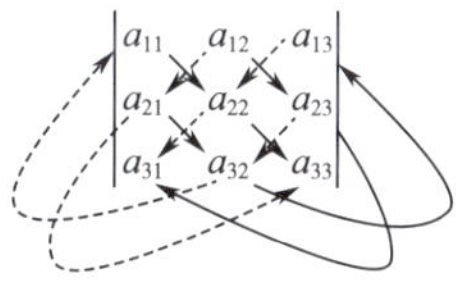

图中三条实线上的三个元素的乘积都带正号，位于三条虚线上的三个元素的乘积都带负号，它们的代数和就是三阶行列式的值，即

$$\begin{vmatrix} a_{11} & a_{12} & a_{13} \\ a_{21} & a_{22} & a_{23} \\ a_{31} & a_{32} & a_{33} \end{vmatrix} = a_{11}a_{22}a_{33} + a_{12}a_{23}a_{31} + a_{21}a_{32}a_{13} - a_{11}a_{23}a_{32} - a_{12}a_{21}a_{33} - a_{13}a_{22}a_{31}$$

容易验证，三阶行列式可以通过比它低一阶的二阶行列式的展开式来计算，即

$$D = \begin{vmatrix} a_{11} & a_{12} & a_{13} \\ a_{21} & a_{22} & a_{23} \\ a_{31} & a_{32} & a_{33} \end{vmatrix} = a_{11}\begin{vmatrix} a_{22} & a_{23} \\ a_{32} & a_{33} \end{vmatrix} - a_{12}\begin{vmatrix} a_{21} & a_{23} \\ a_{31} & a_{33} \end{vmatrix} + a_{13}\begin{vmatrix} a_{21} & a_{22} \\ a_{31} & a_{32} \end{vmatrix}$$

其中三个二阶行列式分别是在原来的三阶行列式 D 中划去第一行元素 a_{1j}（$j=1,2,3$）

所在的第一行和第 j 列的元素，剩下的元素保持原来的相对位置所组成的二阶行列式，而每一项的符号等于 $(-1)^{1+j}$，即

$$D=(-1)^{1+1}a_{11}\begin{vmatrix}a_{22}&a_{23}\\a_{32}&a_{33}\end{vmatrix}+(-1)^{1+2}a_{12}\begin{vmatrix}a_{21}&a_{23}\\a_{31}&a_{33}\end{vmatrix}+(-1)^{1+3}a_{13}\begin{vmatrix}a_{21}&a_{22}\\a_{31}&a_{32}\end{vmatrix}$$

例 1-1 计算行列式 $D=\begin{vmatrix}1&2&-4\\-2&2&1\\-3&4&-2\end{vmatrix}$

解： 法一（对角线法则）

$$\begin{vmatrix}1&2&-4\\-2&2&1\\-3&4&-2\end{vmatrix}$$
$$=1\times2\times(-2)+2\times1\times(-3)+(-4)\times(-2)\times4-1\times1\times4-2\times(-2)\times(-2)-(-4)\times2\times(-3)$$
$$=-14$$

法二（按第一行展开）

$$\begin{vmatrix}1&2&-4\\-2&2&1\\-3&4&-2\end{vmatrix}$$
$$=(-1)^{1+1}\times1\times\begin{vmatrix}2&1\\4&-2\end{vmatrix}+(-1)^{1+2}\times2\times\begin{vmatrix}-2&1\\-3&-2\end{vmatrix}+(-1)^{1+3}\times(-4)\times\begin{vmatrix}-2&2\\-3&4\end{vmatrix}$$
$$=-14$$

例 1-2 求解方程 $\begin{vmatrix}1&1\\x&x^2\end{vmatrix}=0$。

解： 因为 $\begin{vmatrix}1&1\\x&x^2\end{vmatrix}=1\times x^2-1\times x=x^2-x$，故 $x^2-x=0$，解得 $x=0$ 或 $x=1$。

1.1.2 n 阶行列式

三阶行列式可以按第一行展开成三个二阶行列式的代数和，同样，可用三阶行列式来定义四阶行列式，依此类推。按照这一规律，在定义了 $n-1$ 阶行列式的基础上，便可得到 n 阶行列式的定义。

定义 1 由 n^2 个数组成的算式 $D=\begin{vmatrix}a_{11}&a_{12}&\cdots&a_{1n}\\a_{21}&a_{22}&\cdots&a_{2n}\\\vdots&\vdots&&\vdots\\a_{n1}&a_{n2}&\cdots&a_{nn}\end{vmatrix}$ 称为 n **阶行列式**，其值为

$$(-1)^{1+1}a_{11}\begin{vmatrix} a_{22} & a_{23} & \cdots & a_{2n} \\ a_{32} & a_{33} & \cdots & a_{3n} \\ \vdots & \vdots & & \vdots \\ a_{n2} & a_{n3} & \cdots & a_{nn} \end{vmatrix}+(-1)^{1+2}a_{12}\begin{vmatrix} a_{21} & a_{23} & \cdots & a_{2n} \\ a_{31} & a_{33} & \cdots & a_{3n} \\ \vdots & \vdots & & \vdots \\ a_{n1} & a_{n3} & \cdots & a_{nn} \end{vmatrix}+\cdots+$$

$$(-1)^{1+n}a_{1n}\begin{vmatrix} a_{21} & a_{22} & \cdots & a_{2,n-1} \\ a_{31} & a_{32} & \cdots & a_{3,n-1} \\ \vdots & \vdots & & \vdots \\ a_{n1} & a_{n2} & \cdots & a_{n,n-1} \end{vmatrix}$$

其中 $a_{ij}(i,\ j=1,\ 2,\ \cdots,\ n)$ 是 n 阶行列式 D 的第 i 行第 j 列**元素**。

n 阶行列式 D 从左上角到右下角的元素 a_{11}，a_{22}，$\cdots$，a_{nn} 的连线称为**主对角线**，从左下角到右上角的元素 a_{n1}，$a_{n-1,2}$，$\cdots$，$a_{2,n-1}$，a_{1n} 的连线称为**副对角线**。

定义 2　在 n 阶行列式 D 中，把元素 $a_{ij}(i,\ j=1,\ 2,\ \cdots,\ n)$ 所在的第 i 行和第 j 列划去后，余下的元素按原次序组成的 $n-1$ 阶行列式称为元素 a_{ij} 的**余子式**，记作 M_{ij}。又记 $A_{ij}=(-1)^{i+j}M_{ij}$ 称为元素 a_{ij} 的**代数余子式**。

因而 n 阶行列式的定义可简述为：n 阶行列式等于它的第一行各元素与其对应的代数余子式乘积之和，即

$$D=\begin{vmatrix} a_{11} & a_{12} & \cdots & a_{1n} \\ a_{21} & a_{22} & \cdots & a_{2n} \\ \vdots & \vdots & & \vdots \\ a_{n1} & a_{n2} & \cdots & a_{nn} \end{vmatrix}=a_{11}A_{11}+a_{12}A_{12}+\cdots+a_{1n}A_{1n}$$

余子式和代数余子式

上式称为将行列式 D 按第一行的展开式。

行列式按第一行展开求值

例 1-3　计算四阶行列式 $D=\begin{vmatrix} 2 & 0 & 0 & -3 \\ 1 & 0 & 3 & 0 \\ 2 & -3 & 6 & 1 \\ 1 & 6 & 2 & -3 \end{vmatrix}$

解：$D=2\times(-1)^{1+1}\begin{vmatrix} 0 & 3 & 0 \\ -3 & 6 & 1 \\ 6 & 2 & -3 \end{vmatrix}+(-3)\times(-1)^{1+4}\begin{vmatrix} 1 & 0 & 3 \\ 2 & -3 & 6 \\ 1 & 6 & 2 \end{vmatrix}$

$$=2\times3\times(-1)^{1+2}\begin{vmatrix} -3 & 1 \\ 6 & -3 \end{vmatrix}+3\times\left[1\times(-1)^{1+1}\begin{vmatrix} -3 & 6 \\ 6 & 2 \end{vmatrix}+3\times(-1)^{1+3}\begin{vmatrix} 2 & -3 \\ 1 & 6 \end{vmatrix}\right]$$

$$=-6\times3+3\times(-42+45)$$

$$=-9$$

下面来计算几种特殊的 n 阶行列式，其中未写出的元素都是 0。

例 1-4　若仅在对角线上有非零元素的行列式称为对角行列式，试证对角行列式

$$\begin{vmatrix} \lambda_1 & & & \\ & \lambda_2 & & \\ & & \ddots & \\ & & & \lambda_n \end{vmatrix} = \lambda_1\lambda_2\cdots\lambda_n,\quad \begin{vmatrix} & & & \lambda_1 \\ & & \lambda_2 & \\ & \iddots & & \\ \lambda_n & & & \end{vmatrix} = (-1)^{\frac{n(n-1)}{2}}\lambda_1\lambda_2\cdots\lambda_n$$

证：第一式，反复按第一行展开即可得到。第二个行列式，注意降阶时，元素 λ_1，λ_2，…，λ_n 在第 n，$n-1$，…，2，1 列，故有

$$\begin{vmatrix} & & & \lambda_1 \\ & & \lambda_2 & \\ & \iddots & & \\ \lambda_n & & & \end{vmatrix} = \lambda_1(-1)^{1+n}\begin{vmatrix} & & & \lambda_2 \\ & & \lambda_3 & \\ & \iddots & & \\ \lambda_n & & & \end{vmatrix}$$

$$= \lambda_1(-1)^{1+n}\lambda_2(-1)^{1+(n-1)}\begin{vmatrix} & & & \lambda_3 \\ & & \lambda_4 & \\ & \iddots & & \\ \lambda_n & & & \end{vmatrix}$$

$$= (-1)^{1+n}\cdot(-1)^{1+(n-1)}\cdot\cdots\cdot(-1)^{1+2}\cdot(-1)^{1+1}\lambda_1\lambda_2\cdots\lambda_n$$

$$= (-1)^{n+\frac{n(n+1)}{2}}\lambda_1\lambda_2\cdots\lambda_n$$

$$= (-1)^{\frac{n(n-1)}{2}}\lambda_1\lambda_2\cdots\lambda_n$$

例 1-5 称主对角线以上（下）的元素都为 0 的行列式为下（上）三角行列式，试证下三角行列式

$$D = \begin{vmatrix} a_{11} & & & \\ a_{21} & a_{22} & & \\ \vdots & \vdots & \ddots & \\ a_{n1} & a_{n2} & \cdots & a_{nn} \end{vmatrix} = a_{11}a_{22}\cdots a_{nn}$$

证：按 n 阶行列式的定义，依次降低其阶数，每次都仅有一项不为 0，故有

$$D = a_{11}(-1)^{1+1}\begin{vmatrix} a_{22} & & & \\ a_{32} & a_{33} & & \\ \vdots & \vdots & \ddots & \\ a_{n2} & a_{n3} & \cdots & a_{nn} \end{vmatrix} = \cdots = a_{11}(-1)^{1+1}a_{22}(-1)^{1+1}\cdots a_{nn} = a_{11}a_{22}\cdots a_{nn}$$

1.1.3 行列式的性质

若按照行列式的定义直接计算行列式，当阶数较大时，计算较为麻烦。为了简化运算，我们有必要讨论行列式的性质。在讨论行列式的性质时，有必要先认识一下转置行列式。

定义 3　将行列式 D 的行与相应的列互换所得行列式，称为 D 的**转置行列式**，记为 D^T。

$$\text{若 } D=\begin{vmatrix} a_{11} & a_{12} & \cdots & a_{1n} \\ a_{21} & a_{22} & \cdots & a_{2n} \\ \vdots & \vdots & & \vdots \\ a_{n1} & a_{n2} & \cdots & a_{nn} \end{vmatrix}\text{，则 } D^T=\begin{vmatrix} a_{11} & a_{21} & \cdots & a_{n1} \\ a_{12} & a_{22} & \cdots & a_{n2} \\ \vdots & \vdots & & \vdots \\ a_{1n} & a_{2n} & \cdots & a_{nn} \end{vmatrix}\text{。}$$

行列式有以下性质。

性质 1　行列式与它的转置行列式的值相等。

由此性质可知，行列式中行与列具有同等地位，行列式的性质凡是对行成立的，对列也同样成立，反之亦然。

例 1-6　计算上三角行列式

$$D=\begin{vmatrix} a_{11} & a_{12} & \cdots & a_{1n} \\ & a_{22} & \cdots & a_{2n} \\ & & \ddots & \vdots \\ & & & a_{nn} \end{vmatrix}$$

解： 由性质 1，得

$$D=D^T=\begin{vmatrix} a_{11} & & & \\ a_{12} & a_{22} & & \\ \vdots & \vdots & \ddots & \\ a_{1n} & a_{2n} & \cdots & a_{nn} \end{vmatrix}=a_{11}a_{22}\cdots a_{nn}$$

本题说明上三角行列式的值等于其主对角线所有元素的乘积，这个结论为计算行列式提供了一个重要思路。

由性质 1 可知：行列式按第一行展开的定义，也可写成按第一列展开的形式，即

$$\begin{vmatrix} a_{11} & a_{12} & \cdots & a_{1n} \\ a_{21} & a_{22} & \cdots & a_{2n} \\ \vdots & \vdots & & \vdots \\ a_{n1} & a_{n2} & \cdots & a_{nn} \end{vmatrix}=a_{11}A_{11}+a_{21}A_{21}+\cdots+a_{n1}A_{n1}$$

性质 2　互换行列式的任意两行（列），行列式的值变为原来的相反数。

推论 1　如果行列式有两行（列）完全相同，则此行列式的值为零。

证： 因将行列式 D 中相同的两行（列）互换后，D 的值不变，而由性质 2 有 $D=-D$，故 $D=0$。

性质 3　行列式等于它的**任一行（列）**的各元素与其对应的代数余子式乘积之和，即

$$D=a_{i1}A_{i1}+a_{i2}A_{i2}+\cdots+a_{in}A_{in}=\sum_{j=1}^{n}a_{ij}A_{ij}\ (i=1,\ 2,\ \cdots,\ n)$$

$$=a_{1j}A_{1j}+a_{2j}A_{2j}+\cdots+a_{nj}A_{nj}=\sum_{i=1}^{n}a_{ij}A_{ij}\ (j=1,\ 2,\ \cdots,\ n)$$

行列式按任意行展开求值

这一性质称为**行列式按任意行（列）展开法则**。利用这一法则，可以比直接用定义更灵活地降低行列式的阶数，从而简化运算。

例 1-7 计算 $D=\begin{vmatrix}1&-5&3&-1\\2&-6&0&-6\\4&-2&0&-2\\1&3&0&3\end{vmatrix}$

解： 观察到第三列只有一个非零元素，故按第三列展开

$$D=3\times(-1)^{1+3}\begin{vmatrix}2&-6&-6\\4&-2&-2\\1&3&3\end{vmatrix}=0$$

推论 2 行列式任一行（列）的元素与**另一行**（列）的对应元素的代数余子式乘积之和等于零，即

$$a_{i1}A_{j1}+a_{i2}A_{j2}+\cdots+a_{in}A_{jn}=0,\quad i\neq j$$
$$a_{1i}A_{1j}+a_{2i}A_{2j}+\cdots+a_{ni}A_{nj}=0,\quad i\neq j$$

证： 将行列式 D 按第 j 行展开，有

$$\begin{vmatrix}a_{11}&a_{12}&\cdots&a_{1n}\\\vdots&\vdots&&\vdots\\a_{i1}&a_{i2}&\cdots&a_{in}\\\vdots&\vdots&&\vdots\\a_{j1}&a_{j2}&\cdots&a_{jn}\\\vdots&\vdots&&\vdots\\a_{n1}&a_{n2}&\cdots&a_{nn}\end{vmatrix}=a_{j1}A_{j1}+a_{j2}A_{j2}+\cdots+a_{jn}A_{jn}$$

若在上式中把第 j 行元素 a_{jk} 换成第 i 行元素 a_{ik}（$k=1,2,\cdots,n$），则有

$$\begin{matrix}\\\\\text{第 } i \text{ 行}\\\\\text{第 } j \text{ 行}\\\\\\\end{matrix}\begin{vmatrix}a_{11}&a_{12}&\cdots&a_{1n}\\\vdots&\vdots&&\vdots\\a_{i1}&a_{i2}&\cdots&a_{in}\\\vdots&\vdots&&\vdots\\a_{i1}&a_{i2}&\cdots&a_{in}\\\vdots&\vdots&&\vdots\\a_{n1}&a_{n2}&\cdots&a_{nn}\end{vmatrix}=a_{i1}A_{j1}+a_{i2}A_{j2}+\cdots+a_{in}A_{jn}$$

当 $i\neq j$ 时，上式左端行列式中有两行对应元素相同，故行列式等于零，因而

$$a_{i1}A_{j1}+a_{i2}A_{j2}+\cdots+a_{in}A_{jn}=0,\quad i\neq j$$

上述证法应用于列，可得

$$a_{1i}A_{1j}+a_{2i}A_{2j}+\cdots+a_{ni}A_{nj}=0,\quad i\neq j$$

综合**性质 3**及**推论 2**，得

$$\sum_{k=1}^{n} a_{ki}A_{kj} = \begin{cases} D & 当\ i=j \\ 0 & 当\ i \neq j \end{cases} \quad 或 \quad \sum_{k=1}^{n} a_{ik}A_{jk} = \begin{cases} D & 当\ i=j \\ 0 & 当\ i \neq j \end{cases}$$

行列式的性质

推论 3　行列式某一行（列）元素全为零，则此行列式等于零。

证： 由**性质 3**，按元素全为零的那行（列）展开，即得

性质 4　行列式的某一行（列）中所有元素都乘以同一个数 k 等于用数 k 乘以该行列式。

推论 4　行列式中某一行（列）的所有元素的公因数可以提到行列式的外面。

性质 5　行列式中如果有两行（列）元素对应成比例，则此行列式为零。

性质 6　若行列式 D_1 中某一行（列）的元素是另两个行列式 D_2 与 D_3 对应行（列）的元素之和，且这三个行列式的其余元素均相同，则这个行列式 D_1 等于行列式 D_2 与 D_3 的和。即

$$\begin{vmatrix} a_{11} & \cdots & a_{1j}+b_{1j} & \cdots & a_{1n} \\ a_{21} & \cdots & a_{2j}+b_{2j} & \cdots & a_{2n} \\ \vdots & \vdots & \vdots & & \vdots \\ a_{n1} & \cdots & a_{nj}+b_{nj} & \cdots & a_{nn} \end{vmatrix} = \begin{vmatrix} a_{11} & \cdots & a_{1j} & \cdots & a_{1n} \\ a_{21} & \cdots & a_{2j} & \cdots & a_{2n} \\ \vdots & \vdots & \vdots & & \vdots \\ a_{n1} & \cdots & a_{nj} & \cdots & a_{nn} \end{vmatrix} + \begin{vmatrix} a_{11} & \cdots & b_{1j} & \cdots & a_{1n} \\ a_{21} & \cdots & b_{2j} & \cdots & a_{2n} \\ \vdots & \vdots & \vdots & & \vdots \\ a_{n1} & \cdots & b_{nj} & \cdots & a_{nn} \end{vmatrix}$$

例 1-8　计算行列式 $\begin{vmatrix} 4 & 427 & 327 \\ 5 & 543 & 443 \\ 7 & 721 & 621 \end{vmatrix}$。

解： 原式 $= \begin{vmatrix} 4 & 400+27 & 300+27 \\ 5 & 500+43 & 400+43 \\ 7 & 700+21 & 600+21 \end{vmatrix}$

$$= \begin{vmatrix} 4 & 400 & 300+27 \\ 5 & 500 & 400+43 \\ 7 & 700 & 600+21 \end{vmatrix} + \begin{vmatrix} 4 & 27 & 300+27 \\ 5 & 43 & 400+43 \\ 7 & 21 & 600+21 \end{vmatrix}$$

$$= \begin{vmatrix} 4 & 400 & 300 \\ 5 & 500 & 400 \\ 7 & 700 & 600 \end{vmatrix} + \begin{vmatrix} 4 & 400 & 27 \\ 5 & 500 & 43 \\ 7 & 700 & 21 \end{vmatrix} + \begin{vmatrix} 4 & 27 & 300 \\ 5 & 43 & 400 \\ 7 & 21 & 600 \end{vmatrix} + \begin{vmatrix} 4 & 27 & 27 \\ 5 & 43 & 43 \\ 7 & 21 & 21 \end{vmatrix}$$

$$= 100\begin{vmatrix} 4 & 27 & 3 \\ 5 & 43 & 4 \\ 7 & 21 & 6 \end{vmatrix} = 5400$$

性质 7　把行列式某一行（列）的各元素乘以同一数，然后加到另一行（列）对应的元素上去，行列式的值不变。即

$$\begin{vmatrix} a_{11} & \cdots & a_{1i} & \cdots & a_{1j} & \cdots & a_{1n} \\ a_{21} & \cdots & a_{2i} & \cdots & a_{2j} & \cdots & a_{2n} \\ \vdots & \vdots & \vdots & \vdots & \vdots & & \vdots \\ a_{n1} & \cdots & a_{n2} & \cdots & a_{nj} & \cdots & a_{nn} \end{vmatrix} = \begin{vmatrix} a_{11} & \cdots & a_{1i}+ka_{1j} & \cdots & a_{1j} & \cdots & a_{1n} \\ a_{21} & \cdots & a_{2i}+ka_{2j} & \cdots & a_{2j} & \cdots & a_{2n} \\ \vdots & \vdots & \vdots & \vdots & \vdots & & \vdots \\ a_{n1} & \cdots & a_{ni}+ka_{nj} & \cdots & a_{nj} & \cdots & a_{nn} \end{vmatrix} (i \neq j)$$

1.2 行列式的计算

上节我们学习了行列式的性质，下面我们来讨论行列式的计算问题。

1.2.1 行列式的初等变换

利用行列式的相关性质，我们可以得到三种行列式的初等变换。

①行列式的初等互换变换：即行列式的任意两行（列）互换，实施该变换之后所得行列式的值变为原行列式的相反数。

若用 r_i 表示行列式的第 i 行，用 c_j 表示第 j 列。则行列式的第 i 行（列）与第 j 行（列）互换，记作 $r_i \leftrightarrow r_j$（$c_i \leftrightarrow c_j$）。

②行列式的初等倍乘变换：即行列式的某行（列）元素都乘以同一个实数 k，实施该变换之后所得行列式的值变为原行列式的 k 倍。

行列式的第 i 行（列）乘以 k，记作 $kr_i(kc_i)$。

③行列式的初等倍加变换：即行列式的某行（列）元素都乘以同一个实数 k 加到另一行（列）的对应位置，实施该变换之后所得行列式的值与原行列式相同。

行列式第 i 行（列）乘以数 k 加到第 j 行（列），记作 $kr_i + r_j$（$kc_i + c_j$）。

1.2.2 行列式的计算方法

化上三角行列式求值

计算行列式常用两种方法：三角法和降阶法。

三角法是利用行列式的初等变换，将行列式化为上（下）三角行列式，此时该行列式的值就等于所得上三角行列式的主对角线所有元素的乘积。

降阶法是利用行列式可以按任意行（列）展开的性质，选择合适的行（列），将高阶行列式展开成低阶行列式来计算。

例 1–9 计算行列式 $D = \begin{vmatrix} 3 & 1 & -1 & 2 \\ -5 & 1 & 3 & -4 \\ 2 & 0 & 1 & -1 \\ 1 & -5 & 3 & -3 \end{vmatrix}$。

解： 法 1（三角法）

$$D \xlongequal{c_1 \leftrightarrow c_2} -\begin{vmatrix} 1 & 3 & -1 & 2 \\ 1 & -5 & 3 & -4 \\ 0 & 2 & 1 & -1 \\ -5 & 1 & 3 & -3 \end{vmatrix} \xlongequal[5r_1 + r_4]{-r_1 + r_2} -\begin{vmatrix} 1 & 3 & -1 & 2 \\ 0 & -8 & 4 & -6 \\ 0 & 2 & 1 & -1 \\ 0 & 16 & -2 & 7 \end{vmatrix}$$

$$\xlongequal{r_2\leftrightarrow r_3}\begin{vmatrix}1&3&-1&2\\0&2&1&-1\\0&-8&4&-6\\0&16&-2&7\end{vmatrix}\xlongequal[-8r_2+r_4]{4r_2+r_3}\begin{vmatrix}1&3&-1&2\\0&2&1&-1\\0&0&8&-10\\0&0&-10&15\end{vmatrix}$$

$$\xlongequal{\frac{5}{4}r_3+r_4}\begin{vmatrix}1&3&-1&2\\0&2&1&-1\\0&0&8&-10\\0&0&0&\frac{5}{2}\end{vmatrix}=40$$

法 2（降阶法）

$$D\xlongequal{c_1\leftrightarrow c_2}-\begin{vmatrix}1&3&-1&2\\1&-5&3&-4\\0&2&1&-1\\-5&1&3&-3\end{vmatrix}\xlongequal[5r_1+r_4]{-r_1+r_2}-\begin{vmatrix}1&3&-1&2\\0&-8&4&-6\\0&2&1&-1\\0&16&-2&7\end{vmatrix}$$

$$=-(-1)^{1+1}\begin{vmatrix}-8&4&-6\\2&1&-1\\16&-2&7\end{vmatrix}\xlongequal[-8r_2+r_3]{r_1+4r_2}-\begin{vmatrix}0&8&-10\\2&1&-1\\0&-10&15\end{vmatrix}$$

$$=-(-1)^{2+1}\cdot 2\begin{vmatrix}8&-10\\-10&15\end{vmatrix}=2\times(120-100)=40$$

注：使用降阶法有个使计算更为简单的诀窍，那就是应选择零最多的那一行（列）展开，在展开之前还可以使用行列式的初等变换使该行（列）出现尽可能多的零。

例 1-10　求解方程

$$\begin{vmatrix}x&2&2&2\\2&x&2&2\\2&2&x&2\\2&2&2&x\end{vmatrix}=0$$

解：注意左边行列式的每行（列）的元素的总和相等，所以

$$\begin{vmatrix}x&2&2&2\\2&x&2&2\\2&2&x&2\\2&2&2&x\end{vmatrix}\xlongequal{\substack{c_2+c_1\\c_3+c_1\\c_4+c_1}}\begin{vmatrix}x+6&2&2&2\\x+6&x&2&2\\x+6&2&x&2\\x+6&2&2&x\end{vmatrix}=(x+6)\begin{vmatrix}1&2&2&2\\1&x&2&2\\1&2&x&2\\1&2&2&x\end{vmatrix}$$

$$\xlongequal{\substack{-r_1+r_2\\-r_1+r_3\\-r_1+r_4}}(x+6)\begin{vmatrix}1&2&2&2\\0&x-2&0&0\\0&0&x-2&0\\0&0&0&x-2\end{vmatrix}=(x+6)(x-2)^3$$

即 $(x+6)(x-2)^3=0$，所以 $x_1=-6$，$x_2=x_3=x_4=2$。

例 1-11 计算行列式

$$D=\begin{vmatrix} a & b & c & d \\ a & a+b & a+b+c & a+b+c+d \\ a & 2a+b & 3a+2b+c & 4a+3b+2c+d \\ a & 3a+b & 6a+3b+c & 10a+6b+3c+d \end{vmatrix}$$

解：$D\xlongequal[-r_1+r_2]{\substack{-r_3+r_4\\-r_2+r_3}}\begin{vmatrix} a & b & c & d \\ 0 & a & a+b & a+b+c \\ 0 & a & 2a+b & 3a+2b+c \\ 0 & a & 3a+b & 6a+3b+c \end{vmatrix}\xlongequal[-r_2+r_3]{-r_3+r_4}\begin{vmatrix} a & b & c & d \\ 0 & a & a+b & a+b+c \\ 0 & 0 & a & 2a+b \\ 0 & 0 & a & 3a+b \end{vmatrix}$

$$\xlongequal{-r_3+r_4}\begin{vmatrix} a & b & c & d \\ 0 & a & a+b & a+b+c \\ 0 & 0 & a & 2a+b \\ 0 & 0 & 0 & a \end{vmatrix}=a^4$$

例 1-12 计算 6 阶行列式

$$D_6=\begin{vmatrix} a & & & & & b \\ & a & & & b & \\ & & a & b & & \\ & & b & a & & \\ & b & & & a & \\ b & & & & & a \end{vmatrix}\text{（其中未写出的元素均为零）}$$

解：记 $D_2=\begin{vmatrix} a & b \\ b & a \end{vmatrix}$，$D_4=\begin{vmatrix} a & & & b \\ & a & b & \\ & b & a & \\ b & & & a \end{vmatrix}$，将 D_6 按第一行展开得如下递推公式：

$$D_6=a(-1)^{1+1}\begin{vmatrix} a & & & b & 0 \\ & a & b & & \\ & b & a & & \\ b & & & a & \\ 0 & & & & a \end{vmatrix}_5+b(-1)^{1+6}\begin{vmatrix} 0 & a & & & b \\ & & a & b & \\ & & b & a & \\ & b & & & a \\ b & & & & 0 \end{vmatrix}_5$$

$$=a^2(-1)^{5+5}D_4-b^2(-1)^{5+1}D_4=(a^2-b^2)D_4$$

由 $D_4=(a^2-b^2)D_2$，$D_2=\begin{vmatrix} a & b \\ b & a \end{vmatrix}$，得 $D_6=(a^2-b^2)^3$。类推可得 $D_{2n}=(a^2-b^2)^n$。

1.3 克拉默法则

线性方程组中所含行列式

中学阶段我们学了二元一次及三元一次方程组，一般地我们把 n 元一次方程组称为 n 元线性方程组，其一般形式为

$$\begin{cases} a_{11}x_1 + a_{12}x_2 + \cdots + a_{1n}x_n = b_1 \\ a_{21}x_1 + a_{22}x_2 + \cdots + a_{2n}x_n = b_2 \\ \qquad\qquad\cdots\cdots \\ a_{m1}x_1 + a_{m2}x_2 + \cdots + a_{mn}x_n = b_m \end{cases}$$

特别地，当方程的个数与未知量的个数都等于 n 时，称为 n 阶线性方程组，其一般形式为

$$\begin{cases} a_{11}x_1 + a_{12}x_2 + \cdots + a_{1n}x_n = b_1 \\ a_{21}x_1 + a_{22}x_2 + \cdots + a_{2n}x_n = b_2 \\ \qquad\qquad\cdots\cdots \\ a_{n1}x_1 + a_{n2}x_2 + \cdots + a_{nn}x_n = b_n \end{cases}$$

我们把该方程组的未知量的系数按原来的位置组成的行列式称为**系数行列式**，记为

$$D = \begin{vmatrix} a_{11} & a_{12} & \cdots & a_{1n} \\ a_{21} & a_{22} & \cdots & a_{2n} \\ \vdots & \vdots & & \vdots \\ a_{n1} & a_{n2} & \cdots & a_{nn} \end{vmatrix}$$

求解线性方程组是线性代数的重要内容，通过本章第 1 节的学习可知，对于 2 阶线性方程组

$$\begin{cases} a_{11}x_1 + a_{12}x_2 = b_1 \\ a_{21}x_1 + a_{22}x_2 = b_2 \end{cases}$$

当其系数行列式

$$D = \begin{vmatrix} a_{11} & a_{12} \\ a_{21} & a_{22} \end{vmatrix} \neq 0$$

时，我们可以用行列式来表示它的解，从而可得

$$x_1 = \frac{\begin{vmatrix} b_1 & a_{12} \\ b_2 & a_{22} \end{vmatrix}}{\begin{vmatrix} a_{11} & a_{12} \\ a_{21} & a_{22} \end{vmatrix}},\quad x_2 = \frac{\begin{vmatrix} a_{11} & b_1 \\ a_{21} & b_2 \end{vmatrix}}{\begin{vmatrix} a_{11} & a_{12} \\ a_{21} & a_{22} \end{vmatrix}}$$

若记 $D_1 = \begin{vmatrix} b_1 & a_{12} \\ b_2 & a_{22} \end{vmatrix}$，$D_2 = \begin{vmatrix} a_{11} & b_1 \\ a_{21} & b_2 \end{vmatrix}$，则 $x_1 = \dfrac{D_1}{D}$，$x_2 = \dfrac{D_2}{D}$。

那么对于 n 阶线性方程组，是否也有类似的公式表示它的解呢？1750 年，瑞士数学家克拉默（1704—1752 年）在其著作《线性代数分析导引》中，提出了求解 n 阶线性方程

组的克拉默法则。

对于 n 阶线性方程组，我们把用常数列代替系数行列式 D 的第 j 列得到的行列式记为 D_j，即

$$D_j=\begin{vmatrix} a_{11} & a_{12} & \cdots & a_{1,\ j-1} & b_1 & a_{1,\ j+1} & \cdots & a_{1n} \\ a_{21} & a_{22} & \cdots & a_{2,\ j-1} & b_2 & a_{2,\ j+1} & \cdots & a_{2n} \\ \vdots & \vdots & \vdots & \vdots & \vdots & \vdots & & \vdots \\ a_{n1} & a_{n2} & \cdots & a_{n,\ j-1} & b_n & a_{n,\ j+1} & \cdots & a_{nn} \end{vmatrix}\ (j=1,\ 2,\ \cdots,\ n)$$

定理（克拉默法则） 如果 n 阶线性方程组

$$\begin{cases} a_{11}x_1+a_{12}x_2+\cdots+a_{1n}x_n=b_1 \\ a_{21}x_1+a_{22}x_2+\cdots+a_{2n}x_n=b_2 \\ \cdots\cdots \\ a_{n1}x_1+a_{n2}x_2+\cdots+a_{nn}x_n=b_n \end{cases}$$

克拉默法则

的系数行列式 $D\neq 0$，则该方程组有唯一解：$x_1=\dfrac{D_1}{D}$，$x_2=\dfrac{D_2}{D}$，$\cdots$，$x_n=\dfrac{D_n}{D}$。

证： 用 D 中第 j 列元素的代数余子式 A_{1j}，A_{2j}，$\cdots$，A_{nj}（$j=1,\ 2,\ \cdots,\ n$）分别乘以该线性方程组的第一个方程，第二个方程，$\cdots$，第 n 个方程，得

$$A_{1j}(a_{11}x_1+a_{12}x_{2.}+\cdots+a_{1n}x_n)=b_1A_{1j}$$
$$A_{2j}(a_{21}x_1+a_{22}x_{2.}+\cdots+a_{2n}x_n)=b_2A_{2j}$$
$$\cdots\cdots$$
$$A_{nj}(a_{n1}x_1+a_{n2}x_{2.}+\cdots+a_{nn}x_n)=b_nA_{nj}$$

将以上各式相加，得

$$\left[\sum_{i=1}^{n}a_{i1}A_{ij}\right]x_1+\left[\sum_{i=1}^{n}a_{i2}A_{ij}\right]x_2+\cdots+\left[\sum_{i=1}^{n}a_{ij}A_{ij}\right]x_j+\cdots+\left[\sum_{i=1}^{n}a_{in}A_{ij}\right]x_n=\sum_{i=1}^{n}b_iA_{ij}$$

由性质3及定理得：$Dx_j=D_j$，因为 $D\neq 0$，所以 $x_j=\dfrac{D_j}{D}$，（$j=1,\ 2,\ \cdots,\ n$）。

注： 用克拉默法则解线性方程组必须满足两个条件：①未知量的个数必须等于方程的个数；②系数行列式不能为零。

例 1-13 某企业用一种材料来生产四种产品，分别为甲、乙、丙、丁四种，为了统计每种产品的单位成本，作了 4 个批次的统计，如下表，试求每种产品的单位成本。产品单位：(kg)

批次	产品				总成本/元
	甲	乙	丙	丁	
1	200	100	100	50	2 900
2	500	250	200	100	7 050
3	100	40	40	20	1 360
4	400	180	160	60	5 500

解：设甲、乙、丙、丁四种产品单位成本分别为 x_1，x_2，x_3，x_4 元，根据题意，得

$$\begin{cases}200x_1+100x_2+100x_3+50x_4=2\,900\\500x_1+250x_2+200x_3+100x_4=7\,050\\100x_1+40x_2+40x_3+20x_4=1\,360\\400x_1+180x_2+160x_3+60x_4=5\,500\end{cases}$$

化简，得

$$\begin{cases}4x_1+2x_2+2x_3+x_4=58\\10x_1+5x_2+4x_3+2x_4=141\\5x_1+2x_2+2x_3+x_4=68\\20x_1+9x_2+8x_3+3x_4=275\end{cases}$$

$$D=\begin{vmatrix}4&2&2&1\\10&5&4&2\\5&2&2&1\\20&9&8&3\end{vmatrix}=2\qquad D_1=\begin{vmatrix}58&2&2&1\\141&5&4&2\\68&2&2&1\\275&9&8&3\end{vmatrix}=20\qquad D_2=\begin{vmatrix}4&58&2&1\\10&141&4&2\\5&68&2&1\\20&275&8&3\end{vmatrix}=10$$

$$D_3=\begin{vmatrix}4&2&58&1\\10&5&141&2\\5&2&68&1\\20&9&275&3\end{vmatrix}=6\qquad D_4=\begin{vmatrix}4&2&2&58\\10&5&4&141\\5&2&2&68\\20&9&8&275\end{vmatrix}=4$$

由克拉默法则得

$$x_1=\frac{20}{2}=10,\ x_2=\frac{10}{2}=5,\ x_3=\frac{6}{2}=3,\ x_4=\frac{4}{2}=2$$

因此甲、乙、丙、丁四种产品单位成本分别为 10 元/kg，5 元/kg，3 元/kg，2 元/kg。

若令 n 阶线性方程组的常数项 b_1，b_2，…，b_n 全部为零，即得

$$\begin{cases}a_{11}x_1+a_{12}x_2+\cdots+a_{1n}x_n=0\\a_{21}x_1+a_{22}x_2+\cdots+a_{2n}x_n=0\\\qquad\qquad\cdots\cdots\\a_{n1}x_1+a_{n2}x_2+\cdots+a_{nn}x_n=0\end{cases}$$

则称该线性方程组为 **n 阶齐次线性方程组**，相应地称常数项不全为零的线性方程组为 **n 阶非齐次线性方程组**。

对于 n 阶齐次线性方程组，由克拉默法则可得以下推论。

推论 5　如果 n 阶齐次线性方程组的系数行列式不等于零，则该方程组只有唯一零解，即 $x_1=x_2=\cdots=x_n=0$

即，如果 n 阶齐次线性方程组有非零解，则其系数行列式 D 必等于零。

例 1-14 证明齐次线性方程组 $\begin{cases} x_1 - 3x_2 + 4x_3 - 5x_4 = 0 \\ x_1 - x_2 - x_3 + 2x_4 = 0 \\ x_1 + 2x_2 + 5x_4 = 0 \\ 2x_1 - x_2 + 3x_3 - 2x_4 = 0 \end{cases}$ 只有零解。

解： $D = \begin{vmatrix} 1 & -3 & 4 & -5 \\ 1 & -1 & -1 & 2 \\ 1 & 2 & 0 & 5 \\ 2 & -1 & 3 & -2 \end{vmatrix} \xlongequal[3r_2+r_4]{4r_2+r_1} \begin{vmatrix} 5 & -7 & 0 & 3 \\ 1 & -1 & -1 & 2 \\ 1 & 2 & 0 & 5 \\ 5 & -4 & 0 & 4 \end{vmatrix}$

$$=-1\times(-1)^{2+3}\begin{vmatrix} 5 & -7 & 3 \\ 1 & 2 & 5 \\ 5 & -4 & 4 \end{vmatrix} \xlongequal[-5r_2+r_3]{-5r_2+r_1} \begin{vmatrix} 0 & -17 & -22 \\ 1 & 2 & 5 \\ 0 & -14 & -21 \end{vmatrix}$$

$$=1\times(-1)^{2+1}\begin{vmatrix} -17 & -22 \\ -14 & -21 \end{vmatrix} = -49 \neq 0$$

因此该方程组只有零解。

例 1-15 λ 取何值时，齐次线性方程组 $\begin{cases} \lambda x + y + z = 0 \\ x + \lambda y - z = 0 \\ 2x - y + z = 0 \end{cases}$ 有非零解。

解： 当

$$D = \begin{vmatrix} \lambda & 1 & 1 \\ 1 & \lambda & -1 \\ 2 & -1 & 1 \end{vmatrix} = \lambda^2 - 3\lambda - 4 = 0$$

时，该齐次线性方程组有非零解。解方程得 $\lambda=-1$ 或 $\lambda=4$。

1.4 本章小结

1.4.1 行列式的概念和性质

（1）余子式和代数余子式

在 n 阶行列式 D 中，把元素 $a_{ij}(i, j=1, 2, \cdots, n)$ 所在的第 i 行和第 j 列划去后，余下的元素按原次序组成的 $n-1$ 阶行列式称为元素 a_{ij} 的**余子式**，记作 M_{ij}。$A_{ij}=(-1)^{i+j}M_{ij}$ 称为元素 a_{ij} 的**代数余子式**。

n 阶行列式 D 按第一行展开定义为 $D=a_{11}A_{11}+a_{12}A_{12}+\cdots+a_{1n}A_{1n}$，并且由性质可推广到按任意行（列）展开，即

$$D=a_{i1}A_{i1}+a_{i2}A_{i2}+\cdots+a_{in}A_{in}(i=1, 2, \cdots, n)$$

或

$$D = a_{1j}A_{1j} + a_{2j}A_{2j} + \cdots + a_{nj}A_{nj}(j = 1, 2, \cdots, n)$$

（2）行列式的性质

①行列式与它的转置行列式的值相等。

②互换行列式的任意两行（列），行列式的值变为原来的相反数。

③行列式等于它的任一行（列）的各元素与其对应的代数余子式乘积之和。

④行列式的某一行（列）中所有元素都乘以同一个数 k 等于用数 k 乘以该行列式。

⑤行列式中如果有两行（列）元素对应成比例，则此行列式的值为零。

⑥若行列式 D_1 中某一行（列）的元素是另两个行列式 D_2 与 D_3 对应行（列）的元素之和，且这三个行列式的其余元素均相同，则这个行列式 D_1 等于行列式 D_2 与 D_3 的和。

⑦把行列式某一行（列）的各元素乘以同一数，然后加到另一行（列）对应的元素上去，行列式的值不变。

1.4.2 行列式的计算

（1）行列式的初等变换

行列式的计算常会用到三种初等变换：行列式的初等互换变换、行列式的初等倍乘变换和行列式的初等倍加变换。

（2）行列式的计算

计算行列式常用两种方法：三角法和降阶法。

①三角法是利用行列式的初等变换，将行列式化为上（下）三角行列式。

②降阶法是把行列式按行（列）展开，将高阶行列式化成低阶行列式来计算。使用降阶法时应选择零最多的那一行（列）展开，有时在展开之前还可以使用行列式的初等变换使该行（列）出现尽可能多的零。

1.4.3 克拉默法则

克拉默法则：如果 n 阶线性方程组的系数行列式 $D \neq 0$，则该方程组有唯一解：$x_1 = \frac{D_1}{D}$，$x_2 = \frac{D_2}{D}$，$\cdots$，$x_n = \frac{D_n}{D}$。

推论：如果 n 阶齐次线性方程组的系数行列式 $D \neq 0$，则该方程组只有零解。

克拉默法则在理论上给出了 n 阶线性方程组的求解方法，但是计算比较烦琐。应用克拉默法则有两个条件：一是未知量的个数必须等于方程的个数；二是系数行列式不能等于零。因此，克拉默法则并未完全解决线性方程组的求解问题。

习题 1

1. 计算下列行列式。

(1) $\begin{vmatrix} 5 & 2 \\ 7 & 3 \end{vmatrix}$　　(2) $\begin{vmatrix} a & a^2 \\ b & ab \end{vmatrix}$

(3) $\begin{vmatrix} 1 & 0 & 1 \\ 2 & 1 & 1 \\ 3 & 2 & 1 \end{vmatrix}$　　(4) $\begin{vmatrix} 5 & -1 & 3 \\ 3 & 2 & 1 \\ 295 & 201 & 93 \end{vmatrix}$

(5) $\begin{vmatrix} a-5 & -2 & 4 \\ -2 & a-2 & 2 \\ 4 & 2 & a-5 \end{vmatrix}$　　(6) $\begin{vmatrix} 1 & 2 & 3 & 4 & 5 \\ 1 & 2 & 3 & 4 & 0 \\ 1 & 2 & 3 & 0 & 0 \\ 1 & 2 & 0 & 0 & 0 \\ 1 & 0 & 0 & 0 & 0 \end{vmatrix}$

(7) $\begin{vmatrix} 1 & 2 & 3 & 4 \\ 2 & 3 & 4 & 1 \\ 3 & 4 & 1 & 2 \\ 4 & 1 & 2 & 3 \end{vmatrix}$　　(8) $\begin{vmatrix} 1+x & 1 & 1 & 1 \\ 1 & 1+x & 1 & 1 \\ 1 & 1 & 1+x & 1 \\ 1 & 1 & 1 & 1+x \end{vmatrix}$

(9) $\begin{vmatrix} -ab & ac & ae \\ bd & -cd & de \\ bf & cf & -ef \end{vmatrix}$　　(10) $\begin{vmatrix} a & b & b & b \\ b & a & b & b \\ b & b & a & b \\ b & b & b & a \end{vmatrix}$

(11) $\begin{vmatrix} x & y & 0 & 0 \\ 0 & x & y & 0 \\ 0 & 0 & x & y \\ y & 0 & 0 & x \end{vmatrix}$

2. 利用行列式的性质证明以下行列式成立。

(1) $\begin{vmatrix} a^2c & ac & ab \\ ab & b & c \\ ad & d & a \end{vmatrix} = 0$　　(2) $\begin{vmatrix} a^2 & ab & b^2 \\ 1 & 1 & 1 \\ 2a & a+b & 2b \end{vmatrix} = (b-a)^3$

(3) $\begin{vmatrix} b+c & c+a & a+b \\ q+r & r+p & p+q \\ y+z & z+x & x+y \end{vmatrix} = 2\begin{vmatrix} a & b & c \\ p & q & r \\ x & y & z \end{vmatrix}$　　(4) $\begin{vmatrix} 0 & a & b & a \\ a & 0 & a & b \\ b & a & 0 & a \\ a & b & a & 0 \end{vmatrix} = b^2(b^2-4a^2)$

3. 计算 n 阶行列式。

(1) $D_n = \begin{vmatrix} a & & & & & 1 \\ & \ddots & & & \iddots & \\ & & a & 1 & & \\ & & 1 & a & & \\ & \iddots & & & \ddots & \\ 1 & & & & & a \end{vmatrix}$，其中 n 是偶数，主对角线上元素都是 a，副对角线

上元素都是 1，未写出的元素都是 0

(2) $D_n = \begin{vmatrix} 1 & 2 & 2 & \cdots & 2 & 2 \\ 2 & 2 & 2 & \cdots & 2 & 2 \\ 2 & 2 & 3 & \cdots & 2 & 2 \\ \vdots & \vdots & \vdots & & \vdots & \vdots \\ 2 & 2 & 2 & \cdots & n-1 & 2 \\ 2 & 2 & 2 & \cdots & 2 & n \end{vmatrix}$

4. 用克拉默法则解下列线性方程组。

(1) $\begin{cases} x_1 + 3x_2 + 2x_3 = 0 \\ 2x_1 - x_2 + 3x_3 = 0 \\ 3x_1 - 2x_2 - x_3 = 0 \end{cases}$　　(2) $\begin{cases} x_1 + 2x_2 - x_3 + 3x_4 = 2 \\ 2x_1 + x_2 - 3x_3 - 2x_4 = 7 \\ 3x_2 - x_3 + x_4 = 6 \\ x_1 - x_2 + x_3 + 4x_4 = -4 \end{cases}$

5. 求一个二次多项式 $f(x)$，使 $f(1) = -1, f(-1) = 9, f(2) = -2$。

6. 求证：当 a，b，c 互不相等时，线性方程组

$$\begin{cases} x_1 + ax_2 + a^2x_3 = a^3 \\ x_1 + bx_2 + b^2x_3 = b^3 \\ x_1 + cx_2 + c^2x_3 = c^3 \end{cases}$$ 有唯一解。

7. 当 λ 为何值时，齐次线性方程组有非零解？

$$\begin{cases} 2x_1 + \lambda x_2 + x_3 = 0 \\ (\lambda - 1)x_1 - x_2 + 2x_3 = 0 \\ 4x_1 + x_2 + 4x_3 = 0 \end{cases}$$

自测题 1

一、选择题

1. 其值与行列式 $\begin{vmatrix} 2 & 1 & -1 \\ 0 & 2 & 1 \\ -1 & 3 & 5 \end{vmatrix}$ 的值成相反数的行列式是（　　）。

A. $\begin{vmatrix} 0 & 2 & 1 \\ -2 & -1 & 1 \\ -1 & 3 & 5 \end{vmatrix}$　　B. $\begin{vmatrix} 1 & -1 & 2 \\ 2 & 1 & 0 \\ 3 & 5 & -1 \end{vmatrix}$

C. $\begin{vmatrix} 2 & 1 & -1 \\ -1 & 3 & 5 \\ 0 & 2 & 1 \end{vmatrix}$　　D. $\begin{vmatrix} 0 & 2 & 1 \\ -1 & 3 & 5 \\ 2 & 1 & -1 \end{vmatrix}$

2. 与 $\begin{vmatrix} 1 & 0 & 2 \\ -1 & 2 & 3 \\ 2 & -1 & 1 \end{vmatrix}$ 的值相等的行列式是（　　）。

A. $\begin{vmatrix} 1 & 0 & 2 \\ -2 & 4 & 6 \\ 2 & -1 & 1 \end{vmatrix}$　　B. $\begin{vmatrix} 1 & 0 & 2 \\ -1 & 2 & 3 \\ 3 & -1 & 3 \end{vmatrix}$

C. $\begin{vmatrix} 1 & 0 & 1 \\ -2 & 4 & 6 \\ 2 & -1 & 1 \end{vmatrix}$　　D. $\begin{vmatrix} 0 & 2 & 2 \\ -1 & 2 & 3 \\ 2 & -1 & 1 \end{vmatrix}$

3. 设 $D = \begin{vmatrix} 1 & 1 & 0 & 0 \\ 0 & 0 & -1 & -1 \\ 1 & -1 & 1 & -1 \\ 1 & 2 & 3 & 4 \end{vmatrix}$，$M_{ij}$ 是 D 中元素 a_{ij} 的余子式，则 $M_{41} + M_{42} + M_{43} + M_{44} =$（　　）。

A. −2　　B. 0　　C. 1　　D. 2

4. 将行列式 A 的第一行乘以 2，再将得到的行列式的第一行加到第二行上，得到行列式 B，则（　　）。

A. B 的值与 A 的值相等　　B. B 的值是 A 的值的 2 倍

C. A 的值是 B 的值的 2 倍　　D. B 的值与 A 的值差一个符号

5. 将行列式 A 的第一列与第二列对换，再将得到的行列式的第二列乘以−1，得行列式 B，则（　　）。

A. B 的值与 A 的值相等　　B. B 的值是 A 的值的相反数

C. B 的值是 A 的值的 2 倍　　D. B 的值与 A 的值没有关系

6. 下列命题错误的是（　　）。

A. n 阶行列式 A 与 B 相加等于将它们对应的元素相加所得到的行列式

B. 行列式 A 有两列元素相等，其值等于零

C. 将行列式 A 的第一行乘以 5, A 的值必扩大到 5 倍

D. 行列式 A 与 A^T 值相等（A^T 是 A 的转置行列式）

7. 下列命题正确的是（　　）。

A. 行列式 A 的值等于零的充分必要条件是 A 有一行元素全为零

B. 行列式按第一行展开所求得的值与按第一列展开所求得的值必相等

C. 交换行列式两列，其值不变

D. 将行列式的某一行乘以−1 加到另一行，所得行列式的值是原行列式的值的相反数

8. $\begin{vmatrix} 1 & a & ad \\ 2 & b & bd \\ 3 & c & cd \end{vmatrix}$ 的值等于（　　）。

A. $abcd$　　B. d　　C. 6　　D. 0

9. 下列命题正确的是（　　）。

A. 代数余子式与相应的余子式正好互为相反数

B. 若 n 个未知数 n 个方程式的线性方程组中常数项全为零，则只有零解

C. 将行列式的第一行元素乘以 c，加到第二行上，其值扩大 c 倍

D. 行列式 A 的第二行各元素是第一行对应元素的 2 倍，第三行各元素是第一行对应元素的 3 倍，则 A 的值必等于零

10. 行列式 A 的第二行第三列元素的余子式为 M，则第二行第三列元素的代数余子式是（　　）。

A. M　　B. −M　　C. $(-1)^{i+j}$　　D. 无法确定

二、填空题

1. 已知 $\begin{vmatrix} a_1 & b_1 & c_1 \\ a_2 & b_2 & c_2 \\ a_3 & b_3 & c_3 \end{vmatrix} = m$，$\begin{vmatrix} a_1 & b_1 & c_1 \\ a_2 & b_2 & c_2 \\ a_3^* & b_3^* & c_3^* \end{vmatrix} = n$，则 $\begin{vmatrix} 2a_1 & 2b_1 & 2c_1 \\ a_2 & b_2 & c_2 \\ -a_3-a_3^* & -b_3-b_3^* & -c_3-c_3^* \end{vmatrix} =$ ________。

2. $\begin{vmatrix} -2 & 0 & 1 \\ 3 & 6 & 7 \\ 4 & 3 & 0 \end{vmatrix}$ 中第 2 行第 3 列元素的代数余子式 $A_{23} =$ ________。

3. 已知 $\begin{vmatrix} a_1 & b_1 & c_1 \\ a_2 & b_2 & c_2 \\ a_3 & b_3 & c_3 \end{vmatrix} = m$，$a_i$ 的代数余子式为 A_i（$i = 1，2，3$），则 $b_1A_1 + b_2A_2 + b_3A_3 =$ ______。

4. $\begin{vmatrix} 1 & 0 & 0 & 0 \\ 0 & 0 & 1 & -1 \\ 1 & 2 & 0 & 0 \\ 0 & 0 & 0 & 1 \end{vmatrix} =$ ________。

5. 当 $a =$ ________时，行列式 $\begin{vmatrix} 1 & 0 & a \\ -2 & 0 & 4 \\ 0 & 1 & 2 \end{vmatrix}$ 的值为零。

三、计算题

1. 计算行列式 $\begin{vmatrix} 0 & 0 & 0 & 4 \\ 0 & 0 & 3 & 0 \\ 0 & 2 & 0 & 0 \\ 1 & 0 & 0 & 0 \end{vmatrix}$ 的值。

2. 计算行列式 $\begin{vmatrix} 5 & -1 & 6 & 7 \\ 1 & 3 & -1 & 2 \\ 4 & 5 & 0 & 1 \\ -1 & 6 & 2 & 4 \end{vmatrix}$ 的值。

3. 用克拉默法则求解线性方程组 $\begin{cases} x + 2y - z = -3 \\ 2x - y + 3z = 9 \\ -x + y + 4z = 6 \end{cases}$。

4. λ 取何值时，齐次线性方程组 $\begin{cases} \lambda x + y + z = 0 \\ x + \lambda y - z = 0 \\ 2x - y + z = 0 \end{cases}$ 只有零解。

四、证明题

1. 证明 $\begin{vmatrix} ax+by & ay+bz & az+bx \\ ay+bz & az+bx & ax+by \\ az+bx & ax+by & ay+bz \end{vmatrix} = (a^3+b^3)\begin{vmatrix} x & y & z \\ y & z & x \\ z & x & y \end{vmatrix}$。

2. 证明 $\begin{vmatrix} a_1 & a_2 & a_3 & a_4 \\ b_1 & b_2 & b_3 & b_4 \\ c_1 & c_2 & c_3 & c_4 \\ d_1 & d_2 & d_3 & d_4 \end{vmatrix} = \begin{vmatrix} a_1 & a_2 & a_3 & a_1+a_2+a_3+a_4 \\ b_1 & b_2 & b_3 & b_1+b_2+b_3+b_4 \\ c_1 & c_2 & c_3 & c_1+c_2+c_3+c_4 \\ d_1 & d_2 & d_3 & d_1+d_2+d_3+d_4 \end{vmatrix}$。

第 2 章　矩阵

学习目标

1. 理解矩阵的概念，掌握矩阵的加减法、数乘、转置及其运算律，会用方阵行列式的性质进行计算。

2. 理解逆矩阵的概念，理解矩阵可逆的充要条件，能运用伴随矩阵法计算逆矩阵，掌握逆矩阵的性质，并能用逆矩阵解矩阵方程。

3. 熟练掌握矩阵的三种初等变换，理解阶梯形矩阵及行最简阶梯形矩阵的特点，并会用初等变换化阶梯形矩阵及行最简阶梯形矩阵，理解矩阵的秩的概念，会运用初等变换求矩阵的秩，并判别是否为满秩矩阵。

4. 熟练掌握运用初等行变换求逆矩阵及解矩阵方程的方法。

矩阵是代数研究的主要对象和工具，在数学的其他分支及自然科学、现代经济学、管理学和工程技术领域等方面有着广泛的应用。在本课程中，矩阵是研究向量组的线性相关性以及线性方程组解法等的重要工具，在线性代数中具有重要的位置。本章主要介绍矩阵的概念与运算、逆矩阵，以及矩阵的初等变换及其应用。

2.1　矩阵的概念及运算

矩阵的概念

2.1.1　矩阵的概念

例 2-1　某商场四个分场三类商品一天的营业额（万元）如下表：

营业额/万元	第一分场	第二分场	第三分场	第四分场
第一类商品	8	6	5	1
第二类商品	4	2	3	2
第三类商品	5	7	8	3

试用一种简单直观的方法表示每一类商品在各分场的营业额。

解： 如果用 a_{ij}（$i=1,2,3$；$j=1,2,3,4$）表示第 i 类商品在第 j 分场的营业额。那么，可用如下三行四列的矩形数表直观地反映每一类商品在各分场的营业额。

$$\begin{pmatrix} 8 & 6 & 5 & 1 \\ 4 & 2 & 3 & 2 \\ 5 & 7 & 8 & 3 \end{pmatrix}$$

例 2-2 在实际问题中，经常会遇到这样的 n 元线性方程组

$$\begin{cases} a_{11}x_1 + a_{12}x_2 + \cdots + a_{1n}x_n = b_1 \\ a_{21}x_1 + a_{22}x_2 + \cdots + a_{2n}x_n = b_2 \\ \cdots\cdots \\ a_{m1}x_1 + a_{m2}x_2 + \cdots + a_{mn}x_n = b_m \end{cases}$$

试写出一个与该线性方程组一一对应的数表。

解： 显然该线性方程组完全由数表决定

$$\begin{pmatrix} a_{11} & a_{12} & \cdots & a_{1n} & b_1 \\ a_{21} & a_{22} & \cdots & a_{2n} & b_2 \\ \vdots & \vdots & & \vdots & \vdots \\ a_{m1} & a_{m2} & \cdots & a_{mn} & b_m \end{pmatrix}$$

上述两个例子中得到的矩形数表称为**矩阵**。

（1）矩阵的定义

定义 1 由 $m\times n$ 个数 a_{ij}（$i=1,2,\cdots,m$；$j=1,2,\cdots,n$）排成的 m 行 n 列的二维数表

$$\begin{pmatrix} a_{11} & a_{12} & \cdots & a_{1n} \\ a_{21} & a_{22} & \cdots & a_{2n} \\ \vdots & \vdots & & \vdots \\ a_{m1} & a_{m2} & \cdots & a_{mn} \end{pmatrix}$$

称为 m 行 n 列矩阵或 $m\times n$ 矩阵，简称矩阵。数 a_{ij}（$i=1,2,\cdots,m$；$j=1,2,\cdots,n$）称为该矩阵的第 i 行第 j 列元素。习惯上矩阵要用圆括号或方括号表示。

元素是实数的矩阵称为**实矩阵**，元素是复数的矩阵称为**复矩阵**。本书中的数与矩阵除特别说明外，都指实数与实矩阵。

我们可以用大写字母 A，B，C 等来表示矩阵，例如

$$A=\begin{pmatrix} a_{11} & a_{12} & \cdots & a_{1n} \\ a_{21} & a_{22} & \cdots & a_{2n} \\ \vdots & \vdots & & \vdots \\ a_{m1} & a_{m2} & \cdots & a_{mn} \end{pmatrix}$$

有时也可简记为 $A=(a_{ij})_{m\times n}$ 或 (a_{ij})。

当 $m=n$ 时，$m\times n$ 矩阵称为 n 阶方阵，用 A_n 表示。方阵 A_n 中，从左上角到右下角的连线称为**主对角线**。

注： 一阶方阵，相当于一个数，如 $(a)=a$。

如果矩阵 $A=(a_{ij})$ 与矩阵 $B=(b_{ij})$ 具有相同行数与列数，那么称 A 与 B 为**同型矩阵**，

并且若它们的对应元素相等，即 $a_{ij}=b_{ij}$（$i=1, 2, \cdots, m$；$j=1, 2, \cdots, n$），则称矩阵 A 与矩阵 B 相等，记作 $A=B$。

例 2-3　设 $A=\begin{bmatrix}3x & 2-y & 3\\ 2 & 6 & 8\end{bmatrix}$，$B=\begin{bmatrix}y & 3 & 3\\ 2 & 6 & z\end{bmatrix}$，已知 $A=B$，求 x，y，z。

解： 因为 $A=B$，所以 $3x=y$，$2-y=3$，$z=8$，即 $x=-\dfrac{1}{3}$，$y=-1$，$z=8$。

（2）特殊矩阵

①零矩阵。元素都是零的矩阵称为**零矩阵**，记作 O。

②行矩阵与列矩阵。只有一行的矩阵 $(a_1, a_2, \cdots, a_n)$ 称为**行矩阵**；只有一列的矩阵 $\begin{pmatrix}b_1\\ b_2\\ \vdots\\ b_n\end{pmatrix}$ 称为**列矩阵**。

③对角矩阵。主对角线以外的元素都是零的 n 阶方阵称为 **n 阶对角矩阵**，其一般形式为

$$\begin{pmatrix}\lambda_1 & & & \\ & \lambda_2 & & \\ & & \ddots & \\ & & & \lambda_n\end{pmatrix}$$

其中对角线上元素是 λ_i（$i=1, 2, \cdots, n$），未写出的元素都是零。

④单位矩阵。主对角线上的元素都是 1 的 n 阶对角矩阵称为 **n 阶单位矩阵**，记为 E_n（n 为阶数），在阶数不混淆时，简记为 E，即

$$E=\begin{pmatrix}1 & & & \\ & 1 & & \\ & & \ddots & \\ & & & 1\end{pmatrix}$$

⑤三角矩阵。主对角线下方的元素都是零的方阵称为**上三角矩阵**，一般形式为

$$\begin{pmatrix}a_{11} & a_{12} & \cdots & a_{1n}\\ & a_{22} & \cdots & a_{2n}\\ & & \ddots & \vdots\\ & & & a_{nn}\end{pmatrix}$$

主对角线上方的元素都是零的方阵称为**下三角矩阵**，一般形式为

$$\begin{pmatrix}a_{11} & & & \\ a_{21} & a_{22} & & \\ \vdots & \vdots & \ddots & \\ a_{n1} & a_{n2} & \cdots & a_{nn}\end{pmatrix}$$

⑥对称矩阵。满足条件 $a_{ij}=a_{ji}$（$i, j=1, 2, \cdots, n$）的方阵 $(a_{ij})_{n\times n}$ 称为**对称矩阵**。对称矩阵的特点是，它的元素以主对角线为对称轴对应相等。如下所示矩阵即为对称矩阵。

$$\begin{pmatrix}1 & 2 & 4 & 7\\ 2 & -1 & -3 & 1\\ 4 & -3 & 2 & 0\\ 7 & 1 & 0 & 3\end{pmatrix}$$

2.1.2 矩阵的运算

矩阵的运算

(1) 矩阵的加(减)法

定义 2 两个矩阵 $A=(a_{ij})_{m\times n}$, $B=(b_{ij})_{m\times n}$ 的对应元素相加(或相减)得到的 $m\times n$ 矩阵,称为矩阵 A 与 B 的和(或差),记为 $A\pm B$,即 $A\pm B=(a_{ij})_{m\times n}\pm(b_{ij})_{m\times n}=(a_{ij}\pm b_{ij})_{m\times n}$。

例 2-4 $A=\begin{pmatrix}1 & 0 & -1\\ 2 & 3 & 3\\ -2 & 3 & 5\end{pmatrix}$, $B=\begin{pmatrix}-2 & 1 & 0\\ 3 & 7 & 3\\ -1 & 1 & 2\end{pmatrix}$, 求 $A+B$ 与 $A-B$。

解: $A+B=\begin{pmatrix}1+(-2) & 0+1 & -1+0\\ 2+3 & 3+7 & 3+3\\ -2+(-1) & 3+1 & 5+2\end{pmatrix}=\begin{pmatrix}-1 & 1 & -1\\ 5 & 10 & 6\\ -3 & 4 & 7\end{pmatrix}$

$A-B=\begin{pmatrix}1-(-2) & 0-1 & -1-0\\ 2-3 & 3-7 & 3-3\\ -2-(-1) & 3-1 & 5-2\end{pmatrix}=\begin{pmatrix}3 & -1 & -1\\ -1 & -4 & 0\\ -1 & 2 & 3\end{pmatrix}$

注: 只有两个矩阵为同型矩阵时,它们才能相加减。

矩阵的加法满足下列运算律(设 A, B, C, O 都是 $m\times n$ 矩阵)。

①交换律: $A+B=B+A$ 。

②结合律: $(A+B)+C=A+(B+C)$ 。

③ $A+O=A$。

(2) 矩阵的数乘

定义 3 以数 k 乘矩阵 $A=(a_{ij})_{m\times n}$ 的每一个元素所得的矩阵,称为数 k 与矩阵 A 的乘积,记为 kA, 即

$$kA=\begin{pmatrix}ka_{11} & ka_{12} & \cdots & ka_{1n}\\ ka_{21} & ka_{22} & \cdots & ka_{2n}\\ \vdots & \vdots & & \vdots\\ ka_{n1} & ka_{n2} & \cdots & ka_{nn}\end{pmatrix}$$

例 2-5 设 $A=\begin{pmatrix}-1 & 4 & 3\\ 5 & 2 & 5\\ 1 & 0 & -3\\ 2 & -1 & 3\end{pmatrix}$, 求 $5A$。

解: $5A=\begin{pmatrix}5\times(-1) & 5\times 4 & 5\times 3\\ 5\times 5 & 5\times 2 & 5\times 5\\ 5\times 1 & 5\times 0 & 5\times(-3)\\ 5\times 2 & 5\times(-1) & 5\times 3\end{pmatrix}=\begin{pmatrix}-5 & 20 & 15\\ 25 & 10 & 25\\ 5 & 0 & -15\\ 10 & -5 & 15\end{pmatrix}$

矩阵数乘满足下列运算规律（设 A，B 都是 $m\times n$ 矩阵，k，l 是任意实数）。

①结合律：$k(lA)=(kl)A$。

②分配律：$k(A+B)=kA+kB$ 及 $(k+l)A=kA+lA$。

③ $1\cdot A=A$。

例 2-6 设矩阵 X 满足 $\begin{pmatrix}-1&2&5\\0&1&2\end{pmatrix}+2X=3\begin{pmatrix}5&0&-1\\3&7&2\end{pmatrix}$，求 X。

解：$2X=3\begin{pmatrix}5&0&-1\\3&7&2\end{pmatrix}-\begin{pmatrix}-1&2&5\\0&1&2\end{pmatrix}=\begin{pmatrix}16&-2&-8\\9&20&4\end{pmatrix}$，$X=\begin{pmatrix}8&-1&-4\\\frac{9}{2}&10&2\end{pmatrix}$。

（3）矩阵的乘法

定义 4 矩阵 $A=(a_{ij})_{m\times s}$，$B=(b_{ij})_{s\times n}$，则 A 与 B 的乘积为一个新的矩阵，记作 AB，即 $AB=(c_{ij})_{m\times n}$，其中

$$c_{ij}=a_{i1}b_{1j}+a_{i2}b_{2j}+\cdots+a_{il}b_{lj}=\sum_{k=1}^{l}a_{ik}b_{kj}$$
$$(i=1,2,\cdots,m;\ j=1,2,\cdots,n)$$

矩阵的乘法

注：①**矩阵的相乘条件**：左矩阵的列数等于右矩阵的行数时，两个矩阵才能相乘；②**矩阵的相乘法则**：积矩阵中第 i 行第 j 列的元素等于左矩阵的第 i 行元素与右矩阵的第 j 列对应元素乘积之和；③**矩阵的相乘结果**：积矩阵的行数等于左矩阵的行数，积矩阵的列数等于右矩阵的列数。

例 2-7 已知 $A=\begin{pmatrix}4&3\\2&1\end{pmatrix}$，$B=\begin{pmatrix}5&3&1\\4&1&-1\end{pmatrix}$，求 AB。

解：$AB=\begin{pmatrix}4&3\\2&1\end{pmatrix}\begin{pmatrix}5&3&1\\4&1&-1\end{pmatrix}$

$$=\begin{pmatrix}4\times5+3\times4&4\times3+3\times1&4\times1+3\times(-1)\\2\times5+1\times4&2\times3+1\times1&2\times1+1\times(-1)\end{pmatrix}=\begin{pmatrix}32&15&1\\14&7&1\end{pmatrix}$$

矩阵乘法一般不满足交换律，即 $AB\neq BA$。如上例 AB 有意义，但 BA 却无意义。

例 2-8 设 $A=\begin{pmatrix}-2&4\\1&-2\end{pmatrix}$，$B=\begin{pmatrix}2&4\\-3&-6\end{pmatrix}$ 求 AB，BA。

解：AB 与 BA 都有意义，$AB=\begin{pmatrix}-16&-32\\8&16\end{pmatrix}$，$BA=\begin{pmatrix}0&0\\0&0\end{pmatrix}$。

由本例知，虽然 B，$A\neq0$，但 $BA=0$。因此，在矩阵乘法中虽然 $BA=0$，但并不能得到 $B=0$ 或 $A=0$。

矩阵乘法一般不满足消去律，即 $AB=CB$ 不一定有 $A=C$。

例如：$\begin{pmatrix}1&-1\\-1&1\\1&-1\end{pmatrix}\begin{pmatrix}2&1\\0&1\end{pmatrix}=\begin{pmatrix}1&-1\\-1&1\\1&-1\end{pmatrix}\begin{pmatrix}1&1\\-1&1\end{pmatrix}=\begin{pmatrix}2&0\\-2&0\\2&0\end{pmatrix}$，但 $\begin{pmatrix}2&1\\0&1\end{pmatrix}\neq\begin{pmatrix}1&1\\-1&1\end{pmatrix}$。

矩阵乘法满足下列运算律

①结合律：$(AB)C=A(BC)$。

②分配律：$A(B+C)=AB+AC$ 及 $(B+C)A=BA+CA$。

③数乘结合律：$k(AB)=(kA)B=A(kB)$。

（4）线性方程组的矩阵表示

根据矩阵乘法的特性以及矩阵相等的概念，我们可以写出 n 元线性方程组

$$\begin{cases} a_{11}x_1+a_{12}x_2+\cdots+a_{1n}x_n=b_1 \\ a_{21}x_1+a_{22}x_2+\cdots+a_{2n}x_n=b_2 \\ \cdots\cdots \\ a_{m1}x_1+a_{m2}x_2+\cdots+a_{mn}x_n=b_m \end{cases}$$

的矩阵形式。

令 $A=\begin{pmatrix} a_{11} & a_{12} & \cdots & a_{1n} \\ a_{21} & a_{22} & \cdots & a_{2n} \\ \vdots & \vdots & & \vdots \\ a_{m1} & a_{m2} & \cdots & a_{mn} \end{pmatrix}$，$X=\begin{pmatrix} x_1 \\ x_2 \\ \vdots \\ x_n \end{pmatrix}$，$B=\begin{pmatrix} b_1 \\ b_2 \\ \vdots \\ b_m \end{pmatrix}$，那么 n 元线性方程组可以表示为矩阵形式 $AX=B$，这个形式也可以称为**矩阵方程**。

其中 A 称为 n 元线性方程组的系数矩阵，B 称为右端矩阵，X 称为未知矩阵。

（5）方阵的幂

定义 5 设 A 为 n 阶方阵，k 是正整数，把 k 个 A 的连乘积称为方阵 A 的 k 次幂，记作 A^k，即 $A^k=\underbrace{AA\cdots A}_{k个}$。

当 n，l 都是正整数时，由矩阵乘法结合律，可得 $A^kA^l=A^{k+l}$；$(A^k)^l=A^{kl}$

因为矩阵乘法一般不满足交换律，所以一般地

$$(AB)^k \neq A^kB^k$$

规定 $A^0=E$，$A^1=A$。

方阵

例 2-9 求 $\begin{pmatrix} 1 & 1 \\ 0 & 1 \end{pmatrix}^k$（$k$ 是正整数）。

解： 因为

$$\begin{pmatrix} 1 & 1 \\ 0 & 1 \end{pmatrix}^2=\begin{pmatrix} 1 & 1 \\ 0 & 1 \end{pmatrix}\begin{pmatrix} 1 & 1 \\ 0 & 1 \end{pmatrix}=\begin{pmatrix} 1 & 2 \\ 0 & 1 \end{pmatrix},\begin{pmatrix} 1 & 1 \\ 0 & 1 \end{pmatrix}^3=\begin{pmatrix} 1 & 1 \\ 0 & 1 \end{pmatrix}^2\begin{pmatrix} 1 & 1 \\ 0 & 1 \end{pmatrix}=\begin{pmatrix} 1 & 3 \\ 0 & 1 \end{pmatrix}$$

依次类推，可得 $\begin{pmatrix} 1 & 1 \\ 0 & 1 \end{pmatrix}^k=\begin{pmatrix} 1 & k \\ 0 & 1 \end{pmatrix}$。

（6）矩阵的转置

定义 6 把 $m\times n$ 矩阵 A 的行与列互换，所得的 $n\times m$ 矩阵称为 A 的转置矩阵，记为 A^T。

如 $A=\begin{pmatrix} 1 & -1 & 3 \\ 2 & 0 & 1 \end{pmatrix}$，则 $A^T=\begin{pmatrix} 1 & 2 \\ -1 & 0 \\ 3 & 1 \end{pmatrix}$。显然，方阵 A 是对称矩阵的充要条件是 $A=A^T$。

例 2-10 设 $A=\begin{pmatrix} 1 & 2 \\ -1 & 0 \\ 0 & 3 \end{pmatrix}$，$B=\begin{pmatrix} 1 & 1 & 0 \\ -1 & 0 & 1 \end{pmatrix}$，求 $(AB)^T$，A^T，B^T，B^TA^T。

解: $AB=\begin{pmatrix}1&2\\-1&0\\0&3\end{pmatrix}\begin{pmatrix}1&1&0\\-1&0&1\end{pmatrix}=\begin{pmatrix}-1&1&2\\-1&-1&0\\-3&0&3\end{pmatrix}$，$(AB)^T=\begin{pmatrix}-1&-1&-3\\1&-1&0\\2&0&3\end{pmatrix}$，

$A^T=\begin{pmatrix}1&-1&0\\2&0&3\end{pmatrix}$，　$B^T=\begin{pmatrix}1&-1\\1&0\\0&1\end{pmatrix}$，$B^TA^T=\begin{pmatrix}-1&-1&-3\\1&-1&0\\2&0&3\end{pmatrix}$。

显然，上例中有 $(AB)^T=B^TA^T$，这个结论对一般情况也成立。

一般地，矩阵转置满足以下运算律。

① $(A^T)^T=A$。

② $(A+B)^T=A^T+B^T$。

③ $(kA)^T=kA^T$。

④ $(AB)^T=B^TA^T$。

(7) 方阵行列式

定义 7 由 n 阶方阵

$$A=\begin{pmatrix}a_{11}&a_{12}&\cdots&a_{1n}\\a_{21}&a_{22}&\cdots&a_{2n}\\\vdots&\vdots&&\vdots\\a_{n1}&a_{n2}&\cdots&a_{nn}\end{pmatrix}$$

的元素按原来的位置构成的行列式，称为方阵 A 的行列式，记作 $|A|$。即

$$|A|=\begin{vmatrix}a_{11}&a_{12}&\cdots&a_{1n}\\a_{21}&a_{22}&\cdots&a_{2n}\\\vdots&\vdots&&\vdots\\a_{n1}&a_{n2}&\cdots&a_{nn}\end{vmatrix}$$

注: 矩阵 A 是一个数表，而矩阵 A 的行列式 $|A|$ 是一个数。

如果矩阵 A 满足 $|A|\neq 0$，则称 A 是**非奇异矩阵**。

方阵的行列式有以下性质。

① $|A^T|=|A|$。

② $|kA|=k^n|A|$。

③ $|AB|=|A||B|$。

性质③表明：对于同阶方阵 A，B，即使 $AB\neq BA$，但有 $|AB|=|BA|$。

例 2-11 设 $A=\begin{pmatrix}-1&-1&-3\\0&-1&0\\0&0&3\end{pmatrix}$，$B=\begin{pmatrix}1&1&2\\0&2&-5\\0&0&3\end{pmatrix}$，求 $|A^T|$，$|3A|$，$|BA|$。

解: 因为

$$|A|=\begin{vmatrix}-1&-1&-3\\0&-1&0\\0&0&3\end{vmatrix}=3,\quad |B|=\begin{vmatrix}1&1&2\\0&2&-5\\0&0&3\end{vmatrix}=6$$

所以 $|A^T|=|A|=3$，$|3A|=3^3|A|=27\times3=81$，$|BA|=|A|\cdot|B|=3\times6=18$。

2.2 逆矩阵

逆矩阵的概念

2.2.1 逆矩阵的概念

在数字运算中，我们知道，在 $a\neq0$ 的情况下，如果满足 $a\cdot b=b\cdot a=1$，那么我们可以说 $b=a^{-1}$ 为 a 的倒数。而且当 $a\neq0$ 时，有 $a\cdot a^{-1}=a^{-1}\cdot a=1$。

对于一个矩阵 A，是否如数字运算一样，存在类似的运算？下面先给出逆矩阵的概念。

定义 8 设 A 为 n 阶方阵，如果存在一个 n 阶方阵 B，使

$$AB=BA=E$$

则称 A 是**可逆的**，并称 B 是 A 的**逆矩阵或逆阵**，记为 $B=A^{-1}$。

从上述定义中，我们可以看出 A 与 B 的地位是平等的。若矩阵 A、B 满足 $AB=BA=E$，则 B 也是可逆矩阵，并且 A 是 B 的逆矩阵，即 $B^{-1}=A$。因此，满足 $AB=BA=E$ 的矩阵 A、B 互为逆矩阵，即若 $AB=E$（或 $BA=E$），则 $B=A^{-1}$ 或 $A=B^{-1}$。

注：①逆阵是对方阵而言的；②若 A 的逆阵存在则必唯一。

例 2-12 设 $A=\begin{pmatrix}2&-3\\1&-1\end{pmatrix}$，$B=\begin{pmatrix}-1&3\\-1&2\end{pmatrix}$，试验证 B 是否为 A 的逆矩阵？

解：因为

$$AB=\begin{pmatrix}2&-3\\1&-1\end{pmatrix}\begin{pmatrix}-1&3\\-1&2\end{pmatrix}=\begin{pmatrix}1&0\\0&1\end{pmatrix},\quad BA=\begin{pmatrix}-1&3\\-1&2\end{pmatrix}\begin{pmatrix}2&-3\\1&-1\end{pmatrix}=\begin{pmatrix}1&0\\0&1\end{pmatrix}$$

即 $AB=BA=E$，所以 B 是 A 的逆矩阵。

显然，单位矩阵 E 是可逆的，且 $E^{-1}=E$，而零矩阵是不可逆的。

那么方阵 A 在什么条件下可逆？若可逆，怎样求逆矩阵呢？

2.2.2 逆矩阵的存在性及求法

逆矩阵的存在性及求法

定义 9 设 A_{ij} 是方阵 $A=\begin{pmatrix}a_{11}&a_{12}&\cdots&a_{1n}\\a_{21}&a_{22}&\cdots&a_{2n}\\\vdots&\vdots&&\vdots\\a_{n1}&a_{n2}&\cdots&a_{nn}\end{pmatrix}$ 的行列式 $|A|$ 中

元素 a_{ij} 的代数余子式，称方阵 $\begin{pmatrix} A_{11} & A_{12} & \cdots & A_{1n} \\ A_{21} & A_{22} & \cdots & A_{2n} \\ \vdots & \vdots & & \vdots \\ A_{n1} & A_{n2} & \cdots & A_{nn} \end{pmatrix}^T = \begin{pmatrix} A_{11} & A_{21} & \cdots & A_{n1} \\ A_{12} & A_{22} & \cdots & A_{n2} \\ \vdots & \vdots & & \vdots \\ A_{1n} & A_{2n} & \cdots & A_{nn} \end{pmatrix}$ 为 A 的**伴随矩阵**，记为 A^*。

例 2-13 求方阵 $A = \begin{pmatrix} 1 & 2 & 3 \\ 2 & 2 & 1 \\ 3 & 4 & 3 \end{pmatrix}$ 的伴随矩阵。

解： 按定义：

$$A_{11} = (-1)^{1+1}\begin{vmatrix} 2 & 1 \\ 4 & 3 \end{vmatrix} = 2,\ A_{12} = (-1)^{1+2}\begin{vmatrix} 2 & 1 \\ 3 & 3 \end{vmatrix} = -3,\ A_{13} = (-1)^{1+3}\begin{vmatrix} 2 & 2 \\ 3 & 4 \end{vmatrix} = 2$$

$$A_{21} = (-1)^{2+1}\begin{vmatrix} 2 & 3 \\ 4 & 3 \end{vmatrix} = 6,\ A_{22} = (-1)^{2+2}\begin{vmatrix} 1 & 3 \\ 3 & 3 \end{vmatrix} = -6,\ A_{23} = (-1)^{2+3}\begin{vmatrix} 1 & 2 \\ 3 & 4 \end{vmatrix} = 2$$

$$A_{31} = (-1)^{3+1}\begin{vmatrix} 2 & 3 \\ 2 & 1 \end{vmatrix} = -4,\ A_{32} = (-1)^{3+2}\begin{vmatrix} 1 & 3 \\ 2 & 1 \end{vmatrix} = 5,\ A_{33} = (-1)^{3+3}\begin{vmatrix} 1 & 2 \\ 2 & 2 \end{vmatrix} = -2$$

所以 $A^* = \begin{pmatrix} A_{11} & A_{21} & A_{31} \\ A_{12} & A_{22} & A_{32} \\ A_{13} & A_{23} & A_{33} \end{pmatrix} = \begin{pmatrix} 2 & 6 & -4 \\ -3 & -6 & 5 \\ 2 & 2 & -2 \end{pmatrix}$。

由矩阵乘法，行列式性质及其推论可得

$$AA^* = \begin{pmatrix} a_{11} & a_{12} & \cdots & a_{1n} \\ a_{21} & a_{22} & \cdots & a_{2n} \\ \vdots & \vdots & & \vdots \\ a_{n1} & a_{n2} & \cdots & a_{nn} \end{pmatrix}\begin{pmatrix} A_{11} & A_{21} & \cdots & A_{n1} \\ A_{12} & A_{22} & \cdots & A_{n2} \\ \vdots & \vdots & & \vdots \\ A_{1n} & A_{2n} & \cdots & A_{nn} \end{pmatrix} = \begin{pmatrix} |A| & 0 & \cdots & 0 \\ 0 & |A| & \cdots & 0 \\ \vdots & \vdots & & \vdots \\ 0 & 0 & \cdots & |A| \end{pmatrix} = |A|E$$

在 $|A| \neq 0$ 时，有 $A\dfrac{A^*}{|A|} = E$， 所以，我们可以得出如下定理。

定理 方阵 A 可逆的充要条件是 $|A| \neq 0$，且当 A 可逆时，有 $A^{-1} = \dfrac{A^*}{|A|}$，$A^*$ 为 A 的伴随矩阵。

例 2-14 当 $ad - bc \neq 0$ 时，求 $A = \begin{pmatrix} a & b \\ c & d \end{pmatrix}$ 的逆矩阵。

解： 因为 $\begin{vmatrix} a & b \\ c & d \end{vmatrix} = ad - bc \neq 0$， 所以 A 可逆。

又

$$A_{11} = d,\ A_{12} = -c,\ A_{21} = -b,\ A_{22} = a,\ A^* = \begin{pmatrix} A_{11} & A_{21} \\ A_{12} & A_{22} \end{pmatrix} = \begin{pmatrix} d & -b \\ -c & a \end{pmatrix}$$

所以

$$A^{-1}=\begin{pmatrix}a & b\\ c & d\end{pmatrix}^{-1}=\frac{1}{ad-bc}\begin{pmatrix}d & -b\\ -c & a\end{pmatrix}$$

例 2-15 求方阵 $A=\begin{pmatrix}1 & 2 & 3\\ 2 & 2 & 1\\ 3 & 4 & 3\end{pmatrix}$ 的逆矩阵。

解： 因为

$$|A|=\begin{vmatrix}1 & 2 & 3\\ 2 & 2 & 1\\ 3 & 4 & 3\end{vmatrix}=\begin{vmatrix}1 & 2 & 3\\ 0 & -2 & -5\\ 0 & -2 & -6\end{vmatrix}=\begin{vmatrix}1 & 2 & 3\\ 0 & -2 & -5\\ 0 & 0 & -1\end{vmatrix}=2\neq 0$$

所以 A 可逆。

由例 2-13 可知

$$A^{*}=\begin{pmatrix}2 & 6 & -4\\ -3 & -6 & 5\\ 2 & 2 & -2\end{pmatrix}$$

则

$$A^{-1}=\frac{A^{*}}{|A|}=\frac{1}{2}\begin{pmatrix}2 & 6 & -4\\ -3 & -6 & 5\\ 2 & 2 & -2\end{pmatrix}=\begin{pmatrix}1 & 3 & -2\\ -\frac{3}{2} & -3 & \frac{5}{2}\\ 1 & 1 & -1\end{pmatrix}$$

2.2.3 逆矩阵的性质

逆矩阵的应用及性质

性质 1 若 A 可逆，则有 A^{-1} 亦可逆，且 $(A^{-1})^{-1}=A$。

证： 因为 A 可逆，则有 $AA^{-1}=A^{-1}A=E$，所以 A^{-1} 的逆阵就是 A，即 $(A^{-1})^{-1}=A$。

性质 2 若 A 可逆，数 $k\neq0$，则 kA 也可逆，且 $(kA)^{-1}=\frac{1}{k}A^{-1}$。

证： 因为 $(kA)\left(\frac{1}{k}A^{-1}\right)=\left(k\cdot\frac{1}{k}\right)AA^{-1}=E$，由定义得 $(kA)^{-1}=\frac{1}{k}A^{-1}$。

性质 3 若 A 可逆，则 A^{T} 也可逆，且 $(A^{T})^{-1}=(A^{-1})^{T}$。

证： 因为 A 可逆，即有 $AA^{-1}=E$，所以 $(AA^{-1})^{T}=E^{T}=E$，即 $(A^{-1})^{T}A^{T}=E$，由定义得 $(A^{T})^{-1}=(A^{-1})^{T}$。

性质 4 若 A，B 为同阶可逆方阵，则 AB 也可逆，且 $(AB)^{-1}=B^{-1}A^{-1}$。

证： 因为 A，B 均可逆，所以存在 A^{-1}，B^{-1}，使

$$(AB)(B^{-1}A^{-1})=A(BB^{-1})A^{-1}=AEA^{-1}=AA^{-1}=E$$

由定义得 AB 可逆，且 $(AB)^{-1}=B^{-1}A^{-1}$。

例 2-16 设 A 是 n 阶方阵，$|A|=\frac{1}{3}$，问：$3A$ 是否可逆？并求 $|A^{-1}|$，$|(3A)^{-1}|$。

解： 因为 $|A|=\frac{1}{3}\neq 0$，所以 A 可逆，由性质 2 知：$3A$ 可逆，且 $(3A)^{-1}=\frac{1}{3}A^{-1}$。又因为 $A^{-1}A=E$，所以 $|A^{-1}A|=|A||A^{-1}|=|E|=1$。由此可得

$$|A^{-1}|=\frac{1}{|A|}=3,\ |(3A)^{-1}|=\left|\frac{1}{3}A^{-1}\right|=\left(\frac{1}{3}\right)^n|A^{-1}|=3^{1-n}$$

2.2.4 用逆矩阵解线性方程组和矩阵方程

我们已经知道：利用矩阵的乘法，可以得到 n 阶线性方程组

$$\begin{cases}a_{11}x_1+a_{12}x_2+\cdots+a_{1n}x_n=b_1\\a_{21}x_1+a_{22}x_2+\cdots+a_{2n}x_n=b_2\\\qquad\qquad\cdots\cdots\\a_{n1}x_1+a_{n2}x_2+\cdots+a_{nn}x_n=b_n\end{cases}$$

的矩阵形式 $AX=B$，如果 A 可逆，方程两边左乘以 A^{-1}，可得该线性方程组的解 $X=A^{-1}B$。

例 2-17 解线性方程组 $\begin{cases}x_1-x_2-x_3=2\\2x_1-x_2-3x_3=1\\3x_1+2x_2-5x_3=0\end{cases}$。

解： 记 $A=\begin{pmatrix}1&-1&-1\\2&-1&-3\\3&2&-5\end{pmatrix}$，$X=\begin{pmatrix}x_1\\x_2\\x_3\end{pmatrix}$，$B=\begin{pmatrix}2\\1\\0\end{pmatrix}$，则方程组可写成矩阵形式 $AX=B$。

因为 $|A|=\begin{vmatrix}1&-1&-1\\2&-1&-3\\3&2&-5\end{vmatrix}=3\neq 0$，所以 A 可逆，并且 $A^*=\begin{pmatrix}11&-7&2\\1&-2&1\\7&-5&1\end{pmatrix}$，故 $A^{-1}=\frac{1}{|A|}A^*=\frac{1}{3}\begin{pmatrix}11&-7&2\\1&-2&1\\7&-5&1\end{pmatrix}$，于是 $X=A^{-1}B=\frac{1}{3}\begin{pmatrix}11&-7&2\\1&-2&1\\7&-5&1\end{pmatrix}\begin{pmatrix}2\\1\\0\end{pmatrix}=\begin{pmatrix}5\\0\\3\end{pmatrix}$，即线性方程组的解为 $x_1=5$，$x_2=0$，$x_3=3$。

例 2-18 设 $A=\begin{pmatrix}1&2&3\\2&2&1\\3&4&3\end{pmatrix}$，$B=\begin{pmatrix}2&1\\5&3\end{pmatrix}$，$C=\begin{pmatrix}1&3\\2&0\\3&1\end{pmatrix}$，求矩阵 X 使满足：$AXB=C$。

解： 若 A^{-1}，B^{-1} 存在，则用 A^{-1} 左乘上式，B^{-1} 右乘上式，有

$$A^{-1}AXBB^{-1}=A^{-1}CB^{-1},\ 即\ X=A^{-1}CB^{-1}$$

由例 2-15 知 A 可逆，且 $A^{-1}=\begin{pmatrix}1 & 3 & -2\\ -\dfrac{3}{2} & -3 & \dfrac{5}{2}\\ 1 & 1 & -1\end{pmatrix}$，而 $B^{-1}=\begin{pmatrix}3 & -1\\ -5 & 2\end{pmatrix}$，则

$$X=A^{-1}CB^{-1}=\begin{pmatrix}1 & 3 & -2\\ -\dfrac{3}{2} & -3 & \dfrac{5}{2}\\ 1 & 1 & -1\end{pmatrix}\begin{pmatrix}1 & 3\\ 2 & 0\\ 3 & 1\end{pmatrix}\begin{pmatrix}3 & -1\\ -5 & 2\end{pmatrix}=\begin{pmatrix}1 & 1\\ 0 & -2\\ 0 & 2\end{pmatrix}\begin{pmatrix}3 & -1\\ -5 & 2\end{pmatrix}$$

$$=\begin{pmatrix}-2 & 1\\ 10 & -4\\ -10 & 4\end{pmatrix}。$$

矩阵的初等行变换

2.3 矩阵的初等变换与矩阵的秩

2.3.1 矩阵的初等变换与初等矩阵

用伴随矩阵求逆矩阵，对于低阶方阵，计算量不大，但是，对于高阶方阵就比较麻烦，因为要计算更多行列式。为了寻找更有效率的方法，下面我们介绍矩阵的初等变换。

定义 10 对矩阵的行进行如下三种变换，称为矩阵的初等变换。

①交换变换：交换矩阵的两行（列），记为 $r_i \leftrightarrow r_j$（$c_i \leftrightarrow c_j$）。

②倍乘变换：将矩阵某一行（列）的元素都乘以同一个不等于 0 的常数 k，记为 $k\times r_i$（$k\times c_i$）。

③倍加变换：将矩阵的某一行（列）的元素同乘数 k 后加到另一行（列）的对应元素上去，记为 kr_i+r_j（kc_i+c_j）。

矩阵 A 经过有限次初等变换后化为矩阵 B，称矩阵 A 与矩阵 B 等价，记为 $A\rightarrow B$。

定义 11 对单位矩阵 E 施行一次初等变换得到的矩阵，称为初等矩阵。

初等矩阵有 3 种。

①初等交换矩阵：对单位矩阵 E 施行一次初等交换变换得到的矩阵

$$E(i,\ j)=\begin{pmatrix}1 & & & & & & \\ & \ddots & & & & & \\ & & 0 & \cdots & 1 & & \\ & & \vdots & \ddots & \vdots & & \\ & & 1 & \cdots & 0 & & \\ & & & & & \ddots & \\ & & & & & & 1\end{pmatrix}\begin{matrix}\\ \\ i\\ \\ j\\ \\ \\ \end{matrix}$$

$$\qquad\qquad\qquad i \qquad\quad j$$

初等变换与
初等矩阵的关系

②初等倍加矩阵：对单位矩阵 E 施行一次初等倍加变换得到的矩阵

$$E(i(k))=\begin{pmatrix}1 & & & & \\ & \ddots & & & \\ & & k & & \\ & & & \ddots & \\ & & & & 1\end{pmatrix}\begin{matrix}\\ \\ i\\ \\ \\ \end{matrix}$$
$$\qquad\qquad i$$

③初等倍乘矩阵：对单位矩阵 E 施行一次初等倍乘变换得到的矩阵

$$E(ij(k))=\begin{pmatrix}1 & & & & & & \\ & \ddots & & & & & \\ & & 1 & \cdots & k & & \\ & & & \ddots & \vdots & & \\ & & & & 1 & & \\ & & & & & \ddots & \\ & & & & & & 1\end{pmatrix}\begin{matrix}\\ \\ i\\ \\ j\\ \\ \\ \end{matrix}$$
$$\qquad\qquad i \quad j$$

容易验证，初等矩阵都是可逆矩阵，且它们的逆矩阵仍是初等矩阵。

定理 1 设 A 为 $m\times n$ 矩阵，则

①对 A 施行某种初等行变换得到的矩阵，等于用同种 m 阶初等矩阵左乘 A；

②对 A 施行某种初等列变换得到的矩阵，等于用同种 n 阶初等矩阵右乘 A。

例如，$A=\begin{pmatrix}1 & 2 & 3\\ 4 & 5 & 6\\ 7 & 8 & 9\end{pmatrix}$

① $\begin{pmatrix}1 & 2 & 3\\ 4 & 5 & 6\\ 7 & 8 & 9\end{pmatrix}\xrightarrow{r_1\leftrightarrow r_2}\begin{pmatrix}4 & 5 & 6\\ 1 & 2 & 3\\ 7 & 8 & 9\end{pmatrix}$，而 $\begin{pmatrix}0 & 1 & 0\\ 1 & 0 & 0\\ 0 & 0 & 1\end{pmatrix}\begin{pmatrix}1 & 2 & 3\\ 4 & 5 & 6\\ 7 & 8 & 9\end{pmatrix}=\begin{pmatrix}4 & 5 & 6\\ 1 & 2 & 3\\ 7 & 8 & 9\end{pmatrix}$；

② $\begin{pmatrix}1 & 2 & 3\\ 4 & 5 & 6\\ 7 & 8 & 9\end{pmatrix}\xrightarrow{kr_2}\begin{pmatrix}1 & 2 & 3\\ 4k & 5k & 6k\\ 7 & 8 & 9\end{pmatrix}$，而 $\begin{pmatrix}1 & 0 & 0\\ 0 & k & 0\\ 0 & 0 & 1\end{pmatrix}\begin{pmatrix}1 & 2 & 3\\ 4 & 5 & 6\\ 7 & 8 & 9\end{pmatrix}=\begin{pmatrix}1 & 2 & 3\\ 4k & 5k & 6k\\ 7 & 8 & 9\end{pmatrix}$；

③ $\begin{pmatrix}1 & 2 & 3\\ 4 & 5 & 6\\ 7 & 8 & 9\end{pmatrix}\xrightarrow{r_2+kr_1}\begin{pmatrix}1 & 2 & 3\\ 4+k & 5+2k & 6+3k\\ 7 & 8 & 9\end{pmatrix}$，而

$$\begin{pmatrix}1 & 0 & 0\\ k & 1 & 0\\ 0 & 0 & 1\end{pmatrix}\begin{pmatrix}1 & 2 & 3\\ 4 & 5 & 6\\ 7 & 8 & 9\end{pmatrix}=\begin{pmatrix}1 & 2 & 3\\ 4+k & 5+2k & 6+3k\\ 7 & 8 & 9\end{pmatrix}$$

由定理 1 可知，若矩阵 A 经过 t 次初等行变换化为等价矩阵 B，相当于依次左乘以 t

个初等矩阵 P_1，P_2，$\cdots$，P_t。

对于矩阵 A，我们希望通过初等变换化为比较简单的矩阵，下面介绍一种比较简单的矩阵——阶梯形矩阵。

定义 12 满足两个条件的矩阵称为**阶梯形矩阵**：

①矩阵的零行（若存在的话）在非零行的下方；

②首个非零元（即非零行的第一个不为零的元素）的列标随着行标的递增而严格增大。

例如，矩阵

$$\begin{pmatrix} 0 & 3 & 2 & 0 \\ 0 & 0 & -2 & 3 \\ 0 & 0 & 0 & 0 \end{pmatrix},\ \begin{pmatrix} 1 & 3 & 2 & 4 \\ 0 & 2 & 1 & 1 \\ 0 & 0 & 0 & 5 \end{pmatrix},\ \begin{pmatrix} 1 & 2 & 3 & 4 & 5 \\ 0 & -9 & 4 & 3 & 0 \\ 0 & 0 & 0 & 3 & 4 \\ 0 & 0 & 0 & 0 & 0 \end{pmatrix}$$

都是阶梯形矩阵。而

$$\begin{pmatrix} 1 & 2 & 4 & 0 \\ 0 & 0 & 2 & 1 \\ 0 & 3 & 0 & -3 \\ 0 & 0 & 0 & 0 \end{pmatrix},\ \begin{pmatrix} 1 & 2 & -1 & 3 \\ 0 & 6 & 4 & 8 \\ 0 & 3 & 8 & 1 \\ 0 & 0 & 0 & 0 \end{pmatrix},\ \begin{pmatrix} 4 & -1 & 3 & 4 \\ 0 & 0 & 0 & 0 \\ 0 & 1 & 5 & 6 \\ 0 & 0 & 0 & 0 \end{pmatrix}$$

都不是阶梯形矩阵。

例 2-19 把矩阵 $A = \begin{pmatrix} 0 & 1 & 1 & 2 \\ 2 & 3 & 2 & 5 \\ 3 & 1 & -1 & -1 \end{pmatrix}$ 化为等价的阶梯形矩阵。

解：

$$A = \begin{pmatrix} 0 & 1 & 1 & 2 \\ 2 & 3 & 2 & 5 \\ 3 & 1 & -1 & -1 \end{pmatrix} \xrightarrow{r_1 \leftrightarrow r_2} \begin{pmatrix} 2 & 3 & 2 & 5 \\ 0 & 1 & 1 & 2 \\ 3 & 1 & -1 & -1 \end{pmatrix} \xrightarrow{-\frac{3}{2}r_1 + r_3} \begin{pmatrix} 2 & 3 & 2 & 5 \\ 0 & 1 & 1 & 2 \\ 0 & -\frac{7}{2} & -4 & -\frac{17}{2} \end{pmatrix}$$

$$\xrightarrow{\frac{7}{2}r_2 + r_3} \begin{pmatrix} 2 & 3 & 2 & 5 \\ 0 & 1 & 1 & 2 \\ 0 & 0 & -\frac{1}{2} & -\frac{3}{2} \end{pmatrix} = B \xrightarrow{-2r_3} \begin{pmatrix} 2 & 3 & 2 & 5 \\ 0 & 1 & 1 & 2 \\ 0 & 0 & 1 & 3 \end{pmatrix} = C$$

由例 2-19 可以看出，与矩阵 A 等价的阶梯形矩阵并不唯一。一般地，对于阶梯形矩阵，我们还可以进行化简，得到如下的**行最简阶梯形矩阵**。

定义 13 如果阶梯形矩阵满足两个条件，则称为**行最简阶梯形矩阵**：

①非零行的首个非零元都是 1；

②首个非零元所在列的其余元素都是零。

如：矩阵

初等行变换化行最简阶梯型矩阵

$$\begin{pmatrix}1&2&0&0&0&-7\\0&0&1&1&0&6\\0&0&0&0&1&1\\0&0&0&0&0&0\end{pmatrix}$$

是行最简阶梯形矩阵。而矩阵

$$\begin{pmatrix}1&2&3&4&5\\0&-1&4&3&0\\0&0&0&2&4\\0&0&0&0&0\end{pmatrix}$$

虽然是阶梯形矩阵，但不是行最简阶梯形矩阵。我们对它施行如下初等行变换，就可化为行最简阶梯形矩阵。

$$\begin{pmatrix}1&2&3&4&5\\0&-1&4&3&0\\0&0&0&2&4\\0&0&0&0&0\end{pmatrix}\longrightarrow\begin{pmatrix}1&2&3&4&5\\0&1&-4&-3&0\\0&0&0&1&2\\0&0&0&0&0\end{pmatrix}\xrightarrow{3r_3+r_2}\begin{pmatrix}1&2&3&0&-3\\0&1&-4&0&6\\0&0&0&1&2\\0&0&0&0&0\end{pmatrix}$$

$$\xrightarrow{-2r_2+r_1}\begin{pmatrix}1&0&11&0&-15\\0&1&-4&0&6\\0&0&0&1&2\\0&0&0&0&0\end{pmatrix}$$

一般地，对于矩阵进行初等变化有如下结果。

定理 2 任意矩阵经过若干次初等行变换可化成行最简阶梯形矩阵。

例 2-20 将矩阵 $A=\begin{pmatrix}2&-1&-1&1&2\\1&1&-2&1&4\\4&-6&2&-2&4\\3&6&-9&7&9\end{pmatrix}$ 化为行最简阶梯形矩阵。

解： $A=\begin{pmatrix}2&-1&-1&1&2\\1&1&-2&1&4\\4&-6&2&-2&4\\3&6&-9&7&9\end{pmatrix}\xrightarrow[\frac{1}{2}r_3]{r_1\leftrightarrow r_2}\begin{pmatrix}1&1&-2&1&4\\2&-1&-1&1&2\\2&-3&1&-1&2\\3&6&-9&7&9\end{pmatrix}$

$$\xrightarrow{\substack{-r_3+r_2\\-2r_1+r_3\\-3r_1+r_4}}\begin{pmatrix}1&1&-2&1&4\\0&2&-2&2&0\\0&-5&5&-3&-6\\0&3&-3&4&-3\end{pmatrix}\xrightarrow{\substack{\frac{1}{2}r_2\\5r_2+r_3\\-3r_2+r_4}}\begin{pmatrix}1&1&-2&1&4\\0&1&-1&1&0\\0&0&0&2&-6\\0&0&0&1&-3\end{pmatrix}$$

$$\xrightarrow{\substack{-\frac{1}{2}r_3+r_4 \\ \frac{1}{2}r_3}}\begin{pmatrix}1 & 1 & -2 & 1 & 4\\0 & 1 & -1 & 1 & 0\\0 & 0 & 0 & 1 & -3\\0 & 0 & 0 & 0 & 0\end{pmatrix}\text{（阶梯形）}$$

$$\xrightarrow{\substack{-r_3+r_2 \\ -r_3+r_1}}\begin{pmatrix}1 & 1 & -2 & 0 & 7\\0 & 1 & -1 & 0 & 3\\0 & 0 & 0 & 1 & -3\\0 & 0 & 0 & 0 & 0\end{pmatrix}\xrightarrow{-r_2+r_1}\begin{pmatrix}1 & 0 & -1 & 0 & 4\\0 & 1 & -1 & 0 & 3\\0 & 0 & 0 & 1 & -3\\0 & 0 & 0 & 0 & 0\end{pmatrix}\text{（行最简阶梯形）。}$$

例 2-21 将方阵 $A=\begin{pmatrix}1 & 1 & -1\\3 & 2 & 0\\1 & 2 & 1\end{pmatrix}$ 化为行最简阶梯形矩阵。

解： $A=\begin{pmatrix}1 & 1 & -1\\3 & 2 & 0\\1 & 2 & 1\end{pmatrix}\xrightarrow{\substack{-3r_1+r_2 \\ -r_1+r_3}}\begin{pmatrix}1 & 1 & -1\\0 & -1 & 3\\0 & 1 & 2\end{pmatrix}\xrightarrow{r_2+r_3}\begin{pmatrix}1 & 1 & -1\\0 & -1 & 3\\0 & 0 & 5\end{pmatrix}$

$$\xrightarrow[-r_2]{\frac{1}{5}r_3}\begin{pmatrix}1 & 1 & -1\\0 & 1 & -3\\0 & 0 & 1\end{pmatrix}\xrightarrow[r_3+r_1]{3r_3+r_2}\begin{pmatrix}1 & 1 & 0\\0 & 1 & 0\\0 & 0 & 1\end{pmatrix}\xrightarrow{-r_2+r_1}\begin{pmatrix}1 & 0 & 0\\0 & 1 & 0\\0 & 0 & 1\end{pmatrix}$$

例 2-21 中，矩阵 A 经过若干次初等行变换化成了单位矩阵，而

$$|A|=\begin{vmatrix}1 & 1 & -1\\3 & 2 & 0\\1 & 2 & 1\end{vmatrix}=-5\neq 0，\text{即 } A \text{ 可逆。}$$

初等行变换化可逆方阵为单位方阵

一般地，我们有以下结论。

定理 3 如果 A 是可逆方阵，则 A 经过有限次初等行变换可化为单位矩阵。

2.3.2 矩阵的秩

对例 2-20 的 A 也可以用以下初等行变换化为阶梯形矩阵。

$$A=\begin{pmatrix}2 & -1 & -1 & 1 & 2\\1 & 1 & -2 & 1 & 4\\4 & -6 & 2 & -2 & 4\\3 & 6 & -9 & 7 & 9\end{pmatrix}\xrightarrow{-r_2+r_1}\begin{pmatrix}1 & -2 & 1 & 0 & -2\\1 & 1 & -2 & 1 & 4\\4 & -6 & 2 & -2 & 4\\3 & 6 & -9 & 7 & 9\end{pmatrix}$$

$$\xrightarrow{\substack{-r_1+r_2 \\ -4r_1+r_3 \\ -3r_1+r_4}}\begin{pmatrix}1 & -2 & 1 & 0 & -2\\0 & 3 & -3 & 1 & 6\\0 & 2 & -2 & -2 & 12\\0 & 12 & -12 & 7 & 15\end{pmatrix}\xrightarrow{\substack{-r_3+r_2 \\ \frac{1}{2}r_3}}\begin{pmatrix}1 & -2 & 1 & 0 & -2\\0 & 1 & -1 & 3 & -6\\0 & 1 & -1 & -1 & 6\\0 & 12 & -12 & 7 & 15\end{pmatrix}\xrightarrow{\substack{-r_2+r_3 \\ -12r_2+r_4}}$$

$$\begin{pmatrix} 1 & -2 & 1 & 0 & -2 \\ 0 & 1 & -1 & 3 & -6 \\ 0 & 0 & 0 & -4 & 12 \\ 0 & 0 & 0 & -29 & 87 \end{pmatrix} \xrightarrow[-\frac{1}{4}r_3]{-\frac{29}{4}r_3+r_4} \begin{pmatrix} 1 & -2 & 1 & 0 & -2 \\ 0 & 1 & -1 & 3 & -6 \\ 0 & 0 & 0 & 1 & -3 \\ 0 & 0 & 0 & 0 & 0 \end{pmatrix}$$

可以看出，对矩阵施行不同的初等行变换得到的阶梯形矩阵是不一样的，但这两个阶梯形矩阵的非零行的行数是一样的。

一般地，有如下结果。

如果对矩阵 A 施行任意两种初等行变换化为阶梯形矩阵 B 和 C，则 B 和 C 的非零行的个数相同。

该结论说明：对同一矩阵进行任意初等行变换化为阶梯形矩阵，其中非零行的行数始终是个不变量，它是矩阵固有的一种特征。为了更好地加以描述，我们给出定义 14。

定义 14　矩阵 A 经过若干次初等行变换化为阶梯形矩阵，则该阶梯形矩阵的非零行的行数 r 称为矩阵 A 的秩，记为 $R(A)$，即 $R(A)=r$。

例 2-19 中 $R(A)=3$，例 2-20 中 $R(A)=3$，例 2-21 中 $R(A)=3$。

若定义满足条件①和②的矩阵为列阶梯形矩阵。

①矩阵的零列（若存在的话）在非零列的右方。

②首个非零元（即非零列的第一个不为零的元素）的行标随着列标的递增而严格增大。

对于矩阵的初等列变换，我们也有类似的结论。对同一矩阵进行任意初等列变换化为列阶梯形矩阵，其中非零列的列数始终是个不变量，并且等于矩阵的秩。

因此对于矩阵 A，我们有 $R(A)=R(A^T)$。

例 2-22　求矩阵 $A=\begin{pmatrix} -1 & 1 & -5 & 3 \\ 2 & 3 & -5 & 4 \\ 0 & -2 & 6 & -5 \end{pmatrix}$ 的秩。

解：

$$\begin{pmatrix} -1 & 1 & -5 & 3 \\ 2 & 3 & -5 & 4 \\ 0 & -2 & 6 & -5 \end{pmatrix} \xrightarrow{2r_1+r_2} \begin{pmatrix} -1 & 1 & -5 & 3 \\ 0 & 5 & -15 & 10 \\ 0 & -2 & 6 & -5 \end{pmatrix}$$

$$\xrightarrow{\frac{1}{5}r_2} \begin{pmatrix} -1 & 1 & -5 & 3 \\ 0 & 1 & -3 & 2 \\ 0 & -2 & 6 & -5 \end{pmatrix} \xrightarrow{2r_2+r_3} \begin{pmatrix} -1 & 1 & -5 & 3 \\ 0 & 1 & -3 & 2 \\ 0 & 0 & 0 & -1 \end{pmatrix}$$

初等行变换与矩阵的秩

所以，$R(A)=3$。

注：当 $R(A)=\min\{m, n\}$，称矩阵 A 为满秩矩阵，否则称为降秩矩阵。

例 2-22 中矩阵 A 的秩 $R(A)=\min\{3, 4\}=3$，所以矩阵 A 是满秩矩阵。

对于方阵 A，当 $R(A)=n$ 时，方阵 A 为满秩矩阵。

对于方阵来说，有以下结论。

定理 4　初等行变换不改变方阵行列式的可逆性。

证：方阵 A 经过一系列初等行变换化为方阵 B，即

$$A \xrightarrow{P_1P_2\cdots P_t} B$$

由 $B=P_t\cdots P_2P_1A$ 得 $|B|=|P_t\cdots P_2P_1||A|$，又 $P_i(i=1,2,\cdots,t)$ 可逆，易知若 $|A|\neq 0$（可逆），则 $|B|\neq 0$（可逆），反之若 $|A|=0$（不可逆），则 $|B|=0$（不可逆）。

由于 n 阶可逆方阵一定可以经初等行变换化为 n 阶单位阵，因此 n 阶可逆方阵一定满秩；同时 n 阶满秩方阵的秩为 n，即其行列式不为零，因此该满秩矩阵可逆。因此 n 阶方阵满秩与可逆是等价的。

初等行变换求逆矩阵

2.4 矩阵初等行变换的应用

2.4.1 利用矩阵的初等行变换求逆矩阵

在本章第 2 节中，利用伴随矩阵，已经给出了求 n 阶方阵 A（$|A|\neq 0$）的逆矩阵的一种方法，即 $A^{-1}=\dfrac{A^*}{|A|}$，但是要计算 n^2 个 $(n-1)$ 阶行列式，工作量较大，接下来给大家介绍一种新的方法：利用矩阵的初等行变换求逆矩阵。

其步骤如下：

①由方阵 A 构造矩阵 $(A|E)$；

②对 $(A|E)$ 进行一系列初等行变换（相当于 A 左乘以一系列初等矩阵 $P_1, P_2, \cdots, P_t$），将 $(A|E)$ 化为 $(E|C)$。此时 $E=P_t\cdots P_2P_1A$，$C=P_t\cdots P_2P_1E=P_t\cdots P_2P_1=A^{-1}$，则 C 即为 A 的逆阵。即 $(A|E)\to(E|A^{-1})$。

例 2-23 求方阵 $A=\begin{pmatrix}1&2&3\\2&2&1\\3&4&3\end{pmatrix}$ 的逆矩阵 A^{-1}。

解： $(A|E)=\left(\begin{array}{ccc|ccc}1&2&3&1&0&0\\2&2&1&0&1&0\\3&4&3&0&0&1\end{array}\right)\xrightarrow[-3r_1+r_3]{-2r_1+r_2}\left(\begin{array}{ccc|ccc}1&2&3&1&0&0\\0&-2&-5&-2&1&0\\0&-2&-6&-3&0&1\end{array}\right)$

$$\xrightarrow[-r_2+r_3]{r_2+r_1}\left(\begin{array}{ccc|ccc}1&0&-2&-1&1&0\\0&-2&-5&-2&1&0\\0&0&-1&-1&-1&1\end{array}\right)\xrightarrow[-5r_3+r_2]{-2r_3+r_1}\left(\begin{array}{ccc|ccc}1&0&0&1&3&-2\\0&-2&0&3&6&-5\\0&0&-1&-1&-1&1\end{array}\right)$$

$$\xrightarrow[-r_3]{-\frac{1}{2}r_2}\left(\begin{array}{ccc|ccc}1&0&0&1&3&-2\\0&1&0&-\frac{3}{2}&-3&\frac{5}{2}\\0&0&1&1&1&-1\end{array}\right)$$

所以 $A^{-1}=\begin{pmatrix}1 & 3 & -2\\ -\frac{3}{2} & -3 & \frac{5}{2}\\ 1 & 1 & -1\end{pmatrix}$

2.4.2　利用矩阵的初等行变换解矩阵方程

如果 A 可逆，求解矩阵方程 $AX=B$ 就等价于求矩阵 $X=A^{-1}B$，为此，我们可以采用类似于初等行变换求逆矩阵的方法，构造 $(A \mid B)$，对其使用初等行变换将矩阵 A 化为单位矩阵 E，则同时也将 B 化为 $A^{-1}B$，即

$$(A \mid B) \to (E \mid A^{-1}B)$$

这样，就给出了用初等行变换化解矩阵方程的方法。

例 2-24　求矩阵 X，使得 $AX=B$，其中 $A=\begin{pmatrix}1 & 1 & -2\\ 2 & 1 & -2\\ 1 & 3 & -5\end{pmatrix}$，$B=\begin{pmatrix}1\\ 2\\ 3\end{pmatrix}$。

解： 若 A 可逆，则 $X=A^{-1}B$

$$(A \mid B)=\left(\begin{array}{ccc|c}1 & 1 & -2 & 1\\ 2 & 1 & -2 & 2\\ 1 & 3 & -5 & 3\end{array}\right)\xrightarrow[-2r_1+r_2]{-r_1+r_3}\left(\begin{array}{ccc|c}1 & 1 & -2 & 1\\ 0 & -1 & 2 & 0\\ 0 & 2 & -3 & 2\end{array}\right)$$

$$\xrightarrow{2r_2+r_3}\left(\begin{array}{ccc|c}1 & 1 & -2 & 1\\ 0 & -1 & 2 & 0\\ 0 & 0 & 1 & 2\end{array}\right)\xrightarrow[-2r_3+r_2]{2r_3+r_1}\left(\begin{array}{ccc|c}1 & 1 & 0 & 5\\ 0 & -1 & 0 & -4\\ 0 & 0 & 1 & 2\end{array}\right)$$

$$\xrightarrow{r_2+r_1}\left(\begin{array}{ccc|c}1 & 0 & 0 & 1\\ 0 & -1 & 0 & -4\\ 0 & 0 & 1 & 2\end{array}\right)\xrightarrow{-r_2}\left(\begin{array}{ccc|c}1 & 0 & 0 & 1\\ 0 & 1 & 0 & 4\\ 0 & 0 & 1 & 2\end{array}\right)$$

即得 $X=\begin{pmatrix}1\\ 4\\ 2\end{pmatrix}$

例 2-25　求解矩阵方程 $AX=2X+A$，其中 $A=\begin{pmatrix}1 & 0 & 1\\ 0 & 1 & -2\\ 1 & 2 & 1\end{pmatrix}$。

解： 矩阵方程 $AX=2X+A$ 变形为 $(A-2E)X=A$

$$(A-2E \mid A)=\left(\begin{array}{ccc|ccc}-1 & 0 & 1 & 1 & 0 & 1\\ 0 & -1 & -2 & 0 & 1 & -2\\ 1 & 2 & -1 & 1 & 2 & 1\end{array}\right)\xrightarrow{r_1+r_3}\left(\begin{array}{ccc|ccc}-1 & 0 & 1 & 1 & 0 & 1\\ 0 & -1 & -2 & 0 & 1 & -2\\ 0 & 2 & 0 & 2 & 2 & 2\end{array}\right)$$

$$\xrightarrow{\frac{1}{2}r_3}\left(\begin{array}{ccc|ccc}-1&0&1&1&0&1\\0&-1&-2&0&1&-2\\0&1&0&1&1&1\end{array}\right)\xrightarrow{r_2+r_3}\left(\begin{array}{ccc|ccc}-1&0&1&1&0&1\\0&-1&-2&0&1&-2\\0&0&-2&1&2&-1\end{array}\right)$$

$$\xrightarrow[\substack{-r_1\\-r_2}]{-\frac{1}{2}r_3}\left(\begin{array}{ccc|ccc}1&0&-1&-1&0&-1\\0&1&2&0&-1&2\\0&0&1&-\frac{1}{2}&-1&\frac{1}{2}\end{array}\right)\xrightarrow[r_3+r_1]{-2r_3+r_2}\left(\begin{array}{ccc|ccc}1&0&0&-\frac{3}{2}&-1&-\frac{1}{2}\\0&1&0&1&1&1\\0&0&1&-\frac{1}{2}&-1&\frac{1}{2}\end{array}\right)$$

即得 $X=\begin{pmatrix}-\frac{3}{2}&-1&-\frac{1}{2}\\1&1&1\\-\frac{1}{2}&-1&\frac{1}{2}\end{pmatrix}$

矩阵初等行变换的使用范围很广，除了本章所讲述的内容以外，在本书的其他章节中还会使用初等行变换，通过初等行变换可以解决更多线性代数的内容。

2.5 本章小结

2.5.1 矩阵的概念及运算

（1）矩阵的概念

矩阵是由 $m\times n$ 个数 a_{ij}（$i=1, 2, \cdots, m$；$j=1, 2, \cdots, n$）排成的 m 行 n 列数表

$$\begin{pmatrix}a_{11}&a_{12}&\cdots&a_{1n}\\a_{21}&a_{22}&\cdots&a_{2n}\\\vdots&\vdots&&\vdots\\a_{m1}&a_{m2}&\cdots&a_{mn}\end{pmatrix}$$

称为 $m\times n$ 矩阵，行数和列数相等的矩阵称为方阵。

（2）矩阵的运算

①矩阵的加（减）法：只有行列数对应相等的两个矩阵才能相加减，

$$A\pm B=(a_{ij})_{m\times n}\pm(b_{ij})_{m\times n}=(a_{ij}\pm b_{ij})_{m\times n}。$$

②矩阵的数乘：$kA=k\begin{pmatrix}a_{11}&a_{12}&\cdots&a_{1n}\\a_{21}&a_{22}&\cdots&a_{2n}\\\vdots&\vdots&&\vdots\\a_{m1}&a_{m2}&\cdots&a_{mn}\end{pmatrix}=\begin{pmatrix}ka_{11}&ka_{12}&\cdots&ka_{1n}\\ka_{21}&ka_{22}&\cdots&ka_{2n}\\\vdots&\vdots&&\vdots\\ka_{m1}&ka_{m2}&\cdots&ka_{mn}\end{pmatrix}$。

③矩阵的乘法：矩阵 $A=(a_{ij})_{m\times l}$，$B=(b_{ij})_{l\times n}$，则矩阵 A 与 B 的乘积记作 AB，即 $AB=C=(c_{ij})_{m\times n}$，其中 $c_{ij}=a_{i1}b_{1j}+a_{i2}b_{2j}+\cdots+a_{il}b_{lj}=\sum_{k=1}^{l}a_{ik}b_{kj}$ $(i=1,2,\cdots,m;j=1,2,\cdots,n)$。

④方阵的幂：设 A 为 n 阶方阵，k 是正整数，把 k 个 A 的连乘积称为方阵 A 的 k 次幂，记作 A^k，即 $A^k=\underbrace{AA\cdots A}_{k个}$。规定：$A^0=E$，$A^1=A$。

⑤矩阵的转置：把 $m\times n$ 矩阵 A 的行换成同序数的列，所得的 $n\times m$ 矩阵称为 A 的转置矩阵，记为 A^T。

⑥方阵行列式：由 n 阶方阵 A 的元素构成的行列式（各元素的位置不变），称为方阵 A 的行列式，记作 $|A|$。

2.5.2 逆矩阵

（1）逆矩阵的概念

设 A 为 n 阶方阵，如果存在一个 n 阶方阵 B，使 $AB=BA=E$，则称 A 是**可逆的**，并称 B 是 A 的**逆矩阵或逆阵**，记为 $B=A^{-1}$。

（2）矩阵可逆的充要条件

A 可逆当且仅当 $|A|\neq 0$。

（3）求逆阵的方法

①用伴随矩阵求逆阵，$A^{-1}=\dfrac{A^*}{|A|}$。

②用初等行变换法求逆阵，即 $(A\mid E)\xrightarrow{初等行变换}(E\mid A^{-1})$。

（4）证明 A 可逆的方法

法1，求 $|A|$，计算它的值不等于0；法2，找 B，使 $AB=E$。

2.5.3 矩阵的初等变换和矩阵的秩

对矩阵的行（列）进行三种变换，称为矩阵的初等行（列）变换。

①交换变换：交换矩阵的两行（列），记为 $r_i\leftrightarrow r_j$ $(c_i\leftrightarrow c_j)$。

②倍乘变换：倍矩阵某一行（列）的元素都乘以同一个不等于0的常数 k，记为 $k\times r_i$ $(k\times c_i)$。

③倍加变换：将矩阵的某一行（列）的元素同乘数 k 后加到另一行（列）的对应元素上去，记为 kr_i+r_j (kc_i+c_j)。

任意矩阵经过若干次初等行变换都可化成**阶梯形矩阵**和**行最简阶梯形矩阵**。

矩阵 A 经过有限次初等行变换化为阶梯形矩阵，则该阶梯形矩阵的非零行的个数 r 称为矩阵 A 的秩，记为 $R(A)$，即 $R(A)=r$。

2.5.4 矩阵初等行变换的应用

①可以利用矩阵的初等行变换求出可逆矩阵的逆矩阵，即 $(A\mid E)\to(E\mid A^{-1})$。

②可以利用矩阵的初等行变换，求矩阵方程 $AX=B$。

方法：构造矩阵 $(A\mid B)$，对其使用初等行变换将矩阵 A 化为单位矩阵 E，则同时也将 B 化为 $C=A^{-1}B$。即 $(A\mid B)\to(E\mid C)$，则 $X=C=A^{-1}B$。

习题 2

1. 设 $\begin{pmatrix} x & y \\ 2 & x-y \end{pmatrix}=\begin{pmatrix} 3 & -1 \\ 2 & z \end{pmatrix}$，求 x，y，z。

2. 设 $A=\begin{pmatrix} 2 & -1 & 4 \\ 0 & 3 & -2 \end{pmatrix}$，$B=\begin{pmatrix} 7 & 4 & 0 \\ -1 & 3 & 2 \end{pmatrix}$ 求：(1) $2A+3B$；(2) $3A-\frac{1}{2}B$；(3) A^TB。

3. 已知 $2X+3A=B$，又 $A=\begin{pmatrix} 1 & 0 & -2 \\ 3 & 4 & 5 \end{pmatrix}$，$B=\begin{pmatrix} -1 & 2 & -3 \\ 5 & -2 & 0 \end{pmatrix}$，求 X。

4. 计算下列矩阵乘积。

(1) $(1\quad 2\quad 3)\begin{pmatrix} 3 \\ 2 \\ 1 \end{pmatrix}$

(2) $\begin{pmatrix} 3 \\ 2 \\ 1 \end{pmatrix}(1\quad 2\quad 3)$

(3) $\begin{pmatrix} 4 & 3 & 1 \\ 1 & -2 & 3 \\ 5 & 7 & 0 \end{pmatrix}\begin{pmatrix} 7 \\ 2 \\ 1 \end{pmatrix}$

(4) $\begin{pmatrix} \cos\theta & -\sin\theta \\ \sin\theta & \cos\theta \end{pmatrix}^2$

(5) $\begin{pmatrix} 2 & -3 \\ 1 & 0 \end{pmatrix}\begin{pmatrix} 1 & 2 & 3 \\ -3 & 4 & 0 \end{pmatrix}$

(6) $\begin{pmatrix} 2 & 1 & 4 & 0 \\ 1 & -1 & 3 & 4 \end{pmatrix}\begin{pmatrix} 1 & 3 & 1 \\ 0 & -1 & 2 \\ 1 & -3 & 1 \\ 4 & 0 & -2 \end{pmatrix}$

(7) $\begin{pmatrix} 1 & 5 & 2 \\ 3 & 0 & -1 \end{pmatrix}\begin{pmatrix} 2 & 3 & 1 \\ 0 & -2 & 2 \\ -1 & 1 & 3 \end{pmatrix}\begin{pmatrix} 0 \\ 2 \\ 3 \end{pmatrix}$

(8) $(x_1\quad x_2\quad x_3)\begin{pmatrix} a_{11} & a_{12} & a_{13} \\ a_{21} & a_{22} & a_{23} \\ a_{31} & a_{32} & a_{33} \end{pmatrix}\begin{pmatrix} x_1 \\ x_2 \\ x_3 \end{pmatrix}$

5. 设 $A=\begin{pmatrix} 1 & 0 \\ \lambda & 1 \end{pmatrix}$，求 A^2，A^3，…，A^k。

6. 设 A，B 为 n 阶矩阵，且 A 为对称矩阵，证明 B^TAB 也是对称矩阵。

7. 利用伴随矩阵法求下列矩阵的逆阵。

(1) $\begin{pmatrix}1 & 2\\2 & 5\end{pmatrix}$　　(2) $\begin{pmatrix}\cos\theta & -\sin\theta\\\sin\theta & \cos\theta\end{pmatrix}$

(3) $\begin{pmatrix}1 & 2 & -1\\3 & 4 & -2\\5 & -4 & 1\end{pmatrix}$　　(4) $\begin{pmatrix}1 & -1 & 2\\0 & 2 & -1\\3 & 1 & 3\end{pmatrix}$

8. $A=\begin{pmatrix}1 & 3 & -1\\2 & 5 & 0\\3 & 4 & -2\end{pmatrix}$，求 $|2A|$，$|3A^{-1}|$，$|A^*|$。

9. 求下列矩阵方程。

(1) $\begin{pmatrix}1 & 3\\2 & 4\end{pmatrix}X=\begin{pmatrix}1 & 0 & 1\\4 & 3 & 1\end{pmatrix}$　　(2) $X\begin{pmatrix}2 & 1 & -1\\2 & 1 & 0\\1 & -1 & 1\end{pmatrix}=\begin{pmatrix}1 & -1 & 3\\4 & 3 & 2\end{pmatrix}$

10. 设 A，B 为同阶方阵，且满足 $AB=BA$，A^{-1} 存在，试证：$A^{-1}B=BA^{-1}$。

11. 将下列矩阵化为行最简阶梯形矩阵。

(1) $\begin{pmatrix}1 & 0 & 2 & -1\\2 & 0 & 3 & 1\\3 & 0 & 4 & 3\end{pmatrix}$　　(2) $\begin{pmatrix}2 & 3 & 1 & -3\\1 & 2 & 0 & -2\\3 & -2 & 8 & 3\\2 & -3 & 7 & 4\end{pmatrix}$

12. 求下列矩阵的秩。

(1) $\begin{pmatrix}2 & -1 & 3 & -2 & 4\\4 & -2 & 5 & 1 & 7\\2 & -1 & 1 & 8 & 2\end{pmatrix}$　　(2) $\begin{pmatrix}1 & 0 & 1\\1 & 1 & 0\\0 & 1 & 1\\0 & 0 & 1\\0 & 1 & 0\end{pmatrix}$

13. 能否选取适当的 x，y，使得矩阵 $A=\begin{pmatrix}1 & 2 & -1 & 3\\2 & 4 & x-2 & 6\\3 & 6 & -3 & y\end{pmatrix}$ 有 $R(A)=1$，$R(A)=2$，$R(A)=3$？

14. 试利用矩阵的初等行变换，求下列方阵的逆矩阵。

(1) $\begin{pmatrix}3 & 2 & 1\\3 & 1 & 5\\3 & 2 & 3\end{pmatrix}$　　(2) $\begin{pmatrix}3 & -2 & 0 & -1\\0 & 2 & 2 & 1\\1 & -2 & -3 & -2\\0 & 1 & 2 & 1\end{pmatrix}$

15. 利用初等行变换解下列矩阵方程。

(1) $\begin{pmatrix}2 & -3\\5 & 3\end{pmatrix}X=\begin{pmatrix}0\\1\end{pmatrix}$　　(2) $\begin{pmatrix}1 & 3 & 1\\1 & 1 & 5\\2 & 3 & -3\end{pmatrix}X=\begin{pmatrix}5\\-7\\14\end{pmatrix}$

16. 设 $A=\begin{pmatrix}0 & 2 & 1\\ 2 & -1 & 3\\ -3 & 3 & -4\end{pmatrix}$，$B=\begin{pmatrix}1 & 2 & 3\\ 2 & -3 & 1\\ 3 & 1 & 0\end{pmatrix}$，求 X 使（1）$XA=B$；（2）$AX=B$。

自测题 2

一、选择题

1. A 是 $m\times k$ 阶矩阵，B 是 $k\times t$ 阶矩阵，若 B 的第 j 列元素全为零，则下列结论正确的是（　　）。

A. AB 的第 j 行元素全为零　　B. AB 的第 j 列元素全为零

C. BA 的第 j 行元素全为零　　D. BA 的第 j 列元素全为零

2. 下列矩阵有逆阵的是（　　）。

A. $\begin{pmatrix}1 & 1\\ 1 & 1\end{pmatrix}$　　B. $\begin{pmatrix}1 & 2\\ 3 & 4\end{pmatrix}$　　C. $\begin{pmatrix}2 & -1\\ -1 & \frac{1}{2}\end{pmatrix}$　　D. $\begin{pmatrix}1 & 2\\ 3 & 6\end{pmatrix}$

3. 设 A 是 m 阶方阵，B，C 都是 $m\times n$ 阶矩阵，且 $AB=AC$，则（　　）。

A. 必有 $B=C$　　B. 必有 $B\neq C$

C. 当 $|A|=0$ 时必有 $B=C$　　D. 当 $B\neq C$ 时，必有 $|A|=0$

4. 若矩阵 A 的行列式等于零，则下列结论正确的是（　　）。

A. A^2 的行列式不为零　　B. A 有逆矩阵

C. A 是零矩阵　　D. 对任意与 A 同阶的方阵 B，有 $|AB|=0$

5. $a=$（　　）时，矩阵 $\begin{pmatrix}a & 1 & 1\\ 1 & 0 & 2\\ 0 & -1 & 1\end{pmatrix}$ 不可逆。

A. 0　　B. 1　　C. 2　　D. −1

6. 若矩阵 $A=\begin{pmatrix}-1 & -1 & 3\\ 1 & a & 2\\ -1 & 0 & 2\end{pmatrix}$ 的秩为 2，则常数 a 的值为（　　）。

A. −4　　B. −2　　C. 2　　D. 4

二、填空题

1. 设 $A=\begin{pmatrix}1 & 2 & 7\\ 0 & -2 & 9\\ 0 & 0 & -2\end{pmatrix}$，$B=\begin{pmatrix}3 & 0 & 0\\ 1 & 2 & 0\\ 0 & 0 & 3\end{pmatrix}$，则 $|AB|=$________。

2. 设矩阵 X 满足方程 $2\begin{pmatrix}3 & -1 & 0\\ -1 & 1 & 2\end{pmatrix}-3X+\begin{pmatrix}3 & -1 & 6\\ 5 & 1 & -1\end{pmatrix}=O$，求矩阵 $X=$________。

3. 已知三阶方阵 A 的行列式 $|A| = \frac{1}{2}$，则 $|-2A| =$ ________。

4. 设 A，B 均为三阶方阵，且 $|A| = 4$，$AB = \begin{pmatrix} 2 & 1 & 0 \\ 1 & 3 & 0 \\ 0 & 0 & 4 \end{pmatrix}$，则 $|B| =$ ________。

5. 三阶方阵 A 的行列式 $|A| = 4$，$|A^2 + E| = 8$，则 $|A + A^{-1}| =$ ________。

6. 设方阵 A 可逆，已知 $(2A)^{-1} = \begin{pmatrix} -3 & 7 \\ 1 & -2 \end{pmatrix}$ 则 $A =$ ________。

三、计算题

1. 设 $A = \begin{pmatrix} -1 & 2 \\ 3 & 6 \end{pmatrix}$，$B = \begin{pmatrix} -5 & -3 \\ 2 & 0 \end{pmatrix}$，求 $3B + 2A$，$2A - 3B$，$(AB)^T$。

2. 设矩阵 $A = \begin{pmatrix} 1 & 0 & 0 \\ -1 & 3 & 2 \\ 5 & 4 & 2 \end{pmatrix}$，求行列式 $|(4E - A)^T (A^2 - 2A)^{-1}|$ 的值。

3. 计算（1）$\begin{pmatrix} -3 \\ 5 \\ 1 \end{pmatrix} \begin{pmatrix} 2 & 0 & -4 \end{pmatrix}$。　　（2）$\begin{pmatrix} 1 & 0 & 3 \\ 5 & 2 & 0 \\ 2 & 2 & 0 \end{pmatrix} \begin{pmatrix} 1 & 3 & 0 \\ 2 & 0 & -1 \\ 3 & 1 & 0 \end{pmatrix}$。

4. 设矩阵 $A = \begin{pmatrix} -2 & 2 & 1 \\ -1 & -2 & -2 \\ 2 & 1 & 2 \end{pmatrix}$，求 A^{-1}。

5. 用初等行变换将矩阵 $A = \begin{pmatrix} 2 & 0 & 1 & 4 \\ 1 & 2 & 0 & -1 \\ 6 & 4 & 2 & 6 \end{pmatrix}$ 化为行最简阶梯形矩阵，并求其秩。

6. 设 $A = \begin{pmatrix} -1 & 1 & 0 \\ -1 & 2 & 0 \\ 1 & 1 & -1 \end{pmatrix}$，$B = \begin{pmatrix} 2 & 2 \\ 5 & 6 \\ -1 & 0 \end{pmatrix}$，求矩阵 X，使 $AX = B$。

7. 设 $A = \begin{pmatrix} 0 & 1 & 1 \\ 2 & 2 & 2 \\ -1 & -1 & -1 \end{pmatrix}$，求矩阵 X，使得 $AX = A - X$。

四、证明题

设方阵 A 满足 $A^2 + A - 2E = O$，证明：

1. A 及 $A - 2E$ 都可逆；

2. 当 $A \neq E$ 时，$A + 2E$ 必不可逆。

第 3 章　线性方程组

学习目标

1. 理解消元法，掌握用矩阵的初等行变换求解线性方程组的方法。

2. 理解线性方程组相容性定理，掌握线性方程组解的三种情况的判别方法。

3. 理解向量的概念，掌握向量的运算，理解向量的线性组合与线性表示，理解向量组的线性相关与线性无关，并掌握其判别方法，了解向量组的极大无关组及秩的概念，会求向量组的极大无关组及秩。

4. 了解齐次及非齐次线性方程组的解的性质，掌握基础解系的概念，熟练掌握求齐次与非齐次线性方程组通解的方法。

线性方程组是线性代数研究的主要对象之一。在前面的学习中，我们解决了系数矩阵可逆的 n 阶线性方程组的求解问题，而在实际问题中，我们更多面对的是系数矩阵不可逆的 n 阶线性方程组，或更为一般的具有 m 个方程的 n 元线性方程组的求解问题。在这一章里，我们将讨论一般的线性方程组解的存在性问题，并介绍求解线性方程组的方法及线性方程组解的结构。

线性方程组基本概念

3.1　消元法

3.1.1　增广矩阵的概念

在上一章中，我们知道有 n 元线性方程组

$$\begin{cases} a_{11}x_1 + a_{12}x_2 + \cdots + a_{1n}x_n = b_1 \\ a_{21}x_1 + a_{22}x_2 + \cdots + a_{2n}x_n = b_2 \\ \cdots\cdots \\ a_{m1}x_1 + a_{m2}x_2 + \cdots + a_{mn}x_n = b_m \end{cases}$$

可以写成矩阵方程 $AX = B$，其中

$$A=\begin{pmatrix} a_{11} & a_{12} & \cdots & a_{1n} \\ a_{21} & a_{22} & \cdots & a_{2n} \\ \vdots & \vdots & & \vdots \\ a_{m1} & a_{m2} & \cdots & a_{mn} \end{pmatrix},\quad B=\begin{pmatrix} b_1 \\ b_2 \\ \vdots \\ b_m \end{pmatrix}$$

将系数矩阵 A 与右端矩阵 B 放在一起构成一个新的矩阵，用 $\overline{A}$ 表示，即

$$\overline{A}=(A\mid B)=\left(\begin{array}{cccc|c} a_{11} & a_{12} & \cdots & a_{1n} & b_1 \\ a_{21} & a_{22} & \cdots & a_{2n} & b_2 \\ \vdots & \vdots & & \vdots & \vdots \\ a_{m1} & a_{m2} & \cdots & a_{mn} & b_m \end{array}\right)$$

称为该线性方程组的**增广矩阵**。

通过所给的线性方程组可以写出对应的增广矩阵，反之，通过所给的增广矩阵，也能得到它对应的线性方程组。

例 3-1　若已知矩阵 $\overline{A}=\left(\begin{array}{cccc|c} 1 & 2 & 0 & 1 & 3 \\ 2 & 1 & 1 & -1 & -1 \\ 0 & 1 & 0 & 0 & 5 \end{array}\right)$ 表示一个线性方程组的增广矩阵，讨论该线性方程组：①有几个未知量？②有几个方程？③最后一行代表的方程是什么？

解：①根据增广矩阵的概念，可知最后一列是常数项，前 4 列是未知量的系数，故这个方程组有 4 个未知量。

②由增广矩阵的定义可知，增广矩阵的行数就是方程的个数，故有 3 个方程。

③最后一行代表的方程是 $0x_1+x_2+0x_3+0x_4=5$，即 $x_2=5$。

3.1.2　消元法

在中学代数中，我们已学过用消元法解二元或三元线性方程组，这一方法也适用于求解 n 元线性方程组。

消元法

例 3-2　解线性方程组

$$\begin{cases} x_1+3x_2-2x_3=4 \\ 3x_1+2x_2-5x_3=11 \\ 2x_1+x_2+x_3=3 \end{cases}\qquad(1)$$

解：分别把方程组中的第一个方程乘以-3、乘以-2，加到第二个方程和第三个方程上，消去第二、第三两个方程中的未知量 x_1，得

$$\begin{cases} x_1+3x_2-2x_3=4 \\ -7x_2+x_3=-1 \\ -5x_2+5x_3=-5 \end{cases}$$

第三个方程两边除以-5，得

$$\begin{cases} x_1 + 3x_2 - 2x_3 = 4 \\ -7x_2 + x_3 = -1 \\ x_2 - x_3 = 1 \end{cases}$$

交换第二、第三个方程，得

$$\begin{cases} x_1 + 3x_2 - 2x_3 = 4 \\ x_2 - x_3 = 1 \\ -7x_2 + x_3 = -1 \end{cases}$$

把第二个方程乘以 7 加到第三个方程上，消去第三个方程中的未知量 x_2 得

$$\begin{cases} x_1 + 3x_2 - 2x_3 = 4 \\ x_2 - x_3 = 1 \\ -6x_3 = 6 \end{cases} \tag{2}$$

线性方程组（1）和线性方程组（2）同解，线性方程组（2）的特点是自上而下的各个方程所含未知量的个数依次减少。由线性方程组（2）的最后一个方程可得 $x_3 = -1$，从而解得 $x_2 = 0$，$x_1 = 2$，所以原线性方程组的解为：$\begin{cases} x_1 = 2 \\ x_2 = 0 \\ x_3 = -1 \end{cases}$。

上述解线性方程组的方法，称为消元法，从例 3-2 可见，消元法实际上是对线性方程组进行三种行变换。

①互换两个方程的位置（行互换变换）。

②用一个非零的数乘某个方程的两端（行倍乘变换）。

③用一个数乘某个方程后加到另一个方程上（行倍加变换）。

可以发现，在用消元法解方程组的过程中，实际上是对方程组的增广矩阵进行了三种行变换。

例如，对线性方程组（1）施行的消元法，相当于对该方程组的增广矩阵进行了相应的初等行变换，最终将其化为阶梯形矩阵。

$$\begin{pmatrix} 1 & 3 & -2 & 4 \\ 3 & 2 & -5 & 11 \\ 2 & 1 & 1 & 3 \end{pmatrix} \to \begin{pmatrix} 1 & 3 & -2 & 4 \\ 0 & -7 & 1 & -1 \\ 0 & 1 & -1 & 1 \end{pmatrix} \to \begin{pmatrix} 1 & 3 & -2 & 4 \\ 0 & 1 & -1 & 1 \\ 0 & -7 & 1 & -1 \end{pmatrix} \to \begin{pmatrix} 1 & 3 & -2 & 4 \\ 0 & 1 & -1 & 1 \\ 0 & 0 & -6 & 6 \end{pmatrix}$$

因此用消元法来求解线性方程组，实际上就是对其增广矩阵进行初等行变换，将增广矩阵化为阶梯形矩阵，该阶梯形矩阵对应的方程组即为原方程组的同解方程组，这样可以清晰简便地求出方程组的解或研究线性方程组的可解性。

例 3-3 解线性方程组 $\begin{cases} 2x_1 + 5x_2 + 3x_3 - 2x_4 = 3 \\ -3x_1 - x_2 + 2x_3 + x_4 = -4 \\ -2x_1 + 3x_2 - 4x_3 - 7x_4 = -13 \\ x_1 + 2x_2 + 4x_3 + x_4 = 4 \end{cases}$。

消元法求非齐次线性方程组的解

解：对增广矩阵 $\overline{A}$ 施行初等行变换，将其化为阶梯形矩阵

$$\overline{A}=\begin{pmatrix}2&5&3&-2&3\\-3&-1&2&1&-4\\-2&3&-4&-7&-13\\1&2&4&1&4\end{pmatrix}\xrightarrow{r_1\leftrightarrow r_4}\begin{pmatrix}1&2&4&1&4\\-3&-1&2&1&-4\\-2&3&-4&-7&-13\\2&5&3&-2&3\end{pmatrix}$$

$$\xrightarrow[-2r_1+r_2]{\substack{3r_1+r_2\\2r_1+r_2}}\begin{pmatrix}1&2&4&1&4\\0&5&14&4&8\\0&7&4&-5&-5\\0&1&-5&-4&-5\end{pmatrix}\xrightarrow{r_2\leftrightarrow r_4}\begin{pmatrix}1&2&4&1&4\\0&1&-5&-4&-5\\0&7&4&-5&-5\\0&5&14&4&8\end{pmatrix}$$

$$\xrightarrow[-5r_2+r_4]{-7r_2+r_3}\begin{pmatrix}1&2&4&1&4\\0&1&-5&-4&-5\\0&0&39&23&30\\0&0&39&24&33\end{pmatrix}\xrightarrow{-r_3+r_4}\begin{pmatrix}1&2&4&1&4\\0&1&-5&-4&-5\\0&0&39&23&30\\0&0&0&1&3\end{pmatrix}$$

阶梯形矩阵对应的方程组为 $\begin{cases}x_1+2x_2+4x_3+x_4=4\\x_2-5x_3-4x_4=-5\\39x_3+23x_4=30\\x_4=3\end{cases}$

用回代的方法求出该方程组的解为 $\begin{cases}x_1=1\\x_2=2\\x_3=-1\\x_4=3\end{cases}$

在求解方程组时，可直接将增广矩阵化为行最简阶梯形矩阵，这样求解结果更为直观。如本题：

$$\overline{A}=\begin{pmatrix}2&5&3&-2&3\\-3&-1&2&1&-4\\-2&3&-4&-7&-13\\1&2&4&1&4\end{pmatrix}\xrightarrow{\text{化为行最简阶梯形}}\begin{pmatrix}1&0&0&0&1\\0&1&0&0&2\\0&0&1&0&-1\\0&0&0&1&3\end{pmatrix}$$

行最简阶梯形矩阵对应的方程组即为

$$\begin{cases}x_1=1\\x_2=2\\x_3=-1\\x_4=3\end{cases}$$

例 3-4 解线性方程组 $\begin{cases} x_1 + x_2 - 3x_3 - x_4 = 1 \\ 3x_1 - x_2 - 3x_3 + 4x_4 = 4 \\ x_1 + 5x_2 - 9x_3 - 8x_4 = 0 \end{cases}$。

消元法求齐次线性方程组的解

解： 对增广矩阵 $\overline{A}$ 施行初等行变换，将其化为行最简阶梯形矩阵

$$\overline{A} = \begin{pmatrix} 1 & 1 & -3 & -1 & 1 \\ 3 & -1 & -3 & 4 & 4 \\ 1 & 5 & -9 & -8 & 0 \end{pmatrix} \xrightarrow[-3r_1+r_2]{-r_1+r_3} \begin{pmatrix} 1 & 1 & -3 & -1 & 1 \\ 0 & -4 & 6 & 7 & 1 \\ 0 & 4 & -6 & -7 & -1 \end{pmatrix}$$

$$\xrightarrow{-r_2+r_3} \begin{pmatrix} 1 & 1 & -3 & -1 & 1 \\ 0 & -4 & 6 & 7 & 1 \\ 0 & 0 & 0 & 0 & 0 \end{pmatrix} \xrightarrow[-\frac{1}{4}r_2]{\frac{1}{4}r_2+r_1} \begin{pmatrix} 1 & 0 & -\frac{3}{2} & \frac{3}{4} & \frac{5}{4} \\ 0 & 1 & -\frac{3}{2} & -\frac{7}{4} & -\frac{1}{4} \\ 0 & 0 & 0 & 0 & 0 \end{pmatrix}$$

行最简阶梯形矩阵对应的方程组为

$$\begin{cases} x_1 - \frac{3}{2}x_3 + \frac{3}{4}x_4 = \frac{5}{4} \\ x_2 - \frac{3}{2}x_3 - \frac{7}{4}x_4 = -\frac{1}{4} \end{cases}$$

该方程组的结果与例 3-3 有较大的差别，我们可以将其结果表示为

$$\begin{cases} x_1 = \frac{5}{4} + \frac{3}{2}x_3 - \frac{3}{4}x_4 \\ x_2 = -\frac{1}{4} + \frac{3}{2}x_3 + \frac{7}{4}x_4 \\ x_3 = x_3 \\ x_4 = x_4 \end{cases}$$

显然，该方程组有无穷多解。因为 x_3，x_4 取不同的值，方程组就会有不同的解，我们将 x_3，x_4 称之为**自由未知量**，用一组自由未知量表示其他解的形式称为线性方程组的**一般解**。

一般情况下，我们选择系数矩阵 A 所对应的阶梯形矩阵中各非零行的首个非零元素所在列对应的未知量为主未知量，其余未知量为自由未知量。

例 3-5 解线性方程组 $\begin{cases} x_1 + 3x_2 + 5x_3 + 2x_4 = 2 \\ 3x_1 + 5x_2 + 6x_3 + 4x_4 = 4 \\ x_1 + 7x_2 + 14x_3 + 4x_4 = 4 \\ 3x_1 + x_2 - 3x_3 + 2x_4 = 5 \end{cases}$。

解： 对增广矩阵 $\overline{A}$ 施行初等行变换，将其化为阶梯形矩阵

$$\overline{A}=\begin{pmatrix}1&3&5&2&2\\3&5&6&4&4\\1&7&14&4&4\\3&1&-3&2&5\end{pmatrix}\xrightarrow[\substack{-r_1+r_3\\-3r_1+r_4}]{-3r_1+r_2}\begin{pmatrix}1&3&5&2&2\\0&-4&-9&-2&-2\\0&4&9&2&2\\0&-8&-18&-4&-1\end{pmatrix}$$

$$\xrightarrow[-2r_2+r_4]{r_2+r_3}\begin{pmatrix}1&3&5&2&2\\0&-4&-9&-2&-2\\0&0&0&0&0\\0&0&0&0&3\end{pmatrix}\xrightarrow{r_3\leftrightarrow r_4}\begin{pmatrix}1&3&5&2&2\\0&-4&-9&-2&-2\\0&0&0&0&3\\0&0&0&0&0\end{pmatrix}$$

由最后一个矩阵可知，与原线性方程组的同解线性方程组中出现了不成立的等式“0 = 3”方程，所以该方程组无解。

3.2　线性方程组解的判定

由上节的例题可知，线性方程组的解有多种情况。若线性方程组有解称此线性方程组为**相容**的，否则称此线性方程组为**不相容**的。当线性方程组相容时又有唯一解和无穷多解两种情况。

对于一般的 n 元线性方程组

$$\begin{cases}a_{11}x_1+a_{12}x_2+\cdots+a_{1n}x_n=b_1\\a_{21}x_1+a_{22}x_2+\cdots+a_{2n}x_n=b_2\\\qquad\qquad\cdots\cdots\\a_{m1}x_1+a_{m2}x_2+\cdots+a_{mn}x_n=b_m\end{cases}\qquad(*)$$

当 b_1，b_2，…，b_m 不全为零时，称为非齐次线性方程组；当 b_1，b_2，…，b_m 全为零时，称为齐次线性方程组。对其增广矩阵 $\overline{A}$ 进行初等行变换，化为阶梯形矩阵，即

$$\overline{A}=\begin{pmatrix}a_{11}&a_{12}&\cdots&a_{1n}&b_1\\a_{21}&a_{22}&\cdots&a_{2n}&b_2\\a_{31}&a_{32}&\cdots&a_{3n}&b_3\\\vdots&\vdots&&\vdots&\vdots\\a_{m1}&a_{m2}&\cdots&a_{mn}&b_m\end{pmatrix}\rightarrow\begin{pmatrix}\overline{a}_{11}&\overline{a}_{12}&\cdots&\overline{a}_{1r}&\overline{a}_{1r+1}&\cdots&\overline{a}_{1n}&\overline{b}_1\\0&\overline{a}_{22}&\cdots&\overline{a}_{2r}&\overline{a}_{2r+1}&\cdots&\overline{a}_{2n}&2\\\vdots&\vdots&&\vdots&\vdots&&\vdots&\vdots\\0&0&\cdots&\overline{a}_{rr}&\overline{a}_{rr+1}&\cdots&\overline{a}_{rn}&\overline{b}_r\\0&0&\cdots&0&0&\cdots&0&\overline{b}_{r+1}\\0&0&0&0&0&0&0&0\\\vdots&\vdots&\vdots&\vdots&\vdots&\vdots&\vdots&\vdots\\0&0&0&0&0&0&0&0\end{pmatrix}$$

对应的线性方程组为

$$\begin{cases}\bar{a}_{11}x_1+\bar{a}_{12}x_2+\cdots+\bar{a}_{1r}x_r+\bar{a}_{1,\ r+1}x_{r+1}+\cdots+\bar{a}_{1n}x_n=\bar{b}_1\\ \quad\bar{a}_{22}x_2+\cdots+\bar{a}_{2r}x_r+\bar{a}_{2,\ r+1}x_{r+1}+\cdots+\bar{a}_{2n}x_n=\bar{b}_2\\ \quad\cdots\cdots\\ \quad\bar{a}_{rr}x_r+\bar{a}_{r,\ r+1}x_{r+1}+\cdots+\bar{a}_{rn}x_n=\bar{b}_r\\ \quad 0=\bar{b}_{r+1}\\ \quad 0=0\\ \quad\cdots\cdots\\ \quad 0=0\end{cases}$$

它的解有以下三种情况。

①当 $\bar{b}_{r+1}\neq 0$ 时，线性方程组无解，这时 $R(\bar{A})\neq R(A)$。

②当 $\bar{b}_{r+1}=0$ 且 $r=n$ 时，线性方程组有唯一解，这时有 $R(\bar{A})=R(A)=n$。

③当 $\bar{b}_{r+1}=0$ 且 $r<n$ 时，方程的个数少于未知量的个数，方程的解中出现自由未知量，线性方程组有无穷多解，这时有 $R(\bar{A})=R(A)<n$。

3.2.1 非齐次线性方程组解的判定

非齐次线性方程组解的判定

定理 1 （非齐次线性方程组相容性定理）线性方程组（*）有解的充要条件是 $R(\bar{A})=R(A)$。

定理 2 设对于线性方程组（*）有 $R(\bar{A})=R(A)=r$，则当 $r=n$ 时，线性方程组（*）有唯一解；当 $r<n$ 时，线性方程组（*）有无穷多解。

例 3-6 判定下列方程组的相容性和相容时解的个数。

① $\begin{cases}x_1+x_2-2x_3=2\\2x_1-3x_2+5x_3=1\\4x_1-x_2-x_3=5\\5x_1-x_3=2\end{cases}$ ② $\begin{cases}x_1+x_2-2x_3=2\\2x_1-3x_2+5x_3=1\\4x_1-x_2+x_3=5\\5x_1-x_3=7\end{cases}$ ③ $\begin{cases}x_1+x_2-2x_3=2\\2x_1-3x_2+5x_3=1\\4x_1-x_2-x_3=5\\5x_1-3x_3=7\end{cases}$

解： 将上述三个方程组的增广矩阵 A_1，A_2，A_3 分别进行初等行变换可以化为如下三个阶梯形矩阵：

① $A_1\to\begin{pmatrix}1&1&-2&2\\0&-5&9&-3\\0&0&-2&0\\0&0&0&-5\end{pmatrix}$，$R(\overline{A_1})=4$，$R(A_1)=3$，$R(\bar{A}_1)\neq R(A_1)$，方程组无解；

② $A_2 \to \begin{pmatrix} 1 & 1 & -2 & 2 \\ 0 & -5 & 9 & -3 \\ 0 & 0 & 0 & 0 \\ 0 & 0 & 0 & 0 \end{pmatrix}$，$R(\overline{A_2}) = R(A_2) = 2 < 3$，所以方程组有无穷多解；

③ $A_3 \to \begin{pmatrix} 1 & 1 & -2 & 2 \\ 0 & -5 & 9 & -3 \\ 0 & 0 & -2 & 0 \\ 0 & 0 & 0 & 0 \end{pmatrix}$，$R(\overline{A_3}) = R(A_3) = 3$，所以方程组有唯一解。

例 3-7　当 λ 取何值时，非齐次线性方程组 $\begin{cases} -2x_1 + x_2 + x_3 = -2 \\ x_1 - 2x_2 + x_3 = \lambda \\ x_1 + x_2 - 2x_3 = \lambda^2 \end{cases}$ 有解？并求出它的解。

解： $\overline{A} = \begin{pmatrix} -2 & 1 & 1 & -2 \\ 1 & -2 & 1 & \lambda \\ 1 & 1 & -2 & \lambda^2 \end{pmatrix} \xrightarrow{\frac{1}{2}r_1} \begin{pmatrix} -1 & 1/2 & 1/2 & -1 \\ 1 & -2 & 1 & \lambda \\ 1 & 1 & -2 & \lambda^2 \end{pmatrix}$

$$\xrightarrow[r_1+r_3]{r_1+r_2} \begin{pmatrix} -1 & 1/2 & 1/2 & -1 \\ 0 & -3/2 & 3/2 & \lambda - 1 \\ 0 & 3/2 & -3/2 & \lambda^2 - 1 \end{pmatrix} \xrightarrow{r_2 + r_3} \begin{pmatrix} -1 & 1/2 & 1/2 & -1 \\ 0 & -3/2 & 3/2 & \lambda - 1 \\ 0 & 0 & 0 & (\lambda - 1)(\lambda + 2) \end{pmatrix}$$

当 $\lambda = 1$ 或 $\lambda = -2$ 时，$r(A) = r(\overline{A}) = 2 < 3$，方程组有解且有无穷多解。

①当 $\lambda = 1$ 时，对应的同解方程组为

$$\begin{cases} -x_1 + \dfrac{1}{2}x_2 + \dfrac{1}{2}x_3 = -1 \\ -\dfrac{3}{2}x_2 + \dfrac{3}{2}x_3 = 0 \end{cases}$$

方程组的一般解为

$$\begin{cases} x_1 = 1 + x_3 \\ x_2 = x_3 \\ x_3 = x_3 \end{cases}，x_3 \text{ 为自由未知量。}$$

②当 $\lambda = -2$ 时，对应的同解方程组为

$$\begin{cases} -x_1 + \dfrac{1}{2}x_2 + \dfrac{1}{2}x_3 = -1 \\ -\dfrac{3}{2}x_2 + \dfrac{3}{2}x_3 = -3 \end{cases}$$

方程组的一般解为

$$\begin{cases} x_1 = 2 + x_3 \\ x_2 = 2 + x_3, \\ x_3 = x_3 \end{cases} x_3 \text{ 为自由未知量。}$$

例 3-8　a，b 为何值时，线性方程组

$$\begin{cases} x_1 + x_2 + x_3 + x_4 = 1 \\ 3x_1 + 2x_2 + x_3 + x_4 = 3 \\ x_2 + 3x_3 + 2x_4 = 0 \\ 5x_1 + 4x_2 + 3x_3 + bx_4 = a \end{cases}$$

①有唯一解；②无解；③有无穷多解，并求其解。

解：对线性方程组的增广矩阵 $\overline{A}$ 施行初等行变换，得

$$\overline{A} = \begin{pmatrix} 1 & 1 & 1 & 1 & 1 \\ 3 & 2 & 1 & 1 & 3 \\ 0 & 1 & 3 & 2 & 0 \\ 5 & 4 & 3 & b & a \end{pmatrix} \xrightarrow[-5r_1+r_4]{-3r_1+r_2} \begin{pmatrix} 1 & 1 & 1 & 1 & 1 \\ 0 & -1 & -2 & -2 & 0 \\ 0 & 1 & 3 & 2 & 0 \\ 0 & -1 & -2 & b-5 & a-5 \end{pmatrix}$$

$$\xrightarrow[-r_2+r_4]{r_2+r_3} \begin{pmatrix} 1 & 1 & 1 & 1 & 1 \\ 0 & -1 & -2 & -2 & 0 \\ 0 & 0 & 1 & 0 & 0 \\ 0 & 0 & 0 & b-3 & a-5 \end{pmatrix}$$

① $b \neq 3$ 时，有 $R(\overline{A}) = R(A) = 4$，该线性方程组有唯一解。

② $b = 3$ 且 $a \neq 5$ 时，有 $R(\overline{A}) = 4$，$R(A) = 3$，该线性方程组无解。

③ $b = 3$ 且 $a = 5$ 时，有 $R(\overline{A}) = R(A) = 3 < 4$，故线性方程组有无穷多解。

此时

$$\overline{A} \to \begin{pmatrix} 1 & 1 & 1 & 1 & 1 \\ 0 & -1 & -2 & -2 & 0 \\ 0 & 0 & 1 & 0 & 0 \\ 0 & 0 & 0 & 0 & 0 \end{pmatrix} \xrightarrow[-r_3+r_1]{2r_3+r_2} \begin{pmatrix} 1 & 1 & 0 & 1 & 1 \\ 0 & -1 & 0 & -2 & 0 \\ 0 & 0 & 1 & 0 & 0 \\ 0 & 0 & 0 & 0 & 0 \end{pmatrix} \xrightarrow[-1 \cdot r_2]{r_2+r_1} \begin{pmatrix} 1 & 0 & 0 & -1 & 1 \\ 0 & 1 & 0 & 2 & 0 \\ 0 & 0 & 1 & 0 & 0 \\ 0 & 0 & 0 & 0 & 0 \end{pmatrix}$$

其一般解为

$$\begin{cases} x_1 = 1 + x_4 \\ x_2 = -2x_4 \\ x_3 = 0 \\ x_4 = x_4 \end{cases}, \ x_4 \text{ 为自由未知量。}$$

例 3-9　某食品厂准备用材料 A_1，A_2，A_3，A_4，A_5 开发一种含脂肪 3%，碳水化合物 12.5%，蛋白质 15%的新产品 2 000kg，已知原料含脂肪、碳水化合物、蛋白质的百分比如下表所示。

成分/%	原料				
	A_1	A_2	A_3	A_4	A_5
脂肪	2	2	4	6	8
碳水化合物	10	15	5	25	5
蛋白质	20	10	30	5	15

问开发这种新产品有无可能？如果可以，那么有多少种配方可供选择？

解：设配置该新产品使用 A_1 的量为 $x_1$kg, A_2 为 $x_2$kg, A_3 为 $x_3$kg, A_4 为 $x_4$kg, A_5 为 $x_5$kg。根据题意列线性方程组为

$$\begin{cases} x_1+x_2+x_3+x_4+x_5=2\,000 \\ 0.02x_1+0.02x_2+0.04x_3+0.06x_4+0.08x_5=0.03\times 2\,000 \\ 0.1x_1+0.15x_2+0.05x_3+0.25x_4+0.05x_5=0.125\times 2\,000 \\ 0.2x_1+0.1x_2+0.3x_3+0.05x_4+0.15x_5=0.15\times 2\,000 \end{cases}$$

将该方程组的增广矩阵用初等行变换化成阶梯形矩阵

$$\overline{A}\rightarrow\begin{pmatrix} 1 & 0 & 0 & -6 & -4 & -1\,000 \\ 0 & 1 & 0 & 5 & 2 & 2\,000 \\ 0 & 0 & 1 & 2 & 3 & 1\,000 \\ 0 & 0 & 0 & 1 & -1 & 0 \end{pmatrix}\rightarrow\begin{pmatrix} 1 & 0 & 0 & 0 & -10 & -1\,000 \\ 0 & 1 & 0 & 0 & 7 & 2\,000 \\ 0 & 0 & 1 & 0 & 5 & 1\,000 \\ 0 & 0 & 0 & 1 & -1 & 0 \end{pmatrix}$$

$R(A)=R(\overline{A})=4<5$，所以线性方程组有无穷多解，据此可知可以开发该新产品，并且有无数种可供选择的配方，解该线性方程组得

$$\begin{cases} x_1=-1\,000+10x_5 \\ x_2=2\,000-7x_5 \\ x_3=1\,000-5x_5 \\ x_4=x_5 \\ x_5=x_5 \end{cases}$$

3.2.2　齐次线性方程组解的判定

齐次线性方程组解的判定

对于 n 元齐次线性方程组
$$\begin{cases} a_{11}x_1+a_{12}x_2+\cdots+a_{1n}x_n=0 \\ a_{21}x_1+a_{22}x_2+\cdots+a_{2n}x_n=0 \\ \cdots\cdots \\ a_{m1}x_1+a_{m2}x_2+\cdots+a_{mn}x_n=0 \end{cases} \quad (\Delta)$$

$x_1=x_2=\cdots=x_n=0$ 一定是它的解，称之为齐次线性方程组（Δ）的**零解**；如果一组不全为

零的数 x_1，x_2，…，x_n 是齐次线性方程组（Δ）的解，则称之为齐次线性方程组的**非零解**。

当 $r(\bar{A}) = r(A) = n$ 时，由克莱姆法则知齐次线性方程组只有零解。

定理 3 齐次线性方程组（Δ）有非零解（无穷多解）的充要条件为 $R(A) < n$。

注： 齐次线性方程组（Δ）肯定有解（零解），故在求解齐次线性方程组（Δ）时，只需对其系数矩阵 A 进行初等行变换化为阶梯形矩阵，当 $R(A) < n$ 时，齐次线性方程组有非零解；当 $r(\bar{A}) = r(A) = n$ 时齐次方程组只有零解。

例 3-10 解齐次线性方程组

$$\begin{cases} x_1 - x_2 - x_3 + x_4 = 0 \\ x_1 - x_2 + x_3 - 3x_4 = 0 \\ x_1 - x_2 - 2x_3 + 3x_4 = 0 \end{cases}$$

解： 系数矩阵

$$A = \begin{pmatrix} 1 & -1 & -1 & 1 \\ 1 & -1 & 1 & -3 \\ 1 & -1 & -2 & 3 \end{pmatrix} \xrightarrow[-r_1+r_3]{-r_1+r_2} \begin{pmatrix} 1 & -1 & -1 & 1 \\ 0 & 0 & 2 & -4 \\ 0 & 0 & -1 & 2 \end{pmatrix}$$

$$\xrightarrow[-r_3+r_1]{2r_3+r_2} \begin{pmatrix} 1 & -1 & 0 & -1 \\ 0 & 0 & 0 & 0 \\ 0 & 0 & -1 & 2 \end{pmatrix} \xrightarrow[r_2 \leftrightarrow r_3]{-r_3} \begin{pmatrix} 1 & -1 & 0 & -1 \\ 0 & 0 & 1 & -2 \\ 0 & 0 & 0 & 0 \end{pmatrix}$$

得 $R(A) = 2 < 4$，所以方程组有（无穷多解）非零解，并且原方程组的同解方程组为

$$\begin{cases} x_1 - x_2 - x_4 = 0 \\ x_3 - 2x_4 = 0 \end{cases}$$

方程组的一般解为

$$\begin{cases} x_1 = x_2 + x_4 \\ x_2 = x_2 \\ x_3 = 2x_4 \\ x_4 = x_4 \end{cases}$$，其中，x_2，x_4 为自由未知量。

3.3 向量与向量组

为了进一步揭示线性方程组解的结构，我们引进 n 维向量，并讨论向量组的线性相关性及向量组的秩；而 n 维向量本身在理论研究和应用上也很重要。

3.3.1 向量的概念及运算

向量的概念
及运算

所谓 n 维向量，就是由 n 个实数组成的有序数组，一般用希腊字母 $\boldsymbol{\alpha}$，$\boldsymbol{\beta}$，$\boldsymbol{\gamma}$ 等表示。

定义 1 由 n 个数 a_1，a_2，…，a_n 组成的一个有序数组

$$\boldsymbol{\alpha}=(a_1, a_2, \cdots, a_n) \text{ 或 } \boldsymbol{\alpha}=\begin{pmatrix} a_1 \\ a_2 \\ \vdots \\ a_n \end{pmatrix}$$

称为 n 维向量，其中 $a_i(i=1, 2, \cdots, n)$ 称为 n 维向量 $\boldsymbol{\alpha}$ 的第 i 个分量或第 i 个坐标。分量全为零的向量称为零向量，记作 $\mathbf{0}$。

n 维向量可以看作是矩阵的特例。行向量 $\boldsymbol{\alpha}=(a_1, a_2, \cdots, a_n)$ 可以看作是行矩阵，列向量 $\boldsymbol{\alpha}=\begin{pmatrix} a_1 \\ a_2 \\ a_3 \\ a_4 \end{pmatrix}$ 可以看作是列矩阵，因此向量的运算与矩阵运算相同。

因为向量可以看成矩阵，因此向量的相等、相加减、数与向量相乘都可以看成矩阵运算。

两个 n 维向量 $\boldsymbol{\alpha}=(a_1, a_2, \cdots, a_n)$ 与 $\boldsymbol{\beta}=(b_1, b_2, \cdots, b_n)$ 当且仅当 $a_i=b_i(i=1, 2, \cdots, n)$ 时称为相等，记作 $\boldsymbol{\alpha}=\boldsymbol{\beta}$。

n 维向量 $\boldsymbol{\alpha}=(a_1, a_2, \cdots, a_n)$ 各分量的 k 倍所组成的 n 维向量，称为数 k 与向量 $\boldsymbol{\alpha}$ 的乘积，记作 $k\boldsymbol{\alpha}$。即 $k\boldsymbol{\alpha}=k(a_1, a_2, \cdots, a_n)=(ka_1, ka_2, \cdots, ka_n)$。显然，$k\mathbf{0}=0$，$0\boldsymbol{\alpha}=\mathbf{0}$。

两个 n 维向量 $\boldsymbol{\alpha}=(a_1, a_2, \cdots, a_n)$，$\boldsymbol{\beta}=(b_1, b_2, \cdots, b_n)$ 的对应分量之和构成的 n 维向量称为 $\boldsymbol{\alpha}$ 与 $\boldsymbol{\beta}$ 的和，记作 $\boldsymbol{\alpha}+\boldsymbol{\beta}$。即 $\boldsymbol{\alpha}+\boldsymbol{\beta}=(a_1+b_1, a_2+b_2, \cdots, a_n+b_n)$。

向量 $(-a_1, -a_2, \cdots, -a_n)$ 称为向量 $\boldsymbol{\alpha}$ 的负向量，记作 $-\boldsymbol{\alpha}=(-a_1, -a_2, \cdots, -a_n)$。因此，可定义向量减法 $\boldsymbol{\alpha}-\boldsymbol{\beta}=\boldsymbol{\alpha}+(-\boldsymbol{\beta})=(a_1-b_1, a_2-b_2, \cdots, a_n-b_n)$。

例 3-11 已知向量 $\boldsymbol{\alpha}_1=(4, 1, 3, -2)$，$\boldsymbol{\alpha}_2=(1, 0, 3, 1)$，$\boldsymbol{\alpha}_3=(5, 7, 0, 0)$，求满足等式 $3(\boldsymbol{\alpha}_1-\boldsymbol{\beta})+2(\boldsymbol{\beta}+\boldsymbol{\alpha}_2)=5(\boldsymbol{\alpha}_3+\boldsymbol{\beta})$ 的向量 $\boldsymbol{\beta}$。

解： 由已知等式得

$$\boldsymbol{\beta}=\frac{1}{6}(3\boldsymbol{\alpha}_1+2\boldsymbol{\alpha}_2-5\boldsymbol{\alpha}_3)=\frac{1}{6}(-11, -32, 15, -4)=\left(-\frac{11}{6}, -\frac{16}{3}, \frac{5}{2}, -\frac{2}{3}\right)$$

不难验证，数与向量乘法和向量的加减法满足 8 个运算规律。（设 $\boldsymbol{\alpha}$，$\boldsymbol{\beta}$，$\boldsymbol{\gamma}$ 是向量，k，l 是常数）

① $\boldsymbol{\alpha}+\boldsymbol{\beta}=\boldsymbol{\beta}+\boldsymbol{\alpha}$（交换律）。

② $\boldsymbol{\alpha}+(\boldsymbol{\beta}+\boldsymbol{\gamma})=(\boldsymbol{\alpha}+\boldsymbol{\beta})+\boldsymbol{\gamma}$（结合律）。

③ $\boldsymbol{\alpha}+0=\boldsymbol{\alpha}$。

④ $\boldsymbol{\alpha}+(-\boldsymbol{\alpha})=0$。

⑤ $(k+l)\boldsymbol{\alpha}=k\boldsymbol{\alpha}+l\boldsymbol{\alpha}$。

⑥ $k(\boldsymbol{\alpha}+\boldsymbol{\beta})=k\boldsymbol{\alpha}+k\boldsymbol{\beta}$。

⑦ $(kl)\boldsymbol{\alpha}=k(l\boldsymbol{\alpha})$。

⑧ $1\cdot\boldsymbol{\alpha}=\boldsymbol{\alpha}$。

3.3.2 向量间的线性关系

向量组的线性组合

(1) 线性组合

通常我们称同维数的 m 个行向量（或同维数的列向量）$\boldsymbol{\alpha}_1$，$\boldsymbol{\alpha}_2$，…，$\boldsymbol{\alpha}_m$ 为**向量组**。

对于线性方程组

$$\begin{cases} a_{11}x_1+a_{12}x_2+\cdots+a_{1n}x_n=b_1 \\ a_{21}x_1+a_{22}x_2+\cdots+a_{2n}x_n=b_2 \\ \qquad\cdots\cdots \\ a_{m1}x_1+a_{m2}x_2+\cdots+a_{mn}x_n=b_m \end{cases} \quad (*)$$

结合上述向量的线性运算，可写成常数列向量和系数列向量如下的线性关系

$$x_1\boldsymbol{\alpha}_1+x_2\boldsymbol{\alpha}_2+\cdots+x_n\boldsymbol{\alpha}_n=\boldsymbol{\beta},$$

并称之为线性方程组（$*$）的**向量形式**。其中

$$\boldsymbol{\alpha}_j=\begin{pmatrix} a_{1j} \\ a_{2j} \\ \vdots \\ a_{mj} \end{pmatrix},\ \boldsymbol{\beta}=\begin{pmatrix} b_1 \\ b_2 \\ \vdots \\ b_m \end{pmatrix}$$

线性方程组（$*$）是否有解，相当于是否存在一组数：$x_1=k_1$，$x_2=k_2$，…，$x_n=k_n$，使得线性关系 $x_1\boldsymbol{\alpha}_1+x_2\boldsymbol{\alpha}_2+\cdots+x_n\boldsymbol{\alpha}_n=\boldsymbol{\beta}$ 成立，即常数列向量 $\boldsymbol{\beta}$ 是否可以表示成系数列向量组 $\boldsymbol{\alpha}_1$，$\boldsymbol{\alpha}_2$，…，$\boldsymbol{\alpha}_n$ 的线性关系式。如果可以表示，说明方程组有解；否则方程组无解。

定义 2 设向量 $\boldsymbol{\alpha}_1$，$\boldsymbol{\alpha}_2$，…，$\boldsymbol{\alpha}_m$ 和 $\boldsymbol{\beta}$ 都是 n 维向量，若存在一组数 k_1，k_2，…，k_m，使

$$k_1\boldsymbol{\alpha}_1+k_2\boldsymbol{\alpha}_2+\cdots+k_m\boldsymbol{\alpha}_m=\boldsymbol{\beta},$$

则称向量 $\boldsymbol{\beta}$ 是向量组 $\boldsymbol{\alpha}_1$，$\boldsymbol{\alpha}_2$，…，$\boldsymbol{\alpha}_m$ 的线性组合，也称 $\boldsymbol{\beta}$ 可由 $\boldsymbol{\alpha}_1$，$\boldsymbol{\alpha}_2$，…，$\boldsymbol{\alpha}_m$ 线性表示。

如 $\boldsymbol{\beta}=(2,\ -1,\ 1)$，$\boldsymbol{\alpha}_1=(1,\ 0,\ 0)$，$\boldsymbol{\alpha}_2=(0,\ 1,\ 0)$，$\boldsymbol{\alpha}_3=(0,\ 0,\ 1)$。显然 $\boldsymbol{\beta}=2\boldsymbol{\alpha}_1-\boldsymbol{\alpha}_2+\boldsymbol{\alpha}_3$，即 $\boldsymbol{\beta}$ 是 $\boldsymbol{\alpha}_1$，$\boldsymbol{\alpha}_2$，$\boldsymbol{\alpha}_3$ 的线性组合，或 $\boldsymbol{\beta}$ 可由 $\boldsymbol{\alpha}_1$，$\boldsymbol{\alpha}_2$，$\boldsymbol{\alpha}_3$ 线性表示。

注：零向量是任意一组向量 $\boldsymbol{\alpha}_1$，$\boldsymbol{\alpha}_2$，…，$\boldsymbol{\alpha}_m$ 的线性组合，因为显然有

$$\mathbf{0}=0\cdot\boldsymbol{\alpha}_1+0\cdot\boldsymbol{\alpha}_2+\cdots+0\cdot\boldsymbol{\alpha}_m。$$

例 3-12　设有向量 $\boldsymbol{\alpha}_1=(1,\ -1,\ 1)$，$\boldsymbol{\alpha}_2=(2,\ 5,\ -7)$，$\boldsymbol{\beta}=(-4,\ -17,\ 23)$，试问 $\boldsymbol{\beta}$ 是否为向量 $\boldsymbol{\alpha}_1$，$\boldsymbol{\alpha}_2$ 的线性组合。

解： 如果 $\boldsymbol{\beta}$ 是向量 $\boldsymbol{\alpha}_1$，$\boldsymbol{\alpha}_2$ 的线性组合，那么存在一组数 k_1，k_2，使得

$$\boldsymbol{\beta}=k_1\boldsymbol{\alpha}_1+k_2\boldsymbol{\alpha}_2,$$

即 $(-4,\ -17,\ 23)=k_1(1,\ -1,\ 1)+k_2(2,\ 5,\ -7)$。得线性方程组

$$\begin{cases}k_1+2k_2=-4\\-k_1+5k_2=-17\\k_1-7k_2=23\end{cases}$$

解该方程组得 $k_1=2$，$k_2=-3$。所以 $\boldsymbol{\beta}$ 是向量 $\boldsymbol{\alpha}_1$，$\boldsymbol{\alpha}_2$ 的线性组合，即有 $\boldsymbol{\beta}=2\boldsymbol{\alpha}_1-3\boldsymbol{\alpha}_2$。

（2）线性相关性

定义 3　设 n 维向量组 $\boldsymbol{\alpha}_1$，$\boldsymbol{\alpha}_2$，…，$\boldsymbol{\alpha}_m$，如果存在一组不全为零的实数 k_1，k_2，…，k_m，使 $k_1\boldsymbol{\alpha}_1+k_2\boldsymbol{\alpha}_2+\cdots+k_n\boldsymbol{\alpha}_n=0$ 成立，则称向量组 $\boldsymbol{\alpha}_1$，$\boldsymbol{\alpha}_2$，…$\boldsymbol{\alpha}_m$ **线性相关**，否则称**线性无关**。

向量组的
线性相关性

所谓 $\boldsymbol{\alpha}_1$，$\boldsymbol{\alpha}_2$，…，$\boldsymbol{\alpha}_m$ 线性无关，即 $k_1\boldsymbol{\alpha}_1+k_2\boldsymbol{\alpha}_2+\cdots+k_n\boldsymbol{\alpha}_n=0$ 当且仅当 $k_1=k_2=\cdots=k_m=0$ 时成立。

例 3-13　判断向量组 $\boldsymbol{\alpha}_1=\begin{pmatrix}1\\2\\-1\end{pmatrix}$ $\boldsymbol{\alpha}_2=\begin{pmatrix}5\\1\\3\end{pmatrix}$ $\boldsymbol{\alpha}_3=\begin{pmatrix}2\\1\\4\end{pmatrix}$ 是线性相关还是线性无关？

解： 设存在一组 k_1，k_2，k_3，使得 $k_1\boldsymbol{\alpha}_1+k_2\boldsymbol{\alpha}_2+k_3\boldsymbol{\alpha}_3=0$

即

$$k_1\begin{pmatrix}1\\2\\-1\end{pmatrix}+k_2\begin{pmatrix}5\\1\\3\end{pmatrix}+k_3\begin{pmatrix}2\\1\\4\end{pmatrix}=0$$

得方程组

$$\begin{cases}k_1+5k_2+2k_3=0\\2k_1+k_2+k_3=0\\-k_1+3k_2+4k_3=0\end{cases}$$

这是以 k_1，k_2，k_3 为未知量的齐次线性方程组，将系数矩阵 A 经过初等行变换得

$$A=\begin{pmatrix}1&5&2\\2&1&1\\-1&3&4\end{pmatrix}\rightarrow\begin{pmatrix}1&5&2\\0&-9&-3\\0&8&6\end{pmatrix}\rightarrow\begin{pmatrix}1&5&2\\0&1&\dfrac{1}{3}\\0&0&\dfrac{10}{3}\end{pmatrix}$$

由于 $R(A)=3$，所以方程组只有零解，$k_1=k_2=k_3=0$，因此 $\boldsymbol{\alpha}_1$，$\boldsymbol{\alpha}_2$，$\boldsymbol{\alpha}_3$ 线性无关。

由例 3-13 可看出，要判断向量组 $\boldsymbol{\alpha}_1$，$\boldsymbol{\alpha}_2$，$\boldsymbol{\alpha}_3$ 是否线性相关，只要判断矩阵 $A=(\boldsymbol{\alpha}_1$，

α_2, α_3）（$\alpha_1, \alpha_2, \alpha_3$ 为列向量）的秩是否小于向量的个数，由此可以得到判断向量组线性相关的一般方法。

定理 1 当 $\alpha_1, \alpha_2, \cdots, \alpha_m$ 为列向量时，构建矩阵 $A=(\alpha_1, \alpha_2, \cdots, \alpha_m)$，当 $\alpha_1, \alpha_2, \cdots, \alpha_m$ 为行向量时，构建矩阵 $A=(\alpha_1^T, \alpha_2^T, \cdots, \alpha_m^T)$，若向量组 $\alpha_1, \alpha_2, \cdots, \alpha_m$ 的秩 $R(A)<m$，那么向量组 $\alpha_1, \alpha_2, \cdots, \alpha_m$ 线性相关，若 $R(A)=m$，那么向量组 $\alpha_1, \alpha_2, \cdots, \alpha_m$ 线性无关。

例 3-14 判别 $\alpha_1=(1, 0, -1, 2)$，$\alpha_2=(-1, -1, 2, -4)$，$\alpha_3=(2, 3, -5, 10)$ 是否线性相关。

解： 对矩阵 $(\alpha_1^T, \alpha_2^T, \alpha_3^T)$ 施以初等变换化为阶梯形矩阵，

$$\begin{pmatrix}1 & -1 & 2\\ 0 & -1 & 3\\ -1 & 2 & -5\\ 2 & -4 & 10\end{pmatrix}\rightarrow\begin{pmatrix}1 & -1 & 2\\ 0 & -1 & 3\\ 0 & 1 & -3\\ 0 & 0 & 0\end{pmatrix}\rightarrow\begin{pmatrix}1 & -1 & 2\\ 0 & 1 & -3\\ 0 & 0 & 0\\ 0 & 0 & 0\end{pmatrix}\rightarrow\begin{pmatrix}1 & 0 & -1\\ 0 & 1 & -3\\ 0 & 0 & 0\\ 0 & 0 & 0\end{pmatrix}$$

由于 $r(\alpha_1^T, \alpha_2^T, \alpha_3^T)=2<3$，所以向量组 $\alpha_1, \alpha_2, \alpha_3$ 线性相关。

例 3-15 判断向量组 $\alpha_1=(3, 4, -2, 5)$，$\alpha_2=(2, -5, 0, -3)$，$\alpha_3=(5, 0, -1, 2)$，$\alpha_4=(3, 3, -3, 5)$ 是否线性相关？若线性相关，求出一组相关系数。

解： 设 $k_1\alpha_1+k_2\alpha_2+k_3\alpha_3+k_4\alpha_4=0$，构建矩阵 $A=(\alpha_1^T, \alpha_2^T, \alpha_3^T, \alpha_4^T)$ 并对矩阵 A 施行初等行变换，化为行最简阶梯形矩阵

$$A=\begin{pmatrix}3 & 2 & 5 & 3\\ 4 & -5 & 0 & 3\\ -2 & 0 & -1 & -3\\ 5 & -3 & 2 & 5\end{pmatrix}\longrightarrow\begin{pmatrix}1 & 2 & 4 & 0\\ 0 & 1 & 1 & 0\\ 0 & 0 & 1 & -1\\ 0 & 0 & 0 & 0\end{pmatrix}\longrightarrow\begin{pmatrix}1 & 0 & 0 & 2\\ 0 & 1 & 0 & 1\\ 0 & 0 & 1 & -1\\ 0 & 0 & 0 & 0\end{pmatrix}$$

$R(A)=3<4$，所以向量组 $\alpha_1, \alpha_2, \alpha_3, \alpha_4$ 线性相关。

齐次线性方程组 $k_1\alpha_1+k_2\alpha_2+k_3\alpha_3+k_4\alpha_4=0$ 的解为 $\begin{cases}k_1=-2c\\ k_2=-c\\ k_3=c\\ k_4=c\end{cases}$ $(c\in R)$。

取 $c=1$，得 $k_1=-2$，$k_2=-1$，$k_3=1$，$k_4=1$。

例 3-16 证明：如果向量组 α, β, γ 线性无关，则向量组 $\alpha+\beta, \beta+\gamma, \gamma+\alpha$ 也线性无关。

证： 设有一组数 k_1, k_2, k_3 使

$$k_1(\alpha+\beta)+k_2(\beta+\gamma)+k_3(\gamma+\alpha)=0$$

成立，整理得

$$(k_1+k_3)\alpha+(k_1+k_2)\beta+(k_2+k_3)\gamma=0$$

因 α, β, γ 线性无关，故 $\begin{cases}k_1+k_3=0\\ k_1+k_2=0\\ k_2+k_3=0\end{cases}$。

又因系数行列式 $\begin{vmatrix} 1 & 0 & 1 \\ 1 & 1 & 0 \\ 0 & 1 & 1 \end{vmatrix} = 2 \neq 0$，故方程组只有零解，即只有 $k_1 = k_2 = k_3 = 0$ 时 $k_1(\boldsymbol{\alpha} + \boldsymbol{\beta}) + k_2(\boldsymbol{\beta} + \boldsymbol{\gamma}) + k_3(\boldsymbol{\gamma} + \boldsymbol{\alpha}) = \mathbf{0}$ 才成立。所以，向量组 $\boldsymbol{\alpha} + \boldsymbol{\beta}$，$\boldsymbol{\beta} + \boldsymbol{\gamma}$，$\boldsymbol{\gamma} + \boldsymbol{\alpha}$ 线性无关。

3.3.3　向量组的秩

向量组的极大无关组

对任意给定的一个 n 维向量组，在讨论其线性相关性问题时，如何找出尽可能少的向量去表示全体向量组呢？

定义 4　设 $\boldsymbol{T}$ 是 n 维向量所组成的向量组，在 $\boldsymbol{T}$ 中选取 r 个向量 $\boldsymbol{\alpha}_1$，$\boldsymbol{\alpha}_2$，…，$\boldsymbol{\alpha}_r$，如果满足

①$\boldsymbol{\alpha}_1$，$\boldsymbol{\alpha}_2$，…，$\boldsymbol{\alpha}_r$ 线性无关；

②对于任意 $\boldsymbol{\alpha} \in T$，$\boldsymbol{\alpha}$ 可由 $\boldsymbol{\alpha}_1$，$\boldsymbol{\alpha}_2$，…，$\boldsymbol{\alpha}_r$ 线性表示，则称向量组 $\boldsymbol{\alpha}_1$，$\boldsymbol{\alpha}_2$，…，$\boldsymbol{\alpha}_r$ 为向量组 T 的一个**极大无关组**。

例 3-17　设向量组 $\boldsymbol{\alpha}_1 = (-1, 0, 2)$，$\boldsymbol{\alpha}_2 = (1, -1, 1)$，$\boldsymbol{\alpha}_3 = (1, 0, -2)$，可以验证向量组 $\boldsymbol{\alpha}_1$，$\boldsymbol{\alpha}_2$，$\boldsymbol{\alpha}_3$ 线性相关，但其中部分向量组 $\boldsymbol{\alpha}_1$，$\boldsymbol{\alpha}_2$ 线性无关，而且 $\boldsymbol{\alpha}_1$，$\boldsymbol{\alpha}_2$，$\boldsymbol{\alpha}_3$ 都可以由 $\boldsymbol{\alpha}_1$，$\boldsymbol{\alpha}_2$ 线性表出

$$\boldsymbol{\alpha}_1 = 1\boldsymbol{\alpha}_1 + 0\boldsymbol{\alpha}_2,\ \boldsymbol{\alpha}_2 = 0\boldsymbol{\alpha}_1 + 1\boldsymbol{\alpha}_2,\ \boldsymbol{\alpha}_3 = -1\boldsymbol{\alpha}_1 + 0\boldsymbol{\alpha}_2,$$

所以 $\boldsymbol{\alpha}_1$，$\boldsymbol{\alpha}_2$ 为 $\boldsymbol{\alpha}_1$，$\boldsymbol{\alpha}_2$，$\boldsymbol{\alpha}_3$ 的一个极大无关组。

同理可以验证 $\boldsymbol{\alpha}_2$，$\boldsymbol{\alpha}_3$ 也是 $\boldsymbol{\alpha}_1$，$\boldsymbol{\alpha}_2$，$\boldsymbol{\alpha}_3$ 的一个极大无关组。

特别地，若向量组本身线性无关，则该向量组就是一极大无关组。

一般地，向量组的极大无关组可能不止一个，但它们的共性是：极大无关组所含向量的个数是相同的。我们表述成定理 2。

定理 2　一个向量组中，若存在多个极大无关组，则它们所含向量的个数是相同的。

由该定理可知，向量组的极大无关组所含的向量的个数是一个不变量。

定义 5　向量组的极大无关组所含的向量的个数，称为向量组的**秩**。

因此，求一个向量组 $\boldsymbol{\alpha}_1$，$\boldsymbol{\alpha}_2$，…，$\boldsymbol{\alpha}_m$ 的秩与极大无关组的方法有

①由向量组 $\boldsymbol{\alpha}_1$，$\boldsymbol{\alpha}_2$，…，$\boldsymbol{\alpha}_m$ 构造成一个矩阵 A，使矩阵 A 的第 i 列元素依次为 $\boldsymbol{\alpha}_i$ 的分量；

②用矩阵初等行变换将 A 化为阶梯形矩阵 B，于是向量组的秩等于 $R(B)$；

③矩阵 B 的非零行第一个非零元素所在列对应的矩阵 A 的列向量组，即为向量组 $\boldsymbol{\alpha}_1$，$\boldsymbol{\alpha}_2$，…，$\boldsymbol{\alpha}_m$ 的一个极大无关组。

例 3-18　设向量组 $\boldsymbol{\alpha}_1 = (1, -2, 2, 3)$，$\boldsymbol{\alpha}_2 = (-2, 4, -1, 3)$，$\boldsymbol{\alpha}_3 = (-1, 2, 0, 3)$，$\boldsymbol{\alpha}_4 = (0, 6, 2, 3)$ 求向量组的秩及一个极大无关组，并把其余向量用此极大无关组线性表出。

解：构造以 $\boldsymbol{\alpha}_1^T$，$\boldsymbol{\alpha}_2^T$，$\boldsymbol{\alpha}_3^T$，$\boldsymbol{\alpha}_4^T$ 为列向量的矩阵

$$A=\begin{pmatrix}1&-2&-1&0\\-2&4&2&6\\2&-1&0&2\\3&3&3&3\end{pmatrix}\to\begin{pmatrix}1&-2&-1&0\\0&0&0&6\\0&3&2&2\\0&9&6&3\end{pmatrix}\to\begin{pmatrix}1&-2&-1&0\\0&3&2&2\\0&9&6&3\\0&0&0&6\end{pmatrix}$$

$$\to\begin{pmatrix}1&-2&-1&0\\0&3&2&2\\0&0&0&-3\\0&0&0&6\end{pmatrix}\to\begin{pmatrix}1&-2&-1&0\\0&3&2&2\\0&0&0&-3\\0&0&0&0\end{pmatrix}\to\begin{pmatrix}1&0&\frac{1}{3}&0\\0&1&\frac{2}{3}&0\\0&0&0&1\\0&0&0&0\end{pmatrix}$$

因此，$R(A)=3$，从而向量组 $\boldsymbol{\alpha}_1$，$\boldsymbol{\alpha}_2$，$\boldsymbol{\alpha}_3$，$\boldsymbol{\alpha}_4$ 的秩等于3，向量组 $\boldsymbol{\alpha}_1$，$\boldsymbol{\alpha}_2$，$\boldsymbol{\alpha}_4$ 就是原向量组的一个极大无关组，且 $\boldsymbol{\alpha}_3=\frac{1}{3}\boldsymbol{\alpha}_1+\frac{2}{3}\boldsymbol{\alpha}_2+0\boldsymbol{\alpha}_4$。

3.4 线性方程组解的结构

当线性方程组有无穷多解时，虽然可以用通解的一般形式将它表示出来，但解与解之间的关系并没有得到反映。本节将利用 n 维向量与矩阵秩的有关知识，讨论线性方程组解集合的重要特性，即在线性方程组有无穷多个解的情况下，它的全部解可以用有限个解线性表示，从而使我们对线性方程组的解有一个基本的了解。

3.4.1 齐次线性方程组解的结构

齐次线性方程组解的结构

齐次线性方程组（Δ）的矩阵形式为：$AX=0$，其中

$$A=(a_{ij})_{m\times n},\quad X=\begin{pmatrix}x_1\\x_2\\\vdots\\x_n\end{pmatrix}$$

若 $x_1=c_1$，$x_2=c_2$，…，$x_n=c_n$ 为齐次线性方程组（Δ）的解，则 $\xi=\begin{pmatrix}c_1\\c_2\\\vdots\\c_n\end{pmatrix}$ 称为齐次线性方程组（Δ）的**解向量**，简称为**解**。齐次线性方程组（Δ）的解有如下性质。

性质1 若 $X=\xi_1$，$X=\xi_2$ 是齐次线性方程组 $AX=0$ 的解，则 $X=\xi_1+\xi_2$ 也是齐次线性

方程组 $AX=0$ 的解。

证： 因为 ξ_1，ξ_2 都是齐次线性方程组 $AX=0$ 的解，所以

$$A\xi_1=\mathbf{0},\ A\xi_2=\mathbf{0},$$

故有 $A(\xi_1+\xi_2)=A\xi_1+A\xi_2=\mathbf{0}+\mathbf{0}=\mathbf{0}$，即 $\xi_1+\xi_2$ 是方程组 $AX=0$ 的解。

性质 2 若 $X=\xi$ 是齐次线性方程组 $AX=0$ 的解，k 是实数，则 $X=k\xi$ 也是齐次线性方程组 $AX=0$ 的解。

证： 因为 ξ 都是齐次线性方程组 $AX=0$ 的解，所以

$$A\xi=\mathbf{0},$$

故有 $A(k\xi)=kA\xi=k\mathbf{0}=\mathbf{0}$，即 $k\xi$ 也是齐次线性方程组 $AX=0$ 的解。

由这两个性质容易推出结论为

性质 3 若 ξ_1，ξ_2，…，ξ_s 是齐次线性方程组 $AX=0$ 的解，则它们的任意一个线性组合

$$k_1\xi_1+k_2\xi_2+\cdots+k_s\xi_s$$

也是齐次线性方程组 $AX=0$ 的解。

由此可知，如果一个齐次线性方程组有非零解，则它就有无穷多个解，这无穷多个解就构成了一个 n 维向量组。如果我们能求出这个向量组的一个极大无关组，就能用它的线性组合来表示它的全部解，为此我们先引入基础解系的概念。

定义 6 设 ξ_1，ξ_2，…，ξ_s 是齐次线性方程组（Δ）的 s 个解，如果满足

①ξ_1，ξ_2，…，ξ_s 线性无关；

②方程组（Δ）的任意一个解都可以由 ξ_1，ξ_2，…，ξ_s 线性表示。

则称 ξ_1，ξ_2，…，ξ_s 为方程组（Δ）的一个**基础解系**。

由定义 6 知，基础解系实际上是方程组（Δ）所有解向量的一个极大无关组，当方程组 $AX=0$ 的系数矩阵的秩 $R(A)=n$（未知量个数）时，方程组只有零解，而当 $R(A)<n$ 时，有如下定理。

定理 1 如果齐次线性方程组 $AX=0$ 的系数矩阵 A 的秩 $R(A)=r<n$，则该齐次线性方程组的基础解系一定存在，且每个基础解系中含有 $n-r$ 个解向量。

基础解系的求法有以下步骤。

①把齐次线性方程组的系数写成矩阵 A。

②把 A 通过初等行变换化为行最简阶梯形矩阵。

③设 $R(A)=r$，我们选择系数矩阵 A 所对应的行最简阶梯形矩阵中各非零行的首个非零元素所在列对应的未知量为主未知量，其余未知量为自由未知量，共有 $n-r$ 个。

④分别令自由未知量中一个为 1，其余为 0 的办法，求出 $n-r$ 个解向量，这 $n-r$ 个解向量即构成基础解系。

定理 2 设齐次线性方程组（Δ）的系数矩阵 A 的秩 $R(A)=r<n$，则齐次线性方程组（Δ）的任一基础解系含有 $n-r$ 个解向量；如果 ξ_1，ξ_2，…，ξ_{n-r} 是一个基础解系，则齐次线性方程组（Δ）的任一解可表示为

$$X=k_1\xi_1+\cdots+k_{n-r}\xi_{n-r},\ \text{其中}\ k_1,\ k_2,\ \cdots,\ k_{n-r}\ \text{为一组任意常数。}$$

这种表达形式称为齐次线性方程组（Δ）的**通解**。

例 3-19 求齐次线性方程组

$$\begin{cases}2x_1+2x_2-3x_3-4x_4-7x_5=0\\x_1+x_2-x_3+2x_4+3x_5=0\\-x_1-x_2+2x_3-x_4+3x_5=0\end{cases}$$

的一个基础解系，并用它表示该线性方程组的全部解。

解： 对增广矩阵 $\bar{A}$ 施行初等行变换

$$\bar{A}=\begin{pmatrix}2&2&-3&-4&-7&0\\1&1&-1&2&3&0\\-1&-1&2&-1&3&0\end{pmatrix}\to\begin{pmatrix}1&1&-1&2&3&0\\2&2&-3&-4&-7&0\\-1&-1&2&-1&3&0\end{pmatrix}$$

$$\to\begin{pmatrix}1&1&-1&2&3&0\\0&0&-1&-8&-13&0\\0&0&1&1&6&0\end{pmatrix}\to\begin{pmatrix}1&1&0&10&16&0\\0&0&-1&-8&-13&0\\0&0&0&-7&-7&0\end{pmatrix}$$

$$\to\begin{pmatrix}1&1&0&10&16&0\\0&0&1&8&13&0\\0&0&0&1&1&0\end{pmatrix}\to\begin{pmatrix}1&1&0&0&6&0\\0&0&1&0&5&0\\0&0&0&1&1&0\end{pmatrix}$$

即得方程组的一般解为

$$\begin{cases}x_1=-x_2-6x_5\\x_3=-5x_5\\x_4=-x_5\end{cases}\quad（其中 x_2，x_5 为自由未知量）。$$

取自由未知量 $\begin{pmatrix}x_2\\x_5\end{pmatrix}$ 分别为 $\begin{pmatrix}1\\0\end{pmatrix}$，$\begin{pmatrix}0\\1\end{pmatrix}$，得方程组的一个基础解系

$$\xi_1=\begin{pmatrix}-1\\1\\0\\0\\0\end{pmatrix},\ \xi_2=\begin{pmatrix}-6\\0\\-5\\-1\\1\end{pmatrix}。$$

所以方程组的全部解为 $X=k_1\xi_1+k_2\xi_2$，k_1，k_2 为任意实数。

例 3-20 写出一个以 $\xi_1=\begin{pmatrix}2\\-3\\1\\0\end{pmatrix}$，$\xi_2=\begin{pmatrix}-2\\4\\0\\1\end{pmatrix}$ 为基础解系的齐次线性方程组。

解： 根据已知可得该齐次方程组的通解为

$$X=k_1\begin{pmatrix}2\\-3\\1\\0\end{pmatrix}+k_2\begin{pmatrix}-2\\4\\0\\1\end{pmatrix},\ k_1,\ k_2\in R$$

与此等价的线性方程组可以写成

$$\begin{cases}x_1=2k_1-2k_2\\x_2=-3k_1+4k_2\\x_3=k_1\\x_4=k_2\end{cases},\ k_1,\ k_2\in R\ 或\begin{cases}x_1=2x_3-2x_4\\x_2=-3x_3+4x_4\end{cases}或\begin{cases}x_1-2x_3+2x_4=0\\x_2+3x_3-4x_4=0\end{cases},\ k_1,\ k_2\in R$$

这就是一个满足题目要求的齐次线性方程组。

3.4.2　非齐次线性方程组解的结构

非齐次线性方程组解的结构

非齐次线性方程组与其对应的齐次线性方程组的解之间有着密切的联系，为了方便起见，我们将非齐次线性方程组

$$\begin{cases}a_{11}x_1+a_{12}x_2+\cdots+a_{1n}x_n=b_1\\a_{21}x_1+a_{22}x_2+\cdots+a_{2n}x_n=b_2\\\quad\cdots\cdots\\a_{m1}x_1+a_{m2}x_2+\cdots+a_{mn}x_n=b_m\end{cases}$$

所对应的齐次线性方程组

$$\begin{cases}a_{11}x_1+a_{12}x_2+\cdots+a_{1n}x_n=0\\a_{21}x_1+a_{22}x_2+\cdots+a_{2n}x_n=0\\\quad\cdots\cdots\\a_{m1}x_1+a_{m2}x_2+\cdots+a_{mn}x_n=0\end{cases}$$

称为上述非齐次线性方程组的**导出组**。它们满足下列性质：

①若 $\boldsymbol{\alpha}$ 是非齐次线性方程组 $AX=b$ 的解，ξ 是其导出组 $AX=0$ 的解，则 $\xi+\boldsymbol{\alpha}$ 是非齐次线性方程组 $AX=b$ 的解；

②若 $\boldsymbol{\alpha}$，$\boldsymbol{\beta}$ 都是非齐次线性方程组 $AX=b$ 的解，则 $\boldsymbol{\alpha}-\boldsymbol{\beta}$ 是其导出组 $AX=0$ 的解。

根据这两条性质可得定理 3。

定理 3　如果 $\boldsymbol{\eta}^*$ 是非齐次线性方程组 $AX=b$ 的一个解，$\bar{\xi}$ 是其导出组 $AX=0$ 的全部解，则 $X=\boldsymbol{\eta}^*+\bar{\xi}$ 是非齐次线性方程组 $AX=b$ 的全部解。

证： 由性质①知 $X=\boldsymbol{\eta}^*+\bar{\xi}$ 是非齐次线性方程组 $AX=b$ 的解。只需证明，非齐次线性方程组 $AX=b$ 的任意一个解 $\boldsymbol{\beta}$，一定能表示成 $\boldsymbol{\eta}^*$ 与其导出组某一解的和即可。

构造向量 $\boldsymbol{\gamma}=\boldsymbol{\beta}-\boldsymbol{\eta}^*$，由性质②知 $\boldsymbol{\gamma}$ 是对应齐次方程组 $AX=0$ 的一个解。

于是得到$\boldsymbol{\beta}=\boldsymbol{\eta}^*+\boldsymbol{\gamma}$，即非齐次线性方程组的任意解都可以表示为其一个解与其导出组某个解的和。

对于非齐次线性方程组$AX=b$的解可以得到下面两个结论。

①如果非齐次线性方程组$AX=b$有解，即$R(A)=R(\bar{A})$时，只需求出它的一个解$\boldsymbol{\eta}^*$和其导出组$AX=0$的一个基础解系ξ_1，ξ_2，…，ξ_{n-r}，则非齐次线性方程组$AX=b$的全部解可以表示为

$X=\boldsymbol{\eta}^*+k_1\xi_1+k_2\xi_2+\cdots+k_{n-r}\xi_{n-r}$，其中$k_1$，$k_2$，…，$k_{n-r}$为一组任意常数。

②如果非齐次线性方程组$AX=b$有解，且它的导出组$AX=0$仅有零解，则该非齐次线性方程组$AX=b$只有一个解；如果其导出组$AX=0$有无穷多解，则该非齐次线性方程组$AX=b$也有无穷多解。

例 3-21 求非齐次线性方程组

$$\begin{cases}2x_1-3x_2+6x_3-5x_4=3\\-x_1+2x_2-5x_3+3x_4=-1\\4x_1-5x_2+8x_3-9x_4=7\end{cases}$$ 的通解。

解： 对增广矩阵$\bar{A}$进行初等行变换

$$\bar{A}=\begin{pmatrix}2&-3&6&-5&3\\-1&2&-5&3&-1\\4&-5&8&-9&7\end{pmatrix}\longrightarrow\begin{pmatrix}1&-2&5&-3&1\\2&-3&6&-5&3\\4&-5&8&-9&7\end{pmatrix}$$

$$\longrightarrow\begin{pmatrix}1&-2&5&-3&1\\0&1&-4&1&1\\0&3&-12&3&3\end{pmatrix}\longrightarrow\begin{pmatrix}1&0&-3&-1&3\\0&1&-4&1&1\\0&0&0&0&0\end{pmatrix}$$

得解

$$\begin{cases}x_1=3+3x_3+x_4\\x_2=1+4x_3-x_4\\x_3=x_3\\x_4=x_4\end{cases}$$，其中x_3，x_4为自由未知量。

令$\begin{pmatrix}x_3\\x_4\end{pmatrix}=\begin{pmatrix}0\\0\end{pmatrix}$代入上式，可得方程组的一个特解

$$\boldsymbol{\eta}^*=\begin{pmatrix}3\\1\\0\\0\end{pmatrix},$$

显然原方程组的导出组的解为

$$\begin{cases}x_1=3x_3+x_4\\x_2=4x_3-x_4\\x_3=x_3\\x_4=x_4\end{cases}$$

令 $\begin{pmatrix} x_3 \\ x_4 \end{pmatrix}$ 分别为 $\begin{pmatrix} 1 \\ 0 \end{pmatrix}$，$\begin{pmatrix} 0 \\ 1 \end{pmatrix}$ 代入上式。

可得导出组的基础解系

$$\xi_1 = \begin{pmatrix} 3 \\ 4 \\ 1 \\ 0 \end{pmatrix},\ \xi_2 = \begin{pmatrix} 1 \\ -1 \\ 0 \\ 1 \end{pmatrix},$$

故原方程组的通解为：

$$X = k_1\xi_1 + k_2\xi_2 + \boldsymbol{\eta}^*,$$

即

$$\begin{pmatrix} x_1 \\ x_2 \\ x_3 \\ x_4 \end{pmatrix} = k_1\begin{pmatrix} 3 \\ 4 \\ 1 \\ 0 \end{pmatrix} + k_2\begin{pmatrix} 1 \\ -1 \\ 0 \\ 1 \end{pmatrix} + \begin{pmatrix} 3 \\ 1 \\ 0 \\ 0 \end{pmatrix}$$

3.5 本章小结

3.5.1 消元法

（1）增广矩阵的概念

将系数矩阵 A 与右端矩阵 B 放在一起构成的矩阵。

（2）利用消元法求解线性方程组的一般解

首先写出非齐次线性方程组的增广矩阵 $\bar{A} = (A \mid B)$（齐次方程组写出系数矩阵 A），并用初等行变换将其化成阶梯形矩阵；然后线性方程组解的判定方法判断方程组是否有解；在有解的情况下，写出阶梯形矩阵对应的方程组，写出方程组的一般解。

3.5.2 线性方程组解的判定

（1）非齐次线性方程组解的判定

设 $\boldsymbol{AX} = b$，则 $\boldsymbol{AX} = b$ 有解 $\Leftrightarrow r(\boldsymbol{A}) = r(\bar{A})$ 且当 $r(A) = n$ 时，$\boldsymbol{AX} = b$ 有唯一解；当 $r(A) < n$ 时，$AX = b$ 有无穷多解。

（2）齐次线性方程组解的判定

设 $\boldsymbol{AX} = \boldsymbol{0}$，则 $\boldsymbol{AX} = \boldsymbol{0}$ 只有零解 $\Leftrightarrow r(\boldsymbol{A}) = n$；$\boldsymbol{AX} = \boldsymbol{0}$ 有非零解 $\Leftrightarrow r(\boldsymbol{A}) < n$。

3.5.3 向量与向量组

(1) 向量的概念及运算

所谓 n 维向量，就是由 n 个实数组成的有序数组，一般用希腊字母 $\boldsymbol{\alpha}$，$\boldsymbol{\beta}$，$\boldsymbol{\gamma}$ 等表示。

向量的运算：$\boldsymbol{\alpha}=(a_1, a_2, \cdots, a_n)$，$\boldsymbol{\beta}=(b_1, b_2, \cdots, b_n)$

数与向量乘法 $k\boldsymbol{\alpha}=k(a_1, a_2, \cdots, a_n)=(ka_1, ka_2, \cdots, ka_n)$

向量的加法 $\boldsymbol{\alpha}+\boldsymbol{\beta}=(a_1+b_1, a_2+b_2, \cdots, a_n+b_n)$

(2) 向量间的线性关系：线性相关和线性无关

当 $\boldsymbol{\alpha}_1$，$\boldsymbol{\alpha}_2$，…，$\boldsymbol{\alpha}_m$ 为列向量时，构建矩阵 $A=(\boldsymbol{\alpha}_1, \boldsymbol{\alpha}_2, \cdots, \boldsymbol{\alpha}_m)$，当 $\boldsymbol{\alpha}_1$，$\boldsymbol{\alpha}_2$，…，$\boldsymbol{\alpha}_m$ 为行向量时，构建矩阵 $A=(\boldsymbol{\alpha}_1^T, \boldsymbol{\alpha}_2^T, \cdots, \boldsymbol{\alpha}_m^T)$，用初等行变换将其化为阶梯形矩阵，则该阶梯形矩阵非零行的行数就是向量组的秩。若秩 $R(A)<m$，那么向量组 $\boldsymbol{\alpha}_1$，$\boldsymbol{\alpha}_2$，…，$\boldsymbol{\alpha}_m$ 线性相关，若 $R(A)=m$，那么向量组 $\boldsymbol{\alpha}_1$，$\boldsymbol{\alpha}_2$，…，$\boldsymbol{\alpha}_m$ 线性无关。

(3) 向量组的秩

极大无关组：设 $\boldsymbol{T}$ 是 n 维向量所组成的向量组，在 $\boldsymbol{T}$ 中选取 r 个向量 $\boldsymbol{\alpha}_1$，$\boldsymbol{\alpha}_2$，…，$\boldsymbol{\alpha}_r$，如果满足① $\boldsymbol{\alpha}_1$，$\boldsymbol{\alpha}_2$，…，$\boldsymbol{\alpha}_r$ 线性无关，②对于任意 $\boldsymbol{\alpha}\in T$，$\boldsymbol{\alpha}$ 可由 $\boldsymbol{\alpha}_1$，$\boldsymbol{\alpha}_2$，…，$\boldsymbol{\alpha}_r$ 线性表示，则称向量组 $\boldsymbol{\alpha}_1$，$\boldsymbol{\alpha}_2$，…，$\boldsymbol{\alpha}_r$ 为向量组 T 的一个极大无关组。

向量组的秩：向量组的极大无关组所含的向量的个数。

3.5.4 线性方程组解的结构

(1) 齐次线性方程组解的结构

设方程组 $AX=0$ 的系数矩阵 A 的秩 $R(A)=r<n$，则方程组 $AX=0$ 的任一基础解系含有 $n-r$ 个解向量；如果 ξ_1，ξ_2，…，ξ_{n-r} 是一个基础解系，则方程组 $AX=0$ 的任一解可表示为

$$X=k_1\xi_1+\cdots+k_{n-r}\xi_{n-r}\text{，其中，}k_1, k_2, \cdots, k_{n-r}\text{ 为一组任意常数。}$$

(2) 非齐次线性方程组解的结构

如果 $\boldsymbol{\eta}^*$ 是非齐次线性方程组 $AX=b$ 的一个解，$\bar{\xi}$ 是其导出组 $AX=0$ 的全部解，则 $\boldsymbol{X}=\boldsymbol{\eta}^*+\vec{\xi}$ 是非齐次线性方程组 $AX=b$ 的全部解。

习题 3

1. 求线性方程组 $\begin{cases}2x_1+x_2-5x_3=8\\x_1-3x_2+2x_3=9\\3x_1+4x_2-x_3=5\end{cases}$ 的系数矩阵和增广矩阵。

2. 用消元法求方程组 $\begin{cases} x_1 + 2x_2 - 4x_3 = 1 \\ x_2 + x_3 = 0 \\ -x_3 = 2 \end{cases}$ 的解。

3. 求线性方程组 $\begin{cases} 2x_1 + 2x_2 - x_3 = 6 \\ x_1 - 2x_2 + 4x_3 = 3 \\ 5x_1 + 7x_2 + x_3 = 28 \end{cases}$ 的解。

4. 设 $A = \begin{pmatrix} 1 & 2 & 1 \\ 2 & 3 & a+2 \\ 1 & a & -2 \end{pmatrix}$，$b = \begin{pmatrix} 1 \\ 2 \\ 3 \end{pmatrix}$，$X = \begin{pmatrix} x_1 \\ x_2 \\ x_3 \end{pmatrix}$

（1）齐次线性方程组 $AX = 0$ 只有零解，则 a 的要求是？

（2）非齐次线性齐次组 $AX = b$ 无解，则 a 的要求是？

5. λ 取何值时，非齐次线性方程组 $\begin{cases} \lambda x_1 + x_2 + x_3 = 1 \\ x_1 + \lambda x_2 + x_3 = \lambda \\ x_1 + x_2 + \lambda x_3 = \lambda^2 \end{cases}$

（1）有唯一解；（2）无解 ；（3）有无穷多解？

6. 解线性方程组 $\begin{cases} -x_1 - 6x_2 + 3x_3 = 6 \\ x_2 - x_3 + x_4 = -1 \\ x_1 - x_2 + x_3 - 4x_4 = 5 \end{cases}$。

7. 求解 $\begin{cases} x_1 - x_2 - x_4 = 0 \\ x_3 - 2x_4 = 0 \end{cases}$。

8. 已知向量 $\boldsymbol{\alpha}$，$\boldsymbol{\beta}$ 满足 $3\boldsymbol{\alpha} + 4\boldsymbol{\beta} = (2, 1, 1, 2)^T$，$2\boldsymbol{\alpha} + 3\boldsymbol{\beta} = (-1, 2, 3, 1)^T$，求向量 $\boldsymbol{\alpha}$，$\boldsymbol{\beta}$。

9. 设 $\boldsymbol{\alpha}_1 = (1, 1, 1)$，$\boldsymbol{\alpha}_2 = (1, 2, 3)$，$\boldsymbol{\alpha}_3 = (1, 3, t)$

（1）问当 t 为何值时，向量组 $\boldsymbol{\alpha}_1$，$\boldsymbol{\alpha}_2$，$\boldsymbol{\alpha}_3$ 线性无关；

（2）问当 t 为何值时，向量组 $\boldsymbol{\alpha}_1$，$\boldsymbol{\alpha}_2$，$\boldsymbol{\alpha}_3$ 线性相关；

（3）当向量组 $\boldsymbol{\alpha}_1$，$\boldsymbol{\alpha}_2$，$\boldsymbol{\alpha}_3$ 线性相关时，将 $\boldsymbol{\alpha}_3$ 表示为 $\boldsymbol{\alpha}_1$ 和 $\boldsymbol{\alpha}_2$ 的线性组合。

10. 求下列向量组的秩及一个极大无关组

$\boldsymbol{\alpha}_1 = (1, 1, 3, 1)$，$\boldsymbol{\alpha}_2 = (-1, 1, -1, 3)$，$\boldsymbol{\alpha}_3 = (5, -2, 8, -9)$，$\boldsymbol{\alpha}_4 = (-1, 3, 1, 7)$

11. 已知向量组 $\boldsymbol{\alpha}_1 = (1, 2, -1, 1)$，$\boldsymbol{\alpha}_2 = (2, 0, t, 0)$，$\boldsymbol{\alpha}_3 = (0, -4, 5, -2)$ 的秩为 2，则 t 等于？

12. 求线性方程组 $\begin{cases} x_1 - x_2 + 5x_3 - x_4 = 0 \\ x_1 + x_2 - 2x_3 + 3x_4 = 0 \end{cases}$ 的基础解系。

13. 用基础解系表示齐次线性方程组 $\begin{cases} x_1 + x_2 - 3x_4 - x_5 = 0 \\ x_1 - x_2 + 2x_3 - x_4 = 0 \\ 4x_1 - 2x_2 + 6x_3 + 3x_4 - 4x_5 = 0 \\ 2x_1 + 4x_2 - 2x_3 + 4x_4 - 7x_5 = 0 \end{cases}$ 的通解。

14. 求齐次线性方程组 $\begin{cases} x_1 + 3x_3 + 2x_4 = 0 \\ x_2 - \dfrac{2}{3}x_3 + \dfrac{2}{3}x_4 = 0 \end{cases}$ 的基础解系和通解。

15. 求非齐次线性方程组 $\begin{cases} x_1 - 5x_2 + 2x_3 - 3x_4 = 11 \\ 5x_1 + 3x_2 + 6x_3 - x_4 = -1 \\ 2x_1 + 4x_2 + 2x_3 + x_4 = -6 \end{cases}$ 的一个解及对应齐次方程组的基础解系。

16. 求线性方程组 $\begin{cases} x_1 + 3x_2 + 5x_3 + 2x_4 = 2 \\ -4x_2 - 9x_3 - 2x_4 = -2 \end{cases}$ 的通解。

17. 求线性方程组 $\begin{cases} 2x_1 + x_2 - x_3 - 8x_4 = -1 \\ x_1 + x_2 + x_3 - 5x_4 = 2 \\ x_1 + 2x_2 - 3x_3 = -7 \end{cases}$ 的基础解系和通解。

18. 试问下列线性方程组当 λ 取何值时有解，$\begin{cases} x_1 + x_2 + x_3 = 1 \\ x_1 + 2x_2 + x_3 = 2 \\ x_1 + x_2 + \lambda x_3 = \lambda \end{cases}$ 若有解，求其解，无穷多解时请写出其通解。

自测题 3

一、选择题

1. 设 A 是 $m \times n$ 矩阵，$AX = b$ 有解，则（　　）。

A. 当 $AX = b$ 有唯一解时，$m = n$　　B. 当 $AX = b$ 有无穷多解时，$R(A) < m$

C. 当 $AX = b$ 有唯一解时，$R(A) = n$　　D. 当 $AX = b$ 有无穷多解时，$AX = 0$ 只有零解

2. 设 A 是 $m \times n$ 矩阵，齐次线性方程组 $AX = 0$ 仅有零解的充要条件是 $R(A)$（　　）。

A. 小于 m　　B. 小于 n　　C. 等于 m　　D. 等于 n

3. n 元齐次线性方程组 $AX = 0$ 有非零解时，其基础解系中所含解向量的个数等于（　　）。

A. $R(A) - n$　　B. n　　C. $n - R(A)$　　D. $R(A)$

4. 以下结论正确的是（　　）。

A. 方程的个数小于未知量的个数的线性方程组一定有无穷多解

B. 方程的个数等于未知量的个数的线性方程组一定有唯一解

C. 方程的个数大于未知量的个数的线性方程组一定无解

D. 以上都不对

5. 齐次线性方程组 $A_{3\times4}X_{4\times1}=0$（　　）。

A. 无解　　B. 有非零解　　C. 只有零解　　D. 可能有解，可能无解

6. 若向量组 $\boldsymbol{\alpha}_1$，$\boldsymbol{\alpha}_2$，$\boldsymbol{\alpha}_3$ 线性无关，k 为非零常数，则向量组 $\boldsymbol{\alpha}_1+k\boldsymbol{\alpha}_2$，$\boldsymbol{\alpha}_2+k\boldsymbol{\alpha}_3$，$\boldsymbol{\alpha}_3+k\boldsymbol{\alpha}_1$ 线性相关的充分必要条件为（　　）。

A. $k\neq1$　　B. $k\neq-1$　　C. $k=1$　　D. $k=-1$

二、填空题

1. 写出方程组 $\begin{cases}2x_1+x_2-x_3+x_4=4\\2x_2-3x_3+6x_4=7\\3x_1-4x_3+2x_4=2\\x_1+2x_4=9\end{cases}$ 的系数矩阵 $A=$______，增广矩阵 $\overline{A}=$______。

2. 线性方程组 $\begin{cases}2x_1+2x_2-x_3=6\\x_1-2x_2+4x_3=3\\5x_1+7x_2+x_3=28\end{cases}$ 的解为__________。

3. 若向量组 $\boldsymbol{\alpha}_1$，$\boldsymbol{\alpha}_2$，$\boldsymbol{\alpha}_3$ 线性无关，则向量组 $\boldsymbol{\alpha}_1+\boldsymbol{\alpha}_2$，$\boldsymbol{\alpha}_2+\boldsymbol{\alpha}_3$，$\boldsymbol{\alpha}_3+\boldsymbol{\alpha}_1$ 是线性__________。

4. 已知方程组 $\begin{pmatrix}1&2&1\\2&3&a+2\\1&a&-2\end{pmatrix}\begin{pmatrix}x_1\\x_2\\x_3\end{pmatrix}=\begin{pmatrix}1\\3\\0\end{pmatrix}$ 无解，则 $a=$__________。

5. 若向量组 $\boldsymbol{\alpha}_1=(1,0,2,0)$，$\boldsymbol{\alpha}_2=(1,0,0,2)$，$\boldsymbol{\alpha}_3=(0,1,1,1)$，$\boldsymbol{\alpha}_4=(2,1,k,2)$ 线性相关，则 $k=$__________。

6. 已知 $\begin{cases}x_1=2x_3+2x_4\\x_2=-4x_3-7x_4\\x_3=x_3\\x_4=x_4\end{cases}$，（$x_3$，$x_4$ 为自由未知量），则该方程组的基础解系为__________。

三、计算题

1. 求方程组 $\begin{cases}x_1+x_2+x_3=2\\2x_1+x_2+x_3=1\\x_1+x_2+2x_3=1\end{cases}$ 的解。

2. 问 λ 取何值时，线性方程组 $\begin{cases}x_1-2x_2=1\\2x_1-3x_2+x_3=\lambda+1\\x_1-x_2+x_3=\lambda^2\end{cases}$ 有解，并求其解。

3. 已知$\boldsymbol{\beta}=(3,5,-6)$，$\boldsymbol{\alpha}_1=(1,0,1)$，$\boldsymbol{\alpha}_2=(1,1,1)$，$\boldsymbol{\alpha}_3=(0,-1,-1)$，求$\boldsymbol{\beta}$由$\boldsymbol{\alpha}_1$，$\boldsymbol{\alpha}_2$，$\boldsymbol{\alpha}_3$线性表出的表示式。

4. 求齐次线性方程组$\begin{cases}x_1+x_2+2x_3-x_4=0\\2x_1+x_2+x_3-x_4=0\\2x_1+2x_2+x_3+2x_4=0\end{cases}$的一个基础解系。

5. 求线性方程组$\begin{cases}x_1-x_2+x_4-x_5=1\\2x_1+x_3-x_5=2\\3x_1-x_2-x_3-x_4-x_5=0\end{cases}$的通解。

*第 4 章　特征值、特征向量及二次型

学习目标

1. 了解矩阵的特征值与特征向量的概念及性质，掌握求矩阵的特征值与特征向量。

2. 了解相似矩阵的概念及性质，了解矩阵与对角阵相似的条件。

3. 掌握向量的内积与向量组的施密特正交化法，了解正交矩阵，了解实对称矩阵的相似矩阵。

4. 了解二次型的概念，掌握用配方法化实二次型为标准形，掌握用正交变换化实二次型为标准形。

5. 了解正定、负定二次型的概念，掌握正定、负定二次型的判别法。

在几何、物理、化学以及经济管理问题中，经常会遇到特征值、特征向量或二次型。在本章中，将应用矩阵变换及线性方程组解的理论，给出方阵的特征值和特征向量的具体求法，研讨如何将方阵化成对角矩阵，并具体讨论实对称矩阵的对角化问题，进而给出二次型的概念以及将其化为标准形的方法。本章将在实数范围内讨论上述问题。

4.1　矩阵的特征值和特征向量

4.1.1　矩阵的特征值与特征向量的概念及性质

我们在前面的学习中知道，矩阵有着一些重要的特征，比如“秩”，而对于方阵来说，其重要特征还包括特征值和特征向量。

定义 1　设 A 为 n 阶实方阵，如果存在实数 λ 和非零向量 X，使得 $AX=\lambda X$ 成立，则称 λ 是 A 的一个特征值，非零向量 X 称为 A 的属于特征值 λ 的特征向量。

例如，$A=\begin{pmatrix}-1 & 0\\ 2 & 3\end{pmatrix}$，$X=\begin{pmatrix}-2\\ 1\end{pmatrix}$，$\lambda=-1$ 满足 $AX=\lambda X$，因此 -1 是矩阵 A 的特征值，非零向量 $X=\begin{pmatrix}-2\\ 1\end{pmatrix}$ 是 A 的属于特征值 -1 的特征向量。

将 $AX=\lambda X$ 改写成 $(\lambda E-A)X=0$，即使该齐次方程组有非零解的充分必要条件是系数行列式等于零，即 $|\lambda E-A|=0$。

定义 2 设 A 为 n 阶方阵，以 λ 为未知数的矩阵 $\lambda E-A$ 称为 A 的**特征矩阵**，关于 λ 的一元 n 次多项式 $|\lambda E-A|$ 称为**特征多项式**，方程 $|\lambda E-A|=0$ 称为 A 的**特征方程**。

由上述定义，容易得到下列矩阵的特征值与特征向量的基本性质。

性质 1 若 λ 是 A 的特征值，则 λ 也是 A^T 的特征值。

证： 因为 $|\lambda E-A^T|=|(\lambda E-A)^T|=|\lambda E-A|$，又 λ 是 A 的特征值，则 $|\lambda E-A|=0$，所以 $|\lambda E-A^T|=0$，即 λ 是 A^T 的特征值。

性质 2 矩阵 A 的属于同一个特征值的特征向量的非零线性组合仍是属于这个特征值的特征向量。

例 4-1 设 λ_0 是矩阵 A 的一个特征值，如果 p_1，p_2 都是 A 的属于特征值 λ_0 的特征向量，对于任意实数 k_1 和 k_2，若 $p=k_1p_1+k_2p_2\neq 0$，则 p 是 A 的属于特征值 λ_0 的特征向量。

证： 由题意可知，若 $p=k_1p_1+k_2p_2\neq 0$，有

$$Ap=A(k_1p_1+k_2p_2)=k_1Ap_1+k_2Ap_2=\lambda_0(k_1p_1+k_2p_2)=\lambda_0p$$

故命题成立。

性质 3 矩阵 A 的属于不同特征值的特征向量线性无关。

推论 1 设 n 阶方阵 A 有 n 个不同的特征值，则 A 有一组由 n 个线性无关的向量组成的特征向量组。

性质 4 若 λ_1，λ_2，…，λ_n 是 n 阶方阵 A 的 n 个特征值（其中可以有相等的），则 $\sum_{i=1}^{n}\lambda_i=tr(A)$，$\prod_{i=1}^{n}\lambda_i=|A|$。其中 $tr(A)=\sum_{i=1}^{n}a_{ii}$ 为方阵 A 的 n 个对角线元素之和，称为方阵 A 的**迹**。

4.1.2 矩阵的特征值与特征向量的求法

若 λ 为矩阵 A 的一个特征值，则必是特征方程 $|\lambda E-A|=0$ 的根，因此又称为特征根；同时方程 $(\lambda E-A)X=0$ 的每一个非零解向量都是 A 的属于同一个特征值 λ 的特征向量。

因此可得，方阵 A 的特征值与特征向量的求法如下。

①写出方阵 A 的特征方程 $|\lambda E-A|=0$，方程的根就是 A 的全部特征值。

②对每个特征值 λ_0，齐次线性方程组 $(\lambda_0E-A)X=0$ 的每一个非零解都是 A 的属于 λ_0 的特征向量，只要求出 $(\lambda_0E-A)X=0$ 的一个基础解系，它们的非零线性组合就是 A 的属于 λ_0 的全部的特征向量。

例 4-2 设 $A=\begin{pmatrix}1 & 2\\ 2 & 4\end{pmatrix}$，求出 A 的所有的特征值和特征向量。

解： A 的特征矩阵为 $\lambda E-A=\begin{pmatrix}\lambda-1 & -2\\ -2 & \lambda-4\end{pmatrix}$，$A$ 的特征方程为

$$|\lambda E-A|=\begin{vmatrix}\lambda-1 & -2\\ -2 & \lambda-4\end{vmatrix}=\lambda(\lambda-5)=0$$

它的两个根是 $\lambda_1=0$，$\lambda_2=5$，经检验确有

$$\lambda_1+\lambda_2=a_{11}+a_{22}=5=tr(A),\ \lambda_1\cdot\lambda_2=0=|A|$$

属于 $\lambda_1=0$ 的特征向量满足线性方程组 $\begin{cases}-x_1-2x_2=0\\-2x_1-4x_2=0\end{cases}$，可取解 $X_1=(-2,1)^T$。

属于 $\lambda_2=5$ 的特征向量满足线性方程组 $\begin{cases}4x_1-2x_2=0\\-2x_1+x_2=0\end{cases}$，可取解 $X_2=(1,2)^T$。

X_1，X_2 就是 A 的两个线性无关的特征向量，容易验证

$$AX_1=\begin{pmatrix}1&2\\2&4\end{pmatrix}\begin{pmatrix}-2\\1\end{pmatrix}=\begin{pmatrix}0\\0\end{pmatrix}=0\begin{pmatrix}-2\\1\end{pmatrix}=\lambda_1X_1\qquad AX_2=\begin{pmatrix}1&2\\2&4\end{pmatrix}\begin{pmatrix}1\\2\end{pmatrix}=\begin{pmatrix}5\\10\end{pmatrix}=5\begin{pmatrix}1\\2\end{pmatrix}=\lambda_2X_2$$

属于 $\lambda_1=0$ 的特征向量全体为 k_1X_1，k_1 为任意非零常数；属于 $\lambda_2=5$ 的特征向量全体为 k_2X_2，k_2 为任意非零常数。

注：求出 A 的二个特征值后，可检验一下它们的和是否等于方阵的迹，它们的积是否等于方阵的行列式的值。

例 4-3　求矩阵 $A=\begin{pmatrix}2&2&-1\\-1&-1&1\\-1&-2&2\end{pmatrix}$ 的特征值和特征向量。

解：矩阵 A 的特征方程为

$$|\lambda E-A|=\begin{vmatrix}\lambda-2&-2&1\\1&\lambda+1&-1\\1&2&\lambda-2\end{vmatrix}=0$$

即 $(\lambda-1)^3=0$，$\lambda=1$（三重根）。经检验确有

$$\lambda_1+\lambda_2+\lambda_3=a_{11}+a_{22}+a_{33}=3=tr(A),\ \lambda_1\cdot\lambda_2\cdot\lambda_3=1=|A|$$

将 $\lambda=1$ 代入 $(\lambda E-A)X=0$，得

$$\begin{cases}-x_1-2x_2+x_3=0\\x_1+2x_2-x_3=0\\x_1+2x_2-x_3=0\end{cases}$$

它的基础解系是向量 $X_1=(-2,1,0)^T$ 及 $X_2=(1,0,1)^T$，此方程的通解为：$C_1X_1+C_2X_2$，其中 C_1，C_2 是任意常数。

故 A 的属于特征值 $\lambda=1$ 的特征向量是 $C_1X_1+C_2X_2$（C_1，C_2 不全为零）。

例 4-4　求矩阵 $A=\begin{pmatrix}2&1&0\\2&3&0\\1&1&2\end{pmatrix}$ 的特征值和特征向量。

解：A 的特征方程为

$$|\lambda E - A| = \begin{vmatrix} \lambda-2 & -1 & 0 \\ -2 & \lambda-3 & 0 \\ -1 & -1 & \lambda-2 \end{vmatrix} = (\lambda-2)(\lambda-1)(\lambda-4) = 0$$

故 A 的所有的特征值为 $\lambda_1 = 1$，$\lambda_2 = 2$，$\lambda_3 = 4$。

当 $\lambda_1 = 1$ 时，解方程组 $(E-A)X = 0$，得特征向量 $X_1 = (-1, 1, 0)^T$。

当 $\lambda_2 = 2$ 时，解方程组 $(2E-A)X = 0$，得特征向量 $X_2 = (0, 0, 1)^T$。

当 $\lambda_3 = 4$ 时，解方程组 $(4E-A)X = 0$，得特征向量 $X_3 = (2, 4, 3)^T$。

所以 A 的属于特征值 $\lambda_1 = 1$，$\lambda_2 = 2$，$\lambda_3 = 4$ 的全部特征向量分别表示为 k_1X_1，k_2X_2，k_3X_3，其中 k_1，k_2，k_3 为任意非零常数。

观察例 4-3 和例 4-4，我们发现有明显不同的地方，例 4-3 中找了两个线性无关的特征向量。而在例 4-4 中，找到了三个线性无关的特征向量，这是什么原因呢？这与特征值对应的特征方程有关。

例 4-5 求矩阵 $A = \begin{pmatrix} -1 & 3 & -7 \\ 0 & 2 & 5 \\ 0 & 0 & 4 \end{pmatrix}$ 的所有特征值。

解： A 的特征方程为

$$|\lambda E - A| = \begin{vmatrix} \lambda+1 & -3 & 7 \\ 0 & \lambda-2 & -5 \\ 0 & 0 & \lambda-4 \end{vmatrix} = (\lambda+1)(\lambda-2)(\lambda-4) = 0$$

故 A 的所有特征值为 $\lambda_1 = -1$，$\lambda_2 = 2$，$\lambda_3 = 4$。

注： 三角形矩阵的特征值就是它对角线上的所有元素。

4.2 相似矩阵与矩阵的对角化

由上节例 4-2，矩阵 $A = \begin{pmatrix} 1 & 2 \\ 2 & 4 \end{pmatrix}$ 的两个特征值是 $\lambda_1 = 0$，$\lambda_2 = 5$，对应的特征向量 $X_1 = (-2, 1)^T$ 和 $X_2 = (1, 2)^T$。因此有

$$A(X_1, X_2) = (AX_1, AX_2) = (\lambda_1X_1, \lambda_2X_2) = (0 \cdot X_1, 5 \cdot X_2) = (X_1, X_2)\begin{pmatrix} 0 & 0 \\ 0 & 5 \end{pmatrix}$$

设 $P = (X_1, X_2)$，$B = \begin{pmatrix} 0 & 0 \\ 0 & 5 \end{pmatrix}$，上式可写为 $AP = PB$，即 $P^{-1}AP = B$。

为了表示这样的矩阵 A，B 之间的关系，我们提出了相似矩阵的概念。

4.2.1 相似矩阵及其性质

定义 3 设 A 和 B 是两个 n 阶方阵，如果存在可逆矩阵 P，使得

$$B=P^{-1}AP$$

则称矩阵 A 与 B **相似**，记为 $A\sim B$。

容易验证，对于方阵 $A=\begin{pmatrix}1&2\\2&4\end{pmatrix}$，$B=\begin{pmatrix}0&0\\0&5\end{pmatrix}$，存在可逆矩阵 $P=\begin{pmatrix}-2&1\\1&2\end{pmatrix}$，使得 $P^{-1}AP=B$，所以 $A\sim B$。

相似矩阵具有以下三个性质。

①**反身性**　$A\sim A$。

②**对称性**　若 $A\sim B$，则有 $B\sim A$。

③**传递性**　若 $A\sim B$，$B\sim C$，则有 $A\sim C$。

定理 1　若 n 阶方阵 A，B 相似，则它们具有相同的特征值。

证：设 $A\sim B$，则存在可逆矩阵 P，使得 $B=P^{-1}AP$，于是

$$\begin{aligned}|\lambda E-A|&=|P^{-1}(\lambda E)P-P^{-1}BP|=|P^{-1}(\lambda E-B)P|\\&=|P^{-1}|\cdot|\lambda E-B|\cdot|P|=|P^{-1}P|\cdot|\lambda E-B|\\&=|\lambda E-B|\end{aligned}$$

注：①由此定理易知，相似矩阵具有相同的迹、行列式及可逆性。②此定理的逆定理不成立，如，$A=\begin{pmatrix}1&0\\3&1\end{pmatrix}$ 和 $B=\begin{pmatrix}1&0\\0&1\end{pmatrix}$，它们的特征值都是 1（二重根），但它们不相似。

4.2.2　矩阵与对角矩阵相似的条件

由于相似矩阵具有许多相同的性质，因此对于 n 阶方阵 A，我们希望在与其相似的矩阵中寻找一个比较简单的矩阵，这样就可以通过简单矩阵的性质了解方阵 A 的性质。一般，我们考虑 n 阶方阵是否相似于某一个对角矩阵的问题。

对于 n 阶方阵 A 能否相似于某一个对角矩阵，有下列定理。

定理 2　n 阶方阵 A 相似于对角矩阵的充分必要条件是 A 有 n 个线性无关的特征向量。

证明略。

推论 2　如果 n 阶方阵 A 的 n 个特征值互不相同，则 A 与对角矩阵相似。

由定理 2 及其推论，可以得到将矩阵对角化的方法。

①求出 A 的 n 个线性无关的特征向量 X_1，X_2，…，X_n（它们分别是属于特征值 λ_1，λ_2，…，λ_n 的特征向量）。

②取 $P=(X_1,X_2,\cdots,X_n)$，则有

$$P^{-1}AP=\begin{pmatrix}\lambda_1&0&\cdots&0\\0&\lambda_2&\cdots&0\\\vdots&\vdots&\vdots&\vdots\\0&0&\cdots&\lambda_n\end{pmatrix}=\Lambda。$$

由此可以看出：若矩阵 A 与对角矩阵 Λ 相似，则 Λ 的对角线元素必是 A 的特征值。而且相似变换中的可逆矩阵 P 中的列向量必是特征向量，且其排列位置是与 Λ 中 λ_i 的位置相对应。

定义 4 若对于矩阵 A，存在可逆矩阵 P，使得 $P^{-1}AP=\Lambda$ 为对角矩阵，则称对角矩阵 Λ 为 A 的相似标准形。

注： 在求矩阵 A 的相似标准形时，特征值的编号可以是任意排列的，但是，P 的各列的排列次序与对角矩阵 Λ 中各个对角线上的元素（A 的特征值）的排列次序必须互相对应。

例 4-6 设下列两个矩阵相似

$$A=\begin{pmatrix}1&0&0\\0&0&1\\0&1&x\end{pmatrix},\ B=\begin{pmatrix}1&0&0\\0&y&0\\0&0&-1\end{pmatrix}。$$

①求出参数 x 与 y 的值。

②求出可逆矩阵 P，使得 $B=P^{-1}AP$。

解： ①因为 $|A|=-1$，$|B|=-y$，可得 $y=1$，再根据 $tr(A)=tr(B)$，得 $1+x=y$，可得 $x=0$。

故 $A=\begin{pmatrix}1&0&0\\0&0&1\\0&1&0\end{pmatrix}$，$B=\begin{pmatrix}1&0&0\\0&1&0\\0&0&-1\end{pmatrix}$

②由上述推论可知 A 的特征值就是 B 的对角线上的元素 $1, 1, -1$，

解齐次线性方程组

$$\begin{pmatrix}\lambda-1&0&0\\0&\lambda&-1\\0&-1&\lambda\end{pmatrix}\begin{pmatrix}x_1\\x_2\\x_3\end{pmatrix}=0,$$

属于 $\lambda_1=\lambda_2=1$ 的特征向量为 $p_1=(1,0,0)^T$，$p_2=(0,1,1)^T$，

属于 $\lambda_3=-1$ 的特征向量为 $p_3=(0,1,-1)^T$，

于是找到可逆矩阵 $P=\begin{pmatrix}1&0&0\\0&1&1\\0&1&-1\end{pmatrix}$，使得，$P^{-1}AP=B=\begin{pmatrix}1&0&0\\0&1&0\\0&0&-1\end{pmatrix}$。

例 4-7 判断矩阵 $A=\begin{pmatrix}-1&1&0\\-4&3&0\\1&0&2\end{pmatrix}$ 是否可对角化？

解： A 的特征方程

$$|\lambda E-A|=\begin{vmatrix}\lambda+1&-1&0\\4&\lambda-3&0\\-1&0&\lambda-2\end{vmatrix}=(\lambda-2)(\lambda-1)^2=0$$

故 A 的特征值为 $\lambda_1 = 2$，$\lambda_2 = \lambda_3 = 1$。

解齐次线性方程组

$$\begin{pmatrix} \lambda+1 & -1 & 0 \\ 4 & \lambda-3 & 0 \\ -1 & 0 & \lambda-2 \end{pmatrix}\begin{pmatrix} x_1 \\ x_2 \\ x_3 \end{pmatrix}=0,$$

属于 $\lambda_1 = 2$ 的特征向量为 $p_1=(0, 0, 1)^T$,

属于 $\lambda_2 = \lambda_3 = 1$ 的特征向量为 $p_2=(1, 2, -1)^T$,

属于特征值 $\lambda_2 = \lambda_3 = 1$ 的线性无关的特征向量只有一个，所以矩阵 A 不能对角化。

例 4-8　判断矩阵

$$A=\begin{pmatrix} 1 & -1 & 1 \\ 1 & 3 & -1 \\ 1 & 1 & 1 \end{pmatrix}$$ 是否可对角化？若是，则求出其相似标准形。

解：A 的特征方程

$$|\lambda E-A|=\begin{vmatrix} \lambda-1 & 1 & -1 \\ -1 & \lambda-3 & 1 \\ -1 & -1 & \lambda-1 \end{vmatrix}=(\lambda-2)^2(\lambda-1)$$

故 A 的特征值为：$\lambda_1 = 1$，$\lambda_2 = \lambda_3 = 2$。

解齐次线性方程组

$$\begin{pmatrix} \lambda-1 & 1 & -1 \\ -1 & \lambda-3 & 1 \\ -1 & -1 & \lambda-1 \end{pmatrix}\begin{pmatrix} x_1 \\ x_2 \\ x_3 \end{pmatrix}=0,$$

属于 $\lambda_1 = 1$ 的特征向量为 $p_1=(-1, 1, 1)^T$。

属于 $\lambda_2 = \lambda_3 = 2$ 的特征向量为 $p_2=(-1, 1, 0)^T$，$p_3=(1, 0, 1)^T$。

因矩阵 A 有三个线性无关的特征向量，所以矩阵 A 必相似于对角矩阵。于是找到可逆矩阵 $P=\begin{pmatrix} -1 & -1 & 1 \\ 1 & 1 & 0 \\ 1 & 0 & 1 \end{pmatrix}$，使得 $P^{-1}AP=\begin{pmatrix} 1 & 0 & 0 \\ 0 & 2 & 0 \\ 0 & 0 & 2 \end{pmatrix}$。这个例子说明了方阵的特征值不全相异时，也可能相似于对角阵。

4.3　实对称矩阵的相似矩阵

在一些经济学模型中，经常会遇到实对称矩阵，实对称矩阵的特征值、特征向量具有许多特殊的性质。

4.3.1 向量的内积与向量组的施密特正交化法

为了描述 n 维向量空间 R^n 中向量的度量性质，需引入向量内积的概念。

定义 5 在 R^n 中，向量 $\boldsymbol{\alpha}=(a_1, a_2, \cdots, a_n)$，$\boldsymbol{\beta}=(b_1, b_2, \cdots, b_n)$ 的**内积**为

$$(\boldsymbol{\alpha}, \boldsymbol{\beta})=\boldsymbol{\alpha}\boldsymbol{\beta}^T=\boldsymbol{\beta}\boldsymbol{\alpha}^T=\sum_{i=1}^{n} a_i b_i$$

两个同维向量的内积是对应的分量的乘积之和，是一个实数，这里 $(\boldsymbol{\alpha}\boldsymbol{\beta}^T)^T=\boldsymbol{\beta}\boldsymbol{\alpha}^T$。

例 4-9 求向量 $\boldsymbol{\alpha}=(2, -1, -3, 7)$ 与向量 $\boldsymbol{\beta}=(-1, 4, 1, 0)$ 的内积。

解： $(\boldsymbol{\alpha}, \boldsymbol{\beta})=2\times(-1)+(-1)\times4+(-3)\times1+7\times0=-9$。

向量内积有以下基本性质（$\boldsymbol{\alpha}, \boldsymbol{\beta}, \boldsymbol{\gamma}$ 为 n 维向量，k，l 为实数）。

① $(\boldsymbol{\alpha}, \boldsymbol{\beta})=(\boldsymbol{\beta}, \boldsymbol{\alpha})$。

② $(k\boldsymbol{\alpha}, \boldsymbol{\beta})=k(\boldsymbol{\alpha}, \boldsymbol{\beta})$。

③ $(\boldsymbol{\alpha}+\boldsymbol{\beta}, \boldsymbol{\gamma})=(\boldsymbol{\alpha}, \boldsymbol{\gamma})+(\boldsymbol{\beta}, \boldsymbol{\gamma})$。

④ $(\boldsymbol{\alpha}, \boldsymbol{\alpha})\geqslant 0$，当且仅当 $\boldsymbol{\alpha}=0$ 时有 $(\boldsymbol{\alpha}, \boldsymbol{\alpha})=0$。

定义 6 对于 n 维行向量 $\boldsymbol{\alpha}=(\boldsymbol{\alpha}_1, \boldsymbol{\alpha}_2, \cdots, \boldsymbol{\alpha}_n)$，其长度（或称为模）

$$|\boldsymbol{\alpha}|=\sqrt{(\boldsymbol{\alpha}, \boldsymbol{\alpha})}=\sqrt{\boldsymbol{\alpha}_1^2+\boldsymbol{\alpha}_2^2+\cdots+\boldsymbol{\alpha}_n^2}$$

为 1 的向量称为单位向量。$\boldsymbol{\alpha}$ 为单位向量的充分必要条件是 $(\boldsymbol{\alpha}, \boldsymbol{\alpha})=1$。当 $\boldsymbol{\alpha}\neq 0$ 时，$\boldsymbol{\alpha}_0=\dfrac{\boldsymbol{\alpha}}{|\boldsymbol{\alpha}|}$ 就是一个单位向量。

定义 7 如果两个向量 $\boldsymbol{\alpha}$ 与 $\boldsymbol{\beta}$ 的内积等于零，即 $(\boldsymbol{\alpha}, \boldsymbol{\beta})=0$ 或 $\boldsymbol{\alpha}\boldsymbol{\beta}^T=0$，则称 $\boldsymbol{\alpha}$ 与 $\boldsymbol{\beta}$ 相互正交（垂直），记为 $\boldsymbol{\alpha}\perp\boldsymbol{\beta}$。

例 4-10 零向量与任意向量的内积为零，因此零向量与任意向量正交。

例 4-11 R^n 中的标准单位向量组 $\boldsymbol{\varepsilon}_1=(1, 0, \cdots, 0)$，$\boldsymbol{\varepsilon}_2=(0, 1, \cdots, 0)$，$\cdots$，$\boldsymbol{\varepsilon}_n=(0, 0, \cdots, 1)$ 是两两正交的：$(\boldsymbol{\varepsilon}_i, \boldsymbol{\varepsilon}_j)=\boldsymbol{\varepsilon}_i\boldsymbol{\varepsilon}_j^T=0(i\neq j)$。

定义 8 在 R^n 中，若非零向量组 $\boldsymbol{\alpha}_1, \boldsymbol{\alpha}_2, \cdots, \boldsymbol{\alpha}_n$ 两两正交，即

$$(\boldsymbol{\alpha}_i, \boldsymbol{\alpha}_j)=0\ (i\neq j,\ i, j=1, 2, \cdots, n)$$

则称 $\boldsymbol{\alpha}_1, \boldsymbol{\alpha}_2, \cdots, \boldsymbol{\alpha}_n$ 为正交向量组。

例 4-12 求非零向量 $\boldsymbol{\gamma}$，使得 $\boldsymbol{\gamma}$ 与 $\boldsymbol{\alpha}=(1, -1, 1)$ 和 $\boldsymbol{\beta}=(-2, 1, 0)$ 都正交。

解： 设 $\boldsymbol{\gamma}=(x_1, x_2, x_3)$，由向量正交的定义可知

$$\begin{cases} x_1-x_2+x_3=0 \\ -2x_1+x_2=0 \end{cases}$$

其一般解为 $\begin{cases} x_1=x_3 \\ x_2=2x_3 \end{cases}$。于是 $\boldsymbol{\lambda}=(a, 2a, a)$，$a$ 为任意实数。

定理 3 正交向量组一定是线性无关组。

证： 设 $\boldsymbol{\alpha}_1, \boldsymbol{\alpha}_2, \cdots, \boldsymbol{\alpha}_n$，$n\geqslant 2$ 是一个正交向量组。考查下式

$$k_1\boldsymbol{\alpha}_1+k_2\boldsymbol{\alpha}_2+\cdots+k_n\boldsymbol{\alpha}_n=0$$

由向量之间的两两正交性知，对于任意一个 $1\leqslant i\leqslant n$ 必有

$$(k_1\boldsymbol{\alpha}_1+k_2\boldsymbol{\alpha}_2+\cdots k_n\boldsymbol{\alpha}_n,\ \boldsymbol{\alpha}_i)=(0,\ \boldsymbol{\alpha}_i)=0$$

又 $(k_1\boldsymbol{\alpha}_1+k_2\boldsymbol{\alpha}_2+\cdots k_n\boldsymbol{\alpha}_n,\ \boldsymbol{\alpha}_i)=k_i(\boldsymbol{\alpha}_i,\ \boldsymbol{\alpha}_i)$

所以 $k_i(\boldsymbol{\alpha}_i,\ \boldsymbol{\alpha}_i)=0$，而 $\boldsymbol{\alpha}_i\neq 0$ 和 $(\boldsymbol{\alpha}_i,\ \boldsymbol{\alpha}_i)\neq 0$ 可得 $k_i=0$，$i=1,2,\cdots,n$，

于是 $\boldsymbol{\alpha}_1,\boldsymbol{\alpha}_2,\cdots,\boldsymbol{\alpha}_n$ 线性无关。

注： 上述定理逆不一定成立。

因为线性无关向量组未必是正交向量组，但线性无关向量组 $\boldsymbol{\alpha}_1,\boldsymbol{\alpha}_2,\cdots,\boldsymbol{\alpha}_m$，可以生成正交向量组 $\boldsymbol{\beta}_1,\boldsymbol{\beta}_2,\cdots,\boldsymbol{\beta}_m$，并使这两组向量可以相互线性表出，一般称为将向量组正交化。将一个向量组正交化可以应用施密特正交化方法，施密特（Schmidt）正交化的步骤如下。

对于 R^n 中的线性无关向量组 $\boldsymbol{\alpha}_1,\boldsymbol{\alpha}_2,\cdots,\boldsymbol{\alpha}_m$，令

$\boldsymbol{\beta}_1=\boldsymbol{\alpha}_1$，

$$\boldsymbol{\beta}_2=\boldsymbol{\alpha}_2-\frac{(\boldsymbol{\alpha}_2,\boldsymbol{\beta}_1)}{(\boldsymbol{\beta}_1,\boldsymbol{\beta}_1)}\boldsymbol{\beta}_1,$$

$$\boldsymbol{\beta}_3=\boldsymbol{\alpha}_3-\frac{(\boldsymbol{\alpha}_3,\boldsymbol{\beta}_1)}{(\boldsymbol{\beta}_1,\boldsymbol{\beta}_1)}\boldsymbol{\beta}_1-\frac{(\boldsymbol{\alpha}_3,\boldsymbol{\beta}_2)}{(\boldsymbol{\beta}_2,\boldsymbol{\beta}_2)}\boldsymbol{\beta}_2,$$

……，

$$\boldsymbol{\beta}_k=\boldsymbol{\alpha}_k-\frac{(\boldsymbol{\alpha}_k,\boldsymbol{\beta}_1)}{(\boldsymbol{\beta}_1,\boldsymbol{\beta}_1)}\boldsymbol{\beta}_1-\frac{(\boldsymbol{\alpha}_k,\boldsymbol{\beta}_2)}{(\boldsymbol{\beta}_2,\boldsymbol{\beta}_2)}\boldsymbol{\beta}_2-\cdots-\frac{(\boldsymbol{\alpha}_k,\boldsymbol{\beta}_{k-1})}{(\boldsymbol{\beta}_{k-1},\boldsymbol{\beta}_{k-1})}\boldsymbol{\beta}_{k-1},$$

……，

$$\boldsymbol{\beta}_m=\boldsymbol{\alpha}_m-\frac{(\boldsymbol{\alpha}_m,\boldsymbol{\beta}_1)}{(\boldsymbol{\beta}_1,\boldsymbol{\beta}_1)}\boldsymbol{\beta}_1-\frac{(\boldsymbol{\alpha}_m,\boldsymbol{\beta}_2)}{(\boldsymbol{\beta}_2,\boldsymbol{\beta}_2)}\boldsymbol{\beta}_2-\cdots-\frac{(\boldsymbol{\alpha}_m,\boldsymbol{\beta}_{m-1})}{(\boldsymbol{\beta}_{m-1},\boldsymbol{\beta}_{m-1})}\boldsymbol{\beta}_{m-1}。$$

可以验证向量组 $\boldsymbol{\beta}_1,\boldsymbol{\beta}_2,\cdots,\boldsymbol{\beta}_m$ 是正交向量组，并与向量组 $\boldsymbol{\alpha}_1,\boldsymbol{\alpha}_2,\cdots,\boldsymbol{\alpha}_m$ 可以相互线性表示。

若将 $\boldsymbol{\beta}_1,\boldsymbol{\beta}_2,\cdots,\boldsymbol{\beta}_m$ 单位化，即得

$$\boldsymbol{\eta}_1=\frac{\boldsymbol{\beta}_1}{|\boldsymbol{\beta}_1|},\ \boldsymbol{\eta}_2=\frac{\boldsymbol{\beta}_2}{|\boldsymbol{\beta}_2|},\ \cdots\cdots,\ \boldsymbol{\eta}_m=\frac{\boldsymbol{\beta}_m}{|\boldsymbol{\beta}_m|},$$

称向量组 $\boldsymbol{\eta}_1,\boldsymbol{\eta}_2,\cdots,\boldsymbol{\eta}_m$ 为标准正交向量组。

例 4-13 将 $\boldsymbol{\alpha}_1=(0,1,1)^T$，$\boldsymbol{\alpha}_2=(0,-1,2)^T$，$\boldsymbol{\alpha}_3=(1,-1,-1)^T$ 标准正交化。

解： $\boldsymbol{\beta}_1=\boldsymbol{\alpha}_1$

$$\boldsymbol{\beta}_2=\boldsymbol{\alpha}_2-\frac{(\boldsymbol{\alpha}_2,\boldsymbol{\beta}_1)}{(\boldsymbol{\beta}_1,\boldsymbol{\beta}_1)}\boldsymbol{\beta}_1=(0,-1,2)^T-\frac{1}{2}(0,1,1)^T=\frac{3}{2}(0,-1,1)^T,$$

$$\boldsymbol{\beta}_3=\boldsymbol{\alpha}_3-\frac{(\boldsymbol{\alpha}_3,\boldsymbol{\beta}_1)}{(\boldsymbol{\beta}_1,\boldsymbol{\beta}_1)}\boldsymbol{\beta}_1-\frac{(\boldsymbol{\alpha}_3,\boldsymbol{\beta}_2)}{(\boldsymbol{\beta}_2,\boldsymbol{\beta}_2)}\boldsymbol{\beta}_2=\begin{pmatrix}1\\-1\\-1\end{pmatrix}-\frac{-2}{2}\begin{pmatrix}0\\1\\1\end{pmatrix}-\frac{0}{(\beta_2,\beta_2)}\beta_2=\begin{pmatrix}1\\0\\0\end{pmatrix},$$ 再将它

们单位化可以求得

$$\boldsymbol{\eta}_1=\frac{\boldsymbol{\beta}_1}{|\boldsymbol{\beta}_1|}=\frac{1}{\sqrt{2}}(0,\ 1,\ 1)^T,\ \boldsymbol{\eta}_2=\frac{\boldsymbol{\beta}_2}{|\boldsymbol{\beta}_2|}=\frac{1}{\sqrt{2}}(0,\ -1,\ 1)^T,\ \boldsymbol{\eta}_3=\frac{\boldsymbol{\beta}_3}{|\boldsymbol{\beta}_3|}=(1,\ 0,\ 0)^T,$$

不难验证 $\boldsymbol{\eta}_1$，$\boldsymbol{\eta}_2$，$\boldsymbol{\eta}_3$ 为标准正交向量组，且与 $\boldsymbol{\alpha}_1$，$\boldsymbol{\alpha}_2$，$\boldsymbol{\alpha}_3$ 可互相线性表示。

4.3.2 正交矩阵

定义 9 如果 n 阶实方阵 A 满足 $A^TA=E$，则称 A 为正交矩阵。

如对于矩阵 $A=\begin{pmatrix}\cos x & \sin x\\ -\sin x & \cos x\end{pmatrix}$，

从 $A^TA=\begin{pmatrix}\cos x & \sin x\\ -\sin x & \cos x\end{pmatrix}\begin{pmatrix}\cos x & -\sin x\\ \sin x & \cos x\end{pmatrix}=\begin{pmatrix}1 & 0\\ 0 & 1\end{pmatrix}=E$

可知，A 为正交矩阵。

正交矩阵具有下列性质。

①$|A|=\pm 1$。

②$A^{-1}=A^T$。

③正交矩阵的转置矩阵和逆矩阵也是正交矩阵。

④若 P、Q 都是正交矩阵，则它们的积 PQ 也是正交矩阵。

定理 4 n 阶方阵 A 是正交矩阵的充分必要条件是 A 的 n 个行（列）向量是标准正交向量组。

例 4-14 根据上述定理验证以下三个方阵都是正交矩阵

$$A=\frac{1}{3}\begin{pmatrix}2 & -1 & 2\\ -1 & 2 & 2\\ 2 & 2 & -1\end{pmatrix},\ B=\frac{1}{9}\begin{pmatrix}1 & -8 & -4\\ -8 & 1 & -4\\ -4 & -4 & 7\end{pmatrix},\ C=\frac{1}{\sqrt{6}}\begin{pmatrix}0 & \sqrt{3} & -\sqrt{3}\\ -2 & 1 & 1\\ \sqrt{2} & \sqrt{2} & \sqrt{2}\end{pmatrix}$$

解：A，B，C 三个矩阵中每个行（列）向量中的各个分量的平方之和都为 1，而且任意两个行向量中对应分量乘积之和都为 0，因此以上三个方阵都是正交矩阵。

4.3.3 实对称矩阵的相似矩阵

在第 2 章知道，n 阶实方阵 $A=(a_{ij})$ 是对称矩阵，则有 $A^T=A$，

即 $a_{ij}=a_{ji}$，i，$j=1$，2，$\cdots$，n。

定理 5 实对称矩阵的特征值一定是实数，其特征向量一定是实向量。

定理 6 实对称矩阵 A 的属于不同特征值的特征向量一定是正交的。

定理 7 设 A 实对称矩阵，则存在正交矩阵 P，使得

$P^{-1}AP=P^{T}AP=\begin{pmatrix}\lambda_1 & & & \\ & \lambda_2 & & \\ & & \cdots & \\ & & & \lambda_n\end{pmatrix}=\Lambda$。对角矩阵 Λ 中的 n 个对角线上的元素 λ_1，λ_2，…，λ_n 就是 A 的 n 个特征值。反之，凡正交相似于对角矩阵的实方阵一定是对称矩阵。

上述定理中的对角矩阵 Λ 称为对称矩阵 A 的**正交相似标准形**。

例 4-15　求 $A=\begin{pmatrix}2 & 2 & -2\\ 2 & 5 & -4\\ -2 & -4 & 5\end{pmatrix}$ 的正交相似标准形。

解：A 的特征方程为

$$|\lambda E-A|=\begin{vmatrix}\lambda-2 & -2 & 2\\ -2 & \lambda-5 & 4\\ 2 & 4 & \lambda-5\end{vmatrix}=(\lambda-1)^2(\lambda-10)=0$$

故 A 的所有特征值为 $\lambda_1=\lambda_2=1$，$\lambda_3=10$。

当 $\lambda_1=\lambda_2=1$ 时，解齐次线性方程组 $(E-A)X=0$，得其基础解系为

$$\boldsymbol{p}_1=(2,\ 0,\ 1)^T,\ \boldsymbol{p}_2=(-2,\ 1,\ 0)^T$$

当 $\lambda_3=10$ 时，解齐次线性方程组 $(10E-A)X=0$，得其基础解系为：$\boldsymbol{p}_3=(\frac{1}{2},\ 1,\ -1)^T$。

将 $\boldsymbol{p}_1$，$\boldsymbol{p}_2$，$\boldsymbol{p}_3$ 标准正交化。

$\boldsymbol{\beta}_1=\boldsymbol{p}_1=(2,\ 0,\ 1)^T$，单位化得 $\boldsymbol{\eta}_1=\frac{\boldsymbol{\beta}_1}{|\boldsymbol{\beta}_1|}=(\frac{2}{\sqrt5},\ 0,\ \frac{1}{\sqrt5})^T$，

$\boldsymbol{\beta}_2=\boldsymbol{p}_2-\frac{(\boldsymbol{p}_2,\boldsymbol{\beta}_1)}{(\boldsymbol{\beta}_1,\boldsymbol{\beta}_1)}\boldsymbol{\beta}_1=(-\frac{2}{5},\ 1,\ \frac{4}{5})^T$，单位化得 $\boldsymbol{\eta}_2=\frac{\boldsymbol{\beta}_2}{|\boldsymbol{\beta}_2|}=(-\frac{2}{3\sqrt5},\ \frac{\sqrt5}{3},\ \frac{4}{3\sqrt5})^T$，

$\boldsymbol{\beta}_3=\boldsymbol{p}_3-\frac{(\boldsymbol{p}_3,\boldsymbol{\beta}_1)}{(\boldsymbol{\beta}_1,\boldsymbol{\beta}_1)}\boldsymbol{\beta}_1-\frac{(\boldsymbol{p}_3,\boldsymbol{\beta}_2)}{(\boldsymbol{\beta}_2,\boldsymbol{\beta}_2)}\boldsymbol{\beta}_2=(\frac{1}{2},\ 1,\ -1)^T$，单位化得 $\boldsymbol{\eta}_3=\frac{\boldsymbol{\beta}_3}{|\boldsymbol{\beta}_3|}=(\frac{1}{3},\ \frac{2}{3},\ -\frac{2}{3})^T$，

于是得正交矩阵 $P=\begin{pmatrix}\frac{2}{\sqrt5} & -\frac{2}{3\sqrt5} & \frac{1}{3}\\ 0 & \frac{\sqrt5}{3} & \frac{2}{3}\\ \frac{1}{\sqrt5} & \frac{4}{3\sqrt5} & -\frac{2}{3}\end{pmatrix}$ 使得 $P^{-1}AP=\Lambda=\begin{pmatrix}1 & 0 & 0\\ 0 & 1 & 0\\ 0 & 0 & 10\end{pmatrix}$。

4.4 二次型及其标准形

4.4.1 二次型的概念

我们先看一个实例。

例 4-16 直接计算矩阵乘法

$$f(x_1, x_2, x_3)=(x_1, x_2, x_3)\begin{pmatrix}1 & -2 & 0\\ -2 & 0 & 0.5\\ 0 & 0.5 & -3\end{pmatrix}\begin{pmatrix}x_1\\ x_2\\ x_3\end{pmatrix}$$

$$=x_1^2-3x_3^2-4x_1x_2+x_2x_3$$

根据例 4-16，我们引入实二次型的定义。

定义 10 含有 n 个变量 $x_1, x_2, \cdots, x_n$ 的实系数二次齐次多项式

$$\begin{aligned}f(x_1, x_2, \cdots, x_n)=&a_{11}x_1^2+2a_{12}x_1x_2+\cdots+2a_{1n}x_1x_n\\ &+a_{22}x_2^2+2a_{23}x_2x_3+\cdots+2a_{2n}x_2x_n\\ &+\cdots+a_{nn}x_n^2\end{aligned}$$

称为 n **元实二次型**，简称**二次型**。

这里 $a_{ij}=a_{ji}$，$i, j=1, 2, \cdots, n$，它可以简写成矩阵形式：$f(x_1, x_2, \cdots, x_n)=X^TAX$。其中

$$X=\begin{pmatrix}x_1\\ x_2\\ \vdots\\ x_n\end{pmatrix},\ A=\begin{pmatrix}a_{11} & a_{12} & \cdots & a_{1n}\\ a_{12} & a_{22} & \cdots & a_{2n}\\ \vdots & \vdots & & \vdots\\ a_{1n} & a_{2n} & \cdots & a_{nn}\end{pmatrix}$$

A 为二次型 f 的 n 阶实对称矩阵，称 f 是以 A 为矩阵的二次型。

例 4-17 写出 $f(x_1, x_2, \cdots, x_n)=x_1^2+2x_2^2-2x_3^2-4x_1x_2+4x_1x_3+8x_2x_3$ 的对称矩阵 A。

解： 可根据所给的二次型的各个系数直接写出对应的对称矩阵

$$A=\begin{pmatrix}1 & -2 & 2\\ -2 & 2 & 4\\ 2 & 4 & -2\end{pmatrix}$$

例 4-18 写出由对称矩阵 $A=\begin{pmatrix} 1 & -1 & -3 & 1 \\ -1 & 0 & -2 & 2 \\ -3 & -2 & -3 & -\frac{3}{2} \\ 1 & 2 & -\frac{3}{2} & 4 \end{pmatrix}$ 确定的二次型 $f=X^TAX$。

解：可根据所给的对称矩阵直接写出对应的二次型

$$f(x_1, x_2, \cdots, x_n)=x_1^2-3x_3^2+4x_4^2-2x_1x_2-6x_1x_3+2x_1x_4-4x_2x_3+4x_2x_4-3x_3x_4$$

定义 11 只有平方项 x_i^2 而没有交叉项 x_ix_j，$i\neq j$ 的二次型

$$f(x_1, x_2, \cdots, x_n)=\lambda_1x_1^2+\lambda_2x_2^2+\cdots+\lambda_nx_n^2$$

称为**二次型的标准形**，其对应的矩阵为对角矩阵

$$\Lambda=\begin{pmatrix} \lambda_1 & & & \\ & \lambda_2 & & \\ & & \ddots & \\ & & & \lambda_n \end{pmatrix}$$

因此，有如下问题：

对于一个一般的 n 元实二次型 $f(x_1, x_2, \cdots, x_n)=X^TAX$，是否存在某个可逆线性变换 $X=CY$，使得 $f(x_1, x_2, \cdots, x_n)=\lambda_1y_1^2+\lambda_2y_2^2+\cdots+\lambda_ny_n^2$。

因为 $f(x_1, x_2, \cdots, x_n)=X^TAX=(CY)^TA(CY)=Y^T(C^TAC)Y=Y^T\Lambda Y$，故只要找到可逆矩阵 C，使得 $C^TAC=\Lambda$ 即可。

4.4.2 用配方法化实二次型为标准形

把实二次型化为标准形有多种方法。这里先介绍用配方法化二次型为标准形。

例 4-19 用配方法求 $f(x_1, x_2)=x_1^2-4x_1x_2+x_2^2$ 的标准形。

解：用配方法把所给的二次型改写成 $f(x_1, x_2)=x_1^2-4x_1x_2+x_2^2=(x_1-2x_2)^2-3x_2^2$，作可逆变换 $\begin{cases} y_1=x_1-2x_2 \\ y_2=x_2 \end{cases}$，即 $\begin{pmatrix} y_1 \\ y_2 \end{pmatrix}=\begin{pmatrix} 1 & -2 \\ 0 & 1 \end{pmatrix}\begin{pmatrix} x_1 \\ x_2 \end{pmatrix}$，所以原二次型的标准形为

$$f(x_1, x_2)=y_1^2-3y_2^2$$

注：由于这里所用的是一般的可逆变换，不一定是正交变换，所以不能说所得到的标准形的系数 1，-3 就是此二次型对应的矩阵的特征值。事实上，它的特征值为 -1，3。

例 4-20 化二次型

$$f=x_1^2+2x_1x_2-2x_1x_3+x_2x_3$$

为标准形，并求所用的可逆线性变换矩阵。

解：f 中含有 x_1 的平方项，把含有 x_1 的项归并，配方得

$$f=x_1^2+(2x_2-2x_3)x_1+x_2x_3$$

$$=(x_1+x_2-x_3)^2-(x_2-x_3)^2+x_2x_3$$
$$=(x_1+x_2-x_3)^2-x_2^2-x_3^2+3x_2x_3$$

上式右端除第一项外都不再含有 x_1，继续配方，得 $f=(x_1+x_2-x_3)^2-(x_2-\frac{3}{2}x_3)^2+\frac{5}{4}x_3^2$。

令 $\begin{cases}y_1=x_1+x_2-x_3\\y_2=x_2-\frac{3}{2}x_3\\y_3=x_3\end{cases}$，即 $\begin{cases}x_1=y_1-y_2-\frac{1}{2}y_3\\x_2=y_2+\frac{3}{2}y_3\\x_3=y_3\end{cases}$。

这里所用的线性变换为 $C=\begin{pmatrix}1&-1&-\frac{1}{2}\\0&1&\frac{3}{2}\\0&0&1\end{pmatrix}$，$|C|\neq0$，故矩阵 C 为可逆线性变换矩阵，f 的标准形为：$f=y_1^2-y_2^2+\frac{5}{4}y_3^2$。

4.4.3 用正交变换化实二次型为标准形

定理 8 对于任意一个 n 元实二次型 $f=X^TAX$，一定存在正交变换 $X=PY$，$P^TP=E_n$，使得 $f=X^TAX=Y^T\Lambda Y=\lambda_1y_1^2+\lambda_2y_2^2+\cdots+\lambda_ny_n{}^2$，其中 λ_1，λ_2，…，λ_n 就是 A 的 n 个特征值。

例 4-21 用正交变换化二次型

$$f=x_1^2+4x_2^2+x_3^3-4x_1x_2-8x_1x_3-4x_2x_3$$

为标准形，并求出相应的正交变换矩阵。

解： f 的矩阵为 $A=\begin{pmatrix}1&-2&-4\\-2&4&-2\\-4&-2&1\end{pmatrix}$，$A$ 的特征方程为

$$|\lambda E-A|=\begin{vmatrix}\lambda-1&2&4\\2&\lambda-4&2\\4&2&\lambda-1\end{vmatrix}=-(\lambda-5)^2(\lambda+4)=0$$

故 A 的特征值为 $\lambda_1=\lambda_2=5$，$\lambda_3=-4$。

对于特征值 $\lambda_1=\lambda_2=5$，解 $(5E-A)X=0$，得特征向量 $p_1=\begin{pmatrix}1\\0\\-1\end{pmatrix}$，$p_2=\begin{pmatrix}1\\-2\\0\end{pmatrix}$。

正交化得：$\beta_1 = \begin{pmatrix} 1 \\ 0 \\ -1 \end{pmatrix}$，$\beta_2 = \begin{pmatrix} \frac{1}{2} \\ -2 \\ \frac{1}{2} \end{pmatrix}$，单位化得：$\eta_1 = \begin{pmatrix} \frac{\sqrt{2}}{2} \\ 0 \\ -\frac{\sqrt{2}}{2} \end{pmatrix}$，$\eta_2 = \begin{pmatrix} \frac{\sqrt{2}}{6} \\ -\frac{2\sqrt{2}}{3} \\ \frac{\sqrt{2}}{6} \end{pmatrix}$。

对于特征值 $\lambda_3 = -4$，解齐次方程组 $(-4E - A)X = 0$，得特征向量 $p_3 = \begin{pmatrix} 2 \\ 1 \\ 2 \end{pmatrix}$，单位化得：$\eta_3 = \begin{pmatrix} \frac{2}{3} \\ \frac{1}{3} \\ \frac{2}{3} \end{pmatrix}$。所以，经过正交变换 $X = PY$ 得 f 的标准形为 $f = 5y_1^2 + 5y_2^2 - 4y_3^2$，所用的正交变换矩阵为 $P = \begin{pmatrix} \frac{\sqrt{2}}{2} & \frac{\sqrt{2}}{6} & \frac{2}{3} \\ 0 & -\frac{2\sqrt{2}}{3} & \frac{1}{3} \\ -\frac{\sqrt{2}}{2} & \frac{\sqrt{2}}{6} & \frac{2}{3} \end{pmatrix}$。

4.5　正定二次型和负定二次型

4.5.1　正定、负定二次型的概念

n 元实二次型 $f = X^TAX$ 和对应的 n 阶实对称矩阵 A，主要可分成以下两类。

①如果对于任何非零实列向量 X，都有 $X^TAX > 0$，则称 f 为**正定二次型**，称 A 为**正定矩阵**。

②如果对于任何非零实列向量 X，都有 $X^TAX < 0$，则称 f 为**负定二次型**，称 A 为**负定矩阵**。

例如，$f(x_1, x_2, x_3) = x_1^2 + x_2^2 + x_3^3$ 就是一个正定二次型，它对应的矩阵 $A = \begin{pmatrix} 1 & & \\ & 1 & \\ & & 1 \end{pmatrix} = E_3$；$f(x_1, x_2, x_3) = -x_1^2 - x_2^2 - x_3^3$ 就是一个负定二次型，它对应的矩阵 $A =$

$$\begin{pmatrix} -1 & & \\ & -1 & \\ & & -1 \end{pmatrix} = -E_3。$$

注：①不管是哪种二次型，其中的 A 必须是实对称矩阵；② $X=(x_1, x_2, \cdots, x_n)^T$ 是非零向量，指的是其中的分量不全为零。

定理 9（惯性定理） 任意一个 n 元实二次型 $f=X^TAX$，矩阵 A 的秩为 r，则一定可以经过可逆线性变换 $X=CY$ 及 $X=PZ$ 化为标准形 $f=k_1y_1^2+k_2y_2^2+\cdots+k_ry_r^2(k_i\neq 0)$，及 $f=\lambda_1z_1^2+\lambda_2z_2^2+\cdots+\lambda_rz_r^2$，$(\lambda_i\neq 0)$，则 $k_1, k_2, \cdots, k_r$ 中正数的个数与 $\lambda_1, \lambda_2, \cdots, \lambda_r$ 中正数的个数相同。

4.5.2 正定、负定二次型的判别法

根据正定矩阵与实二次型之间的关系，为了有效地运用矩阵工具，我们把关于正定二次型的讨论转化为对正定矩阵的讨论。

根据正定矩阵的定义，我们可以直接得到如下定理。

定理 10 实二次型为正定（负定）的充分必要条件是：它的标准形的 n 个系数全为正（负）。

由于实二次型 $f=X^TAX$ 可以通过正交变换化为标准形，于是该二次型为正定（负定）的充分必要条件是二次型矩阵 A 的所有特征值都为正（负）。

例 4-22 试判别二次型 $f(x_1, x_2)=5x_1^2+2x_2^2-4x_1x_2$ 是否正定。

解：f 的矩阵是 $A=\begin{pmatrix} 5 & -2 \\ -2 & 2 \end{pmatrix}$，

A 的特征方程是

$$|\lambda E-A|=\begin{vmatrix} \lambda-5 & 2 \\ 2 & \lambda-2 \end{vmatrix}=\lambda^2-7\lambda+6=(\lambda-1)(\lambda-6)=0,$$

于是 A 的特征值 $\lambda_1=1>0$，$\lambda_2=6>0$，故 f 是正定的。

下面给出另一种判定对称矩阵的正定性的常用方法。为此，先引入如下定义和定理。

定义 12 设 A 是 n 阶方阵

$$A=\begin{pmatrix} a_{11} & a_{12} & \cdots & a_{1n} \\ a_{21} & a_{22} & \cdots & a_{2n} \\ \vdots & \vdots & \vdots & \vdots \\ a_{n1} & a_{n2} & \cdots & a_{nn} \end{pmatrix},$$

则 A 的左上角的元素按原来的相对位置所构成的各阶行列式，即

$$D_1=a_{11},\ D_2=\begin{vmatrix} a_{11} & a_{12} \\ a_{21} & a_{22} \end{vmatrix},\ \cdots\cdots,\ D_n=\begin{vmatrix} a_{11} & a_{12} & \cdots & a_{1n} \\ a_{21} & a_{22} & \cdots & a_{2n} \\ \vdots & \vdots & \vdots & \vdots \\ a_{n1} & a_{n2} & \cdots & a_{nn} \end{vmatrix}$$

称为 A 的 n 个**顺序主子式**。

显然 n 阶方阵应有 n 个顺序主子式。

定理 11　n 元实二次型 $f=X^TAX$ 为正定的充分必要条件是：n 阶实对称矩阵 A 的 n 个顺序主子式都大于零。

n 元实二次型 $f=X^TAX$ 为负定的充分必要条件是：n 阶实对称矩阵 A 的奇数阶主子式为负，偶数阶主子式为正。

例 4-23　判别下列二次型是正定还是负定。

①$f(x_1, x_2, x_3)=5x_1^2+4x_1x_2+5x_2^2-4x_1x_3+5x_3^2-2x_2x_3$

②$f(x_1, x_2, x_3)=-x_1^2+2x_1x_2-2x_2^2-2x_3^2+2x_2x_3$

解：①f 的矩阵是 $A=\begin{pmatrix}5&2&-2\\2&5&-1\\-2&-1&5\end{pmatrix}$，因为 $D_1=5>0$，$D_2=\begin{vmatrix}5&2\\2&5\end{vmatrix}=21>0$，

$$D_3=\begin{vmatrix}5&2&-2\\2&5&-1\\-2&-1&5\end{vmatrix}=88>0$$，所以 f 是正定二次型。

②f 的矩阵是 $A=\begin{pmatrix}-1&1&0\\1&-2&1\\0&1&-2\end{pmatrix}$，因为 $D_1=-1<0$，$D_2=\begin{vmatrix}-1&1\\1&-2\end{vmatrix}=1>0$，

$$D_3=\begin{vmatrix}-1&1&0\\1&-2&1\\0&1&-2\end{vmatrix}=-1<0$$，所以 f 是负定二次型。

4.6　本章小结

4.6.1　矩阵的特征值和特征向量

(1) n 阶方阵 $A=(a_{ij})$ 的特征值

n 次多项式 $|\lambda E_n-A|=0$ 的 n 个根。

(2) 方阵 A 的特征值与特征向量的求法

①写出方阵 A 的特征方程 $|\lambda E_n-A|=0$，它的根就是 A 的全部特征值。

②对每个特征值 λ_0，齐次线性方程组 $(\lambda_0E-A)X=0$ 的每一个非零解都是 A 的属于 λ_0 的特征向量，只要求出 $(\lambda_0E-A)X=0$ 的一个基础解系，这些解的非零线性组合就是 A 的属于 λ_0 的全部的特征向量。

4.6.2 相似矩阵与矩阵的对角化

n 阶方阵 A，通过它的特征向量求得可逆矩阵 P，使得 $P^{-1}AP=\Lambda$ 为对角矩阵，即 A 的相似标准形。

4.6.3 实对称矩阵的相似矩阵

①可通过施密特正交化法将一个线性无关向量组构造成与其等价的正交向量组，方法如下：

对于 R^n 中的线性无关向量组 $\boldsymbol{\alpha}_1$，$\boldsymbol{\alpha}_2$，…，$\boldsymbol{\alpha}_m$，令

$\boldsymbol{\beta}_1=\boldsymbol{\alpha}_1$，

$$\boldsymbol{\beta}_2=\boldsymbol{\alpha}_2-\frac{(\boldsymbol{\alpha}_2,\boldsymbol{\beta}_1)}{(\boldsymbol{\beta}_1,\boldsymbol{\beta}_1)}\boldsymbol{\beta}_1,$$

$$\boldsymbol{\beta}_3=\boldsymbol{\alpha}_3-\frac{(\boldsymbol{\alpha}_3,\boldsymbol{\beta}_1)}{(\boldsymbol{\beta}_1,\boldsymbol{\beta}_1)}\boldsymbol{\beta}_1-\frac{(\boldsymbol{\alpha}_3,\boldsymbol{\beta}_2)}{(\boldsymbol{\beta}_2,\boldsymbol{\beta}_2)}\boldsymbol{\beta}_2,$$

……，

$$\boldsymbol{\beta}_k=\boldsymbol{\alpha}_k-\frac{(\boldsymbol{\alpha}_k,\boldsymbol{\beta}_1)}{(\boldsymbol{\beta}_1,\boldsymbol{\beta}_1)}\boldsymbol{\beta}_1-\frac{(\boldsymbol{\alpha}_k,\boldsymbol{\beta}_2)}{(\boldsymbol{\beta}_2,\boldsymbol{\beta}_2)}\boldsymbol{\beta}_2-\cdots-\frac{(\boldsymbol{\alpha}_k,\boldsymbol{\beta}_{k-1})}{(\boldsymbol{\beta}_{k-1},\boldsymbol{\beta}_{k-1})}\boldsymbol{\beta}_{k-1},$$

……，

$$\boldsymbol{\beta}_m=\boldsymbol{\alpha}_m-\frac{(\boldsymbol{\alpha}_m,\boldsymbol{\beta}_1)}{(\boldsymbol{\beta}_1,\boldsymbol{\beta}_1)}\boldsymbol{\beta}_1-\frac{(\boldsymbol{\alpha}_m,\boldsymbol{\beta}_2)}{(\boldsymbol{\beta}_2,\boldsymbol{\beta}_2)}\boldsymbol{\beta}_2-\cdots-\frac{(\boldsymbol{\alpha}_m,\boldsymbol{\beta}_{m-1})}{(\boldsymbol{\beta}_{m-1},\boldsymbol{\beta}_{m-1})}\boldsymbol{\beta}_{m-1}。$$

②对于实对称矩阵 A，可通过施密特正交化法求得 n 阶正交矩阵 P，使得 $P^{-1}AP=P^TAP=\Lambda$，即将矩阵 A 正交相似标准化。

4.6.4 二次型及其标准形

设 $f=X^TAX$ 是 n 元实二次型，则一定存在正交变换 $X=CY$，满足 $P^TP=E_n$，使得 $f=k_1y_1^2+k_2y_2^2+\cdots+k_ry_r^2(k_i\neq 0)$，也一定存在可逆变换 $X=PZ$，满足 $|P|\neq 0$，使得 $f=\lambda_1z_1^2+\lambda_2z_2^2+\cdots+\lambda_rz_r^2(\lambda_i\neq 0)$。这里，秩 r 由实对称矩阵 A 唯一确定。

4.6.5 正定二次型

n 元实二次型 $f=X^TAX$ 是正定二次型$\Leftrightarrow A$ 的 n 个特征值全大于零

$\Leftrightarrow A$ 的 n 个顺序主子式全大于零

习题 4

1. 求出下列矩阵的特征值及特征向量。

(1) $\begin{pmatrix}1 & -1\\2 & 4\end{pmatrix}$　　(2) $\begin{pmatrix}1 & 2 & 3\\2 & 1 & 3\\3 & 3 & 6\end{pmatrix}$　　(3) $\begin{pmatrix}1 & -3 & 3\\3 & -5 & 3\\6 & -6 & 4\end{pmatrix}$

2. 设 3 阶方阵 A 的特征值分别为 1，0，-1；其对应的特征向量分别为 $(1, 2, 2)^T$，$(2, -2, 1)^T$，$(-2, -1, 2)^T$，求矩阵 A。

3. 求出以下方阵的特征值，并问能否相似于对角矩阵？若能，则求出其相似标准形。

(1) $A=\begin{pmatrix}5 & 4 & 2\\4 & 5 & 2\\2 & 2 & 2\end{pmatrix}$　　(2) $A=\begin{pmatrix}-1 & 4 & -2\\-3 & 4 & 0\\-3 & 1 & 3\end{pmatrix}$

(3) $A=\begin{pmatrix}0 & 0 & 0\\0 & 0 & 0\\3 & 0 & 1\end{pmatrix}$　　(4) $A=\begin{pmatrix}5 & 6 & -3\\-1 & 0 & 1\\1 & 2 & 1\end{pmatrix}$

4. 已知 $A=\begin{pmatrix}1 & 2\\2 & 1\end{pmatrix}$，求 A^k，这里 k 是任意正整数。

5. 将下列线性无关的向量组正交化。

(1) $\alpha_1=(1, 2, 2, -1)^T$，$\alpha_2=(1, 1, -5, 3)^T$，$\alpha_3=(3, 2, 8, -7)^T$

(2) $\alpha_1=(1, -2, 2)^T$，$\alpha_2=(-1, 0, -1)^T$，$\alpha_3=(5, -3, -7)^T$

6. 设 $A=\begin{pmatrix}1 & -2 & 2\\-2 & -2 & 4\\2 & 4 & -2\end{pmatrix}$，求正交矩阵 C，使 C^TAC 为对角形矩阵。

7. 设三阶实对称矩阵 A 的特征值为 $\lambda_1=1$，$\lambda_2=2$，$\lambda_3=3$，已知 A 的属于 λ_1 和 λ_2 的特征向量分别为 $p_1=(-1, -1, 1)^T$，$p_2=(1, -2, -1)^T$，求出 A 的属于 λ_3 的特征向量。

8. 写出以下二次型对应的对称矩阵 A。

(1) $f=x_1^2+2x_1x_2+x_1x_3+2x_2^2+x_2x_3+x_3^2$

(2) $f=x_1^2+2x_1x_2+x_2^2-x_3^2+4x_3x_4-x_4^2$

(3) $f=x_1x_3-x_2x_4$

(4) $f=3x_1^2-2x_1x_2+4x_1x_4-5x_2^2-6x_2x_3+x_3^2-8x_3x_4-7x_4^2$

9. 写出下列对称矩阵 A 对应的二次型 f。

(1) $A=\begin{pmatrix}0 & 1\\1 & 0\end{pmatrix}$　　(2) $A=\begin{pmatrix}1 & 1 & 0\\1 & -1 & 2\\0 & 2 & 0\end{pmatrix}$　　(3) $A=\begin{pmatrix}-1 & 1 & -3\\1 & -\sqrt{2} & 0\\-3 & 0 & 4\end{pmatrix}$

10. 用配方法化下列二次型为标准形，并求所用的可逆线性变换矩阵。

(1) $f = 2x_1^2 + 2x_2^2 + x_3^2 + 8x_1x_3 - x_2x_3$

(2) $f = x_1^2 - 3x_2^2 - 2x_1x_2 + 2x_1x_3 - 6x_2x_3$

(3) $f = 2x_1x_2 + 2x_1x_3 - 6x_2x_3$

11. 用正交变换化下列二次型为标准形，并求所用的正交变换矩阵。

(1) $f = 2x_1^2 + 5x_2^2 + 5x_3^2 + 4x_1x_2 - 4x_1x_3 - 8x_2x_3$

(2) $f = 2x_1^2 + 3x_2^2 + 4x_2x_3 + 3x_3^2$

12. 判断下列二次型是正定还是负定？

(1) $f = -x_1^2 - 2x_2^2 - 2x_3^2 + 2x_1x_2 + 2x_2x_3$

(2) $f = 5x_1^2 + x_2^2 + x_3^2 + 4x_1x_2 - 8x_1x_3$

13. 设 $f(x_1, x_2, x_3) = x_1^2 + x_2^2 + 5x_3^2 - 2\lambda x_1x_2 - 2x_1x_3 + 4x_2x_3$，确定 λ 的值，使 f 成为正定二次型。

自测题 4

一、选择题

1. 设 λ_1，λ_2 是矩阵 A 的两个不同的特征值，X_1，X_2 分别为属于 λ_1，λ_2 的特征向量，当（　　）时，$X = k_1X_1 + k_2X_2$ 必是 A 的特征向量。

A. $k_1 = 0$ 且 $k_2 = 0$　　B. $k_1 \neq 0$ 且 $k_2 \neq 0$

C. $k_1 \cdot k_2 = 0$　　D. k_1 和 k_2 有且仅有一个为 0

2. 若 $A \sim B$，则下列结论不一定成立的是（　　）。

A. 存在可逆矩阵 P，使 $P^{-1}AP = B$　　B. 存在对角矩阵 D，使 $A \sim D$，$B \sim D$

C. $|A| = |B|$　　D. $|\lambda E - A| = |\lambda E - B|$

3. 矩阵 $G = \begin{pmatrix} 1 & 0 & 0 \\ 0 & 1 & 0 \\ 0 & 0 & 2 \end{pmatrix}$ 与矩阵（　　）相似。

A. $\begin{pmatrix} 1 & 0 & 0 \\ 0 & 2 & 0 \\ 0 & 0 & 1 \end{pmatrix}$　　B. $\begin{pmatrix} 1 & 1 & 0 \\ 0 & 1 & 0 \\ 0 & 0 & 2 \end{pmatrix}$　　C. $\begin{pmatrix} 1 & 0 & 1 \\ 0 & 1 & 0 \\ 0 & 0 & 2 \end{pmatrix}$　　D. $\begin{pmatrix} 1 & 0 & 0 \\ 0 & 1 & 1 \\ 0 & 0 & 2 \end{pmatrix}$

4. 如果（　　），则矩阵 A 与矩阵 B 相似。

A. $|A| = |B|$

B. $r(A) = r(B)$

C. A 与 B 有相同的特征多项式

D. n 阶矩阵 A 与 B 有相同的特征值且 n 个特征值各不相同

5. 下述结论中，错误的是（　　）。

A. 若向量 $\boldsymbol{\alpha}$ 与 $\boldsymbol{\beta}$ 正交，则对任意实数 a、b，$a\boldsymbol{\alpha}$ 与 $b\boldsymbol{\beta}$ 也正交

B. 若向量 $\boldsymbol{\beta}$ 向量 $\boldsymbol{\alpha}_1$，$\boldsymbol{\alpha}_2$ 都正交，则 $\boldsymbol{\beta}$ 与 $\boldsymbol{\alpha}_1$，$\boldsymbol{\alpha}_2$ 的任一线性组合也正交

C. 若向量 $\boldsymbol{\alpha}$ 与 $\boldsymbol{\beta}$ 正交，则 $\boldsymbol{\alpha}$，$\boldsymbol{\beta}$ 中至少有一个是零向量

D. 若向量 $\boldsymbol{\alpha}$ 与任意同维向量正交，则 $\boldsymbol{\alpha}$ 是零向量

6. 设 A 的特征值为 1，-1，$\boldsymbol{\alpha}$，$\boldsymbol{\beta}$ 分别是属于特征值 1，-1 的特征向量，则下列正确的是（　　）。

A. $\boldsymbol{\alpha}$ 与 $\boldsymbol{\beta}$ 线性无关　B. $\boldsymbol{\alpha}+\boldsymbol{\beta}$ 是 A 的特征向量　C. $\boldsymbol{\alpha}$ 与 $\boldsymbol{\beta}$ 线性相关　D. $\boldsymbol{\alpha}$ 与 $\boldsymbol{\beta}$ 正交

二、填空题

1. 若数 λ_0 为矩阵 A 的特征值，则 λ_0 是 A 的特征多项式 $|\lambda E - A|$ 的________。

2. 若数 $\lambda = 0$ 是矩阵 A 的特征值，则齐次线性方程组 $AX = 0$ 必有________解。

3. 已知 $A = \begin{pmatrix} 1 & 2 & 2 \\ 2 & 1 & 2 \\ 2 & 2 & 1 \end{pmatrix}$，$B = \begin{pmatrix} -1 & 0 & 0 \\ 0 & 5 & 0 \\ 0 & 0 & a \end{pmatrix}$，且 $A \sim B$，则 $a =$ ________。

4. 若实对称矩阵 A 的特征值 λ_0 是 n 重根，则属于 λ_0 的线性无关的特征向量有__个。

5. 设 A 是 n 阶正交矩阵，则 $|A| =$ ________。

6. 设 $A = \begin{pmatrix} 1 & 1 & 0 \\ 1 & a & 0 \\ 0 & 0 & a^2 \end{pmatrix}$ 为正定矩阵，则 a 的取值范围为________。

三、计算题

1. 求 a 和 b 的值，使得 $p = \begin{pmatrix} 1 \\ -2 \\ 3 \end{pmatrix}$ 是 $A = \begin{pmatrix} 3 & 2 & -1 \\ a & -2 & 2 \\ 3 & b & -1 \end{pmatrix}$ 的特征向量，并求出对应的特征值。

2. 问参数 x 为何值时，$A = \begin{pmatrix} -2 & 0 & 0 \\ 2 & x & 2 \\ 3 & 1 & 1 \end{pmatrix}$ 的特征值为−2，−1，2？求出可逆矩阵 P 使 $P^{-1}AP$ 为对角矩阵。

3. 求出 $A = \begin{pmatrix} 5 & -2 & 0 & 0 \\ -2 & 2 & 0 & 0 \\ 0 & 0 & 5 & -2 \\ 0 & 0 & -2 & 2 \end{pmatrix}$ 的正交相似标准形。

4. 用正交变换将二次型 $f(x_1, x_2, x_3) = x_1^2 + 4x_2^2 + x_3^2 - 4x_1x_2 - 8x_1x_3 - 4x_2x_3$ 化为标准形。

四、证明题

1. 试证明 n 阶矩阵 A 与 A^T 具有相同的特征值。

2. 证：n 阶矩阵 A，当 $A^2 = E$ 时，则 A 的特征值 $\lambda = \pm 1$。

3. 设实对称矩阵 A 为正定矩阵，证明存在可逆矩阵 U，使得 $A = U^T U$。

*第 5 章　线性规划

学习目标

1. 了解线性规划问题的数学模型和标准形式。

2. 掌握图解法求解两个决策变量的线性规划问题。

3. 了解单纯形法的基本概念及解的几种情况的判别方法，掌握单纯形法求解简单的线性规划问题。

4. 了解两阶段法。

线性规划是运筹学的一个重要分支，是现代科学管理的重要手段之一。本章作为线性代数的应用，介绍线性规划问题数学模型的建立及其求解方法：图解法和单纯形法。

5.1　线性规划问题的数学模型及其标准形

5.1.1　线性规划问题的数学模型

为具体阐明什么是线性规划问题，如何建立其数学模型，先看下面几个实例。

例 5-1　生产计划问题

某企业生产甲、乙两种产品，要用 A、B、C 三种不同的原料，每生产一件产品甲，需用三种原料分别为 1，1，0 单位，生产一件产品乙，需用三种原料分别为 1，2，1 单位。该企业每天原料供应的能力分别为 6，8，3 单位，每生产一件甲、乙产品，所获利润分别为 3 元，4 元，问如何安排生产计划，才能使企业一天的总利润最大？

解： 设产品甲、乙的日产量分别为 x_1，x_2 件，则企业一天的总利润 $Z = 3x_1 + 4x_2$ 元，由于该企业每天原料供应的能力的限制，得到 $x_1 + x_2 \leqslant 6$，$x_1 + 2x_2 \leqslant 8$，$x_2 \leqslant 3$，并且日产量 $x_1 \geqslant 0$、$x_2 \geqslant 0$。因此生产计划就是要找到满足这些条件并且能使一天的总利润 Z 最大的日产量 x_1，x_2 的值。因此，得到该问题的数学模型为

$$\max Z = 3x_1 + 4x_2$$

$$\begin{cases} x_1 + x_2 \leqslant 6 \\ x_1 + 2x_2 \leqslant 8 \\ x_2 \leqslant 3 \\ x_1,\ x_2 \geqslant 0 \end{cases}$$

这里 $\max Z$ 表示求 Z 的最大值。

例 5-2　运输调度问题

设有两个砖厂 A_1、A_2，产量分别为 20 万块与 30 万块，它们的产量供应 B_1、B_2、B_3 三个工地，这三个工地的需求量分别为 15 万块、18 万块和 17 万块，各地的产量和需求量以及从产地到销地的单位运价（元/万块）如表 5-1 所示：

表 5-1　　各地的产量、需求量以及单位运价汇总表

砖厂	工地			产量
	B_1	B_2	B_3	
A_1	30	40	50	20
A_2	40	60	80	30
需求量	15	18	17	—

问应如何调运，才能使总运费最省？

解：设 x_{ij} 表示由砖厂 A_i 运往工地 B_j 的砖的数量（单位：万块）（$i=1, 2; j=1, 2, 3$），用 $Z = 30x_{11} + 40x_{12} + 50x_{13} + 40x_{21} + 60x_{22} + 80x_{23}$ 表示总运费（单位：元）。

注意，本例中总的供应量 = 总的需求量 = 50 万块，故这是一个供需平衡的运输问题。因此，从各砖厂运出砖的数量应当等于它的产量，运到各个工地的砖的数量应当等于它的需求量。所以，该问题的数学模型为

$$\min Z = 30x_{11} + 40x_{12} + 50x_{13} + 40x_{21} + 60x_{22} + 80x_{23}$$

$$\begin{cases} x_{11} + x_{12} + x_{13} = 20 \\ x_{21} + x_{22} + x_{23} = 30 \\ x_{11} + x_{21} = 15 \\ x_{12} + x_{22} = 18 \\ x_{13} + x_{23} = 17 \\ x_{ij} \geqslant 0 (i = 1,\ 2;\ j = 1,\ 2,\ 3) \end{cases}$$

这里 $\min Z$ 表示求 Z 的最小值。

以上两个问题尽管内容各不相同，但却有着相同的数学形式，它们都是在一组等式或不等式的约束条件下，求某个函数的最大值或最小值，而且函数与约束条件都是线性的，我们把具有这样形式的数学模型的问题称为**线性规划问题**。

线性规划问题的数学模型的一般形为：

$$\max(\min) Z = c_1x_1 + c_2x_2 + \cdots + c_nx_n$$

$$\begin{cases} a_{11}x_1 + a_{12}x_2 + \cdots + a_{1n}x_n \leqslant (=, \geqslant) b_1 \\ a_{21}x_1 + a_{22}x_2 + \cdots + a_{2n}x_n \leqslant (=, \geqslant) b_2 \\ \cdots\cdots \\ a_{m1}x_1 + a_{m2}x_2 + \cdots + a_{mn}x_n \leqslant (=, \geqslant) b_m \\ x_1, x_2, \cdots, x_n \geqslant 0 \end{cases} \quad (*)$$

此模型可简记为

$$\max(\min) Z = \sum_{j=1}^{n} c_jx_j$$

$$\begin{cases} \sum_{j=1}^{n} a_{ij}x_j \leqslant (=, \geqslant) b_i (i = 1, 2, \cdots, m) \\ x_j \geqslant 0 (j = 1, 2, \cdots, n) \end{cases}$$

其中 $x_j(j = 1, 2, \cdots, n)$ 称为决策变量，Z 称为目标函数，式（$*$）称为约束条件（一般来说，约束条件中要求决策变量非负），把满足约束条件的一组 x_1，x_2，$\cdots$，x_n 的值称为线性规划问题的**可行解**，所有可行解的集合称为线性规划问题的**可行域**。其中，使目标函数达到最大值或最小值的可行解称为线性规划问题的**最优解**或简称为**线性规划问题的解**，其所对应的目标函数的值称为**最优值**。

在例 5-1 中，当决策变量 $x_1 = 1, x_2 = 2$ 时满足约束条件，因此 $x_1 = 1, x_2 = 2$ 是该问题的一个可行解，此时目标函数的值为 11。在第 3 节我们将用单纯形法求解这个问题，可得最优解为 $x_1 = 4$、$x_2 = 2$，此时目标函数的最优值为 20。

5.1.2 线性规划问题的标准形

线性规划问题的一般形的表现有多种多样，为了便于讨论问题，有必要统一其数学形式，我们规定线性规划问题的**标准形**为

$$\max Z = c_1x_1 + c_2x_2 + \cdots + c_nx_n$$

$$\begin{cases} a_{11}x_1 + a_{12}x_2 + \cdots + a_{1n}x_n = b_1 \\ a_{21}x_1 + a_{22}x_2 + \cdots + a_{2n}x_n = b_2 \\ \cdots\cdots \\ a_{m1}x_1 + a_{m2}x_2 + \cdots + a_{mn}x_n = b_m \\ x_1, x_2, \cdots, x_n \geqslant 0 \end{cases}$$

其中 $b_i \geqslant 0 (i = 1, 2, \cdots, m)$

此模型可以简记为

$$\max Z = \sum_{j=1}^{n} c_j x_j$$

$$\begin{cases} \sum_{j=1}^{n} a_{ij}x_j = b_i(i = 1, 2, \cdots, m) \\ x_j \geqslant 0(j = 1, 2, \cdots, n) \end{cases}$$

还可以表示为以下矩阵形式

$$\max Z = CX$$

$$\begin{cases} AX = b \\ X \geqslant 0 \end{cases}$$

其中，$A = \begin{pmatrix} a_{11} & a_{12} & \cdots & a_{1n} \\ a_{21} & a_{22} & \cdots & a_{2n} \\ \vdots & \vdots & & \vdots \\ a_{m1} & a_{m2} & \cdots & a_{mn} \end{pmatrix}$

称为约束系数矩阵；$b = (b_1, b_2, \cdots, b_m)^T(b_i \geqslant 0, i = 1, 2, \cdots, m)$ 称为资源向量或右端向量；$C = (c_1, c_2, \cdots, c_n)$ 称为价格系数向量；$X = (x_1, x_2, \cdots, x_n)^T$ 称为决策向量。

若线性规划问题的数学模型不是标准形，则可通过下面的变换化为标准形。

①如果问题是求目标函数 Z 的最小值（即 $\min Z$），则由等式 $\min Z = -\max(-Z)$ 可将求目标函数最小值问题转化为求最大值问题。

②如果 $b_i < 0(i = 1, 2, \cdots, m)$，则等式或不等式两端同乘以-1。

③如果约束条件为不等式，则可把每个不等式的左边加上或减去一个非负变量使之成为等式。

④如果决策变量 $x_j \leqslant 0$，则可作变换 $x'_j = -x_j$，$x'_j \geqslant 0$：如果决策变量 x_j 为任意实数，则可作变换 $x_j = x'_j - x''_j$，x'_j，$x''_j \geqslant 0$。

注：加入的非负变量称为**松弛变量**，它在目标函数中的系数为零。

例 5-3　将下列线性规划问题化为标准形。

$$\min Z = 3x_1 - x_2$$

$$\begin{cases} x_1 + 2x_2 \leqslant 8 \\ x_1 - 3x_2 \geqslant 1 \\ x_1 \geqslant 0, x_2 \geqslant 0 \end{cases}$$

解：首先由于目标函数是求最小值，因此改为 $-\max(-Z) = -3x_1 + x_2$，其次由于第 1 个约束条件和第 2 个约束条件是不等式，因此引入松弛变量 $x_3 \geqslant 0$，$x_4 \geqslant 0$，约束不等式可变为等式。

$$\begin{cases} x_1 + 2x_2 + x_3 = 8 \\ x_1 - 3x_2 - x_4 = 1 \end{cases}$$

原线性规划问题的标准形为

$$\max(-Z)=-3x_1+x_2$$

$$\begin{cases}x_1+2x_2+x_3=8\\x_1-3x_2-x_4=1\\x_j\geqslant 0(j=1,\ 2,\ 3,\ 4)\end{cases}$$

此时 $\min Z=-\max(-Z)$。

例 5-4 将下列线性规划问题化为标准形。

$$\max Z=2x_1+x_2$$

$$\begin{cases}x_1-x_2\geqslant -5\\2x_1-5x_2\leqslant 10\\x_1\geqslant 0,\ x_2\in R\end{cases}$$

解： 首先由于第一个约束条件右端系数为负数，因此将不等式 $x_1-x_2\geqslant -5$ 化为 $-x_1+x_2\leqslant 5$，然后引入松弛变量 $x_3\geqslant 0$，$x_4\geqslant 0$ 将第一个和第二个约束条件化为等式，最后由于决策变量 x_2 不满足非负限制，于是令 $x_2=x_2'-x_2''$，并有 x_2'，$x_2''\geqslant 0$，则可得标准形如下所示。

$$\max Z=2x_1+x_2'-x_2''$$

$$\begin{cases}-x_1+x_2'-x_2''+x_3=5\\2x_1-5x_2'+5x_2''+x_4=10\\x_1,\ x_2',\ x_2'',\ x_3,\ x_4\geqslant 0\end{cases}$$

5.2 图解法

图解法是解两个变量的线性规划问题的一种简单而直观的方法，下面举例说明。

例 5-5 求解线性规划问题

$$\max Z=x_1+2x_2$$

$$\begin{cases}x_1+x_2\leqslant 3\\2x_1+5x_2\leqslant 10\\x_1,\ x_2\geqslant 0\end{cases}$$

解： 把 x_1, x_2 看作平面直角坐标系中点的坐标，那么满足约束条件中每一个不等式的点集就是一个半平面。从而满足约束条件的点集是四个半平面的交集，即图 5-1 中多边形 $OACB$ 中所有点（包括边界点）构成的点集，记为 K。

集合 K 中任一点的坐标都是这个线性规划问题的可行解，所以如图 5-1 所示的点集 K 是可行域。

目标函数 $Z=x_1+2x_2$ 表示 Z 为参数，斜率为 $-\dfrac{1}{2}$ 的一族平行直线：$x_2=-\dfrac{1}{2}x_1+\dfrac{1}{2}Z$。

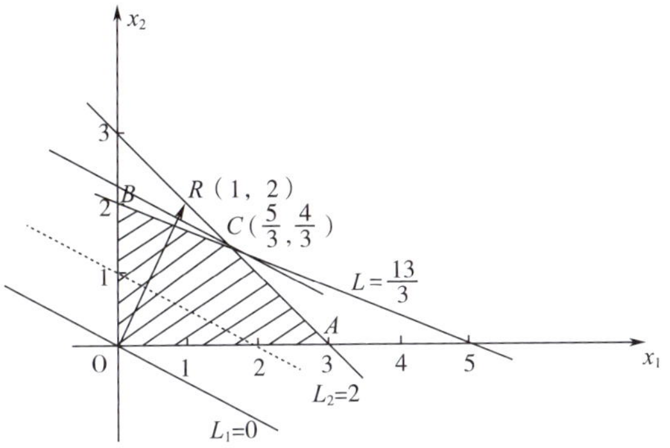

图 5-1　目标函数 Z 的可行域

取定一个参数值就确定一条直线。位于同一直线上的点，具有相同的目标函数值，因而称这样的直线为等值线。图 5-1 中画出了 L_1，L_2，L 三条等值线。

一般地，对于等值线 $Z=c_1x_1+c_2x_2$ 及点 $R(c_1,\ c_2)$，我们把以原点为起点、R 为终点的向量 $\vec{n}$ 称为等值线 Z 的法向量。显然等值线 $Z=c_1x_1+c_2x_2$ 必与法向量 $\vec{n}$ 垂直，并且法向量 $\vec{n}$ 的正向就是目标函数值增大的方向，$\vec{n}$ 的反方向就是目标函数值减少的方向。

现把等值线 $Z=x_1+2x_2$ 沿法向量 $\vec{n}=(1,\ 2)$ 的正向移动，当等值线通过点 C 时，再移动就与可行域 K 无交点了，所以点 C 的坐标使目标函数取得最大值。

C 是直线 $x_1+x_2=3$ 和 $2x_1+5x_2=10$ 的交点。解方程组

$$\begin{cases}x_1+x_2=3\\2x_1+5x_2=10\end{cases}$$

得最优解为 $x_1=\dfrac{5}{3}$，$x_2=\dfrac{4}{3}$；最优值为 $Z=\dfrac{13}{3}$。

上述解线性规划问题的方法，称为图解法。其解题步骤如下。

①以 x_1 轴，x_2 轴为坐标轴建立平面直角坐标系，并画出可行域。

②画法向量 $\vec{n}=(c_1,\ c_2)$。

③将等值线 $c_1x_1+c_2x_2=Z$ 沿着法向量正向移动，目标函数值变大；将等值线 $c_1x_1+c_2x_2=Z$ 沿着法向量反向移动，目标函数值变小。当等值线移动到某个位置，若再移动将与可行域无交点时，就在等值线与可行域的交点处得到最优解。

例 5-6　某校抽 500 名学生参加队列操，规定男生不得超过 400 人，女生不得少于 200 人。已知服装费为：男生每人 100 元，女生每人 150 元。问男女生人数各为多少时服装费的支出最少？

解： 设男生为 x_1 人，女生为 x_2 人，总的服装费为 Z 元，根据题意得线性规划问题

在坐标平面中作出可行域 K，K 为图 5-2 中的线段 AB。取点 $R(100,\ 150)$，作法向量 $\vec{n}=\overrightarrow{OR}$，$\vec{n}$ 的反向为目标函数值减少的方向。沿此方向作等值线 $Z=100x_1+150x_2$，最后一条与可行域 K 相交的等值线过点 $B(300,\ 200)$。因此最优解为 $x_1=300$，$x_2=200$；最优

值为 $Z=60000$，当男生为 300 人，女生为 200 人时服装费支出最少，为 60000 元。

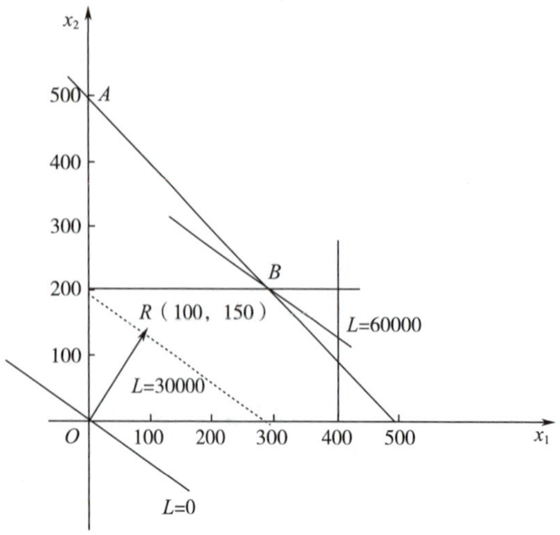

图 5-2　目标函数 Z 的可行域

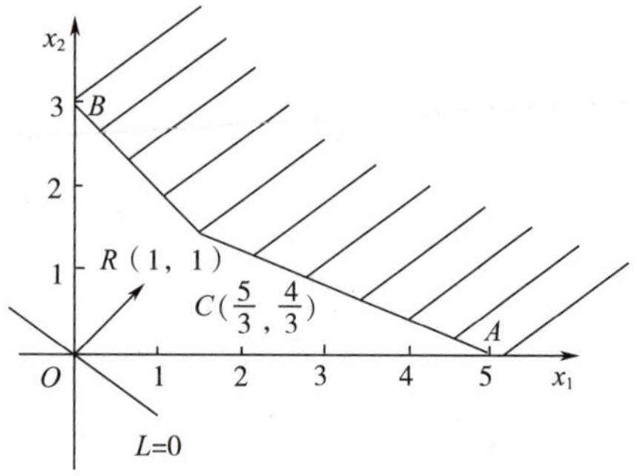

图 5-3　目标函数 Z 的可行域

例 5-7　求解线性规划问题

$$\max Z=x_1+x_2$$
$$\begin{cases}x_1+x_2\leqslant 3\\2x_1+5x_2\leqslant 10\\x_1,\ x_2\geqslant 0\end{cases}$$

解：如图 5-3 所示，在坐标平面中作出可行域 K。取点 $R(1,\ 1)$，作法向量 $\vec{\boldsymbol{n}}=\overrightarrow{OR}$，$\vec{n}$ 的正向为目标函数值增加的方向。沿此方向作等值线 $Z=x_1+x_2$，最后一条与可行域 K 相交的等值线过线段 AC。

解方程组

$$\begin{cases}x_1+x_2=3\\2x_1+5x_2=10\end{cases}$$

得 $x_1=\dfrac{5}{3}$，$x_2=\dfrac{4}{3}$，C 点坐标为 $(\dfrac{5}{3},\ \dfrac{4}{3})$。

所以线段 BC 上的所有点均为最优解，其中 $B(0,\ 3)$，$C(\dfrac{5}{3},\ \dfrac{4}{3})$，最优值 $Z=3$。

例 5-8　求解线性规划问题。

$$\max Z=x_1+2x_2$$
$$\begin{cases}x_1+x_2\geqslant 3\\2x_1+5x_2\geqslant 10\\x_1,\ x_2\geqslant 0\end{cases}$$

解：作出可行域和法向量 $\vec{n}=\overrightarrow{OR}$，其中 $R(1,\ 2)$，如图 5-4 所示。等值线 $Z=x_1+2x_2$ 沿法向量正向可以无限制地移动，所以该问题有可行解，但无最优解。

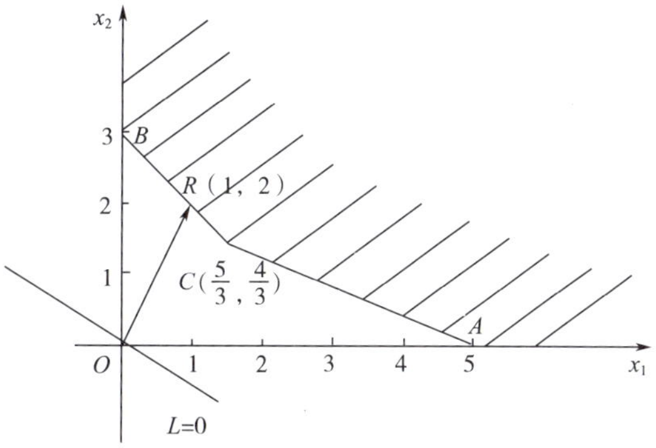

图 5-4　目标函数 Z 的可行域

例 5-9　求解线性规划问题。

$$\max Z=x_1+2x_2$$

$$\begin{cases}x_1+x_2\leqslant 3\\x_1-x_2\geqslant 4\\x_1,\ x_2\geqslant 0\end{cases}$$

解：可行域为空集，如图 5-5 所示，该问题无可行解，从而也无最优解。

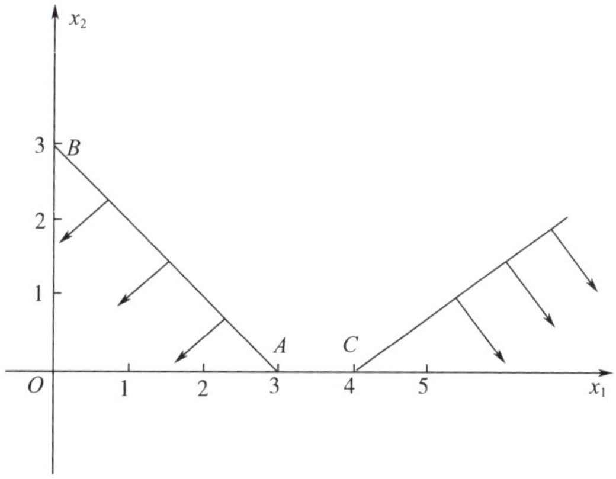

图 5-5　目标函数 Z 的可行域

由上述几个例子可见，线性规划问题的解情况有以下四种。

①有唯一最优解。

②有无穷多个最优解。

③有可行解但无最优解。

④无可行解。

5.3 单纯形法

1947 年美国数学家乔治·伯纳德·丹齐格（G. B. Dantzig）提出了单纯形法，并成为线性规划问题的通用计算方法，本节介绍单纯形法。

5.3.1 基本概念和解的判别法

我们先看一个例子。

例 5-10 考察线性规划问题。

$$\max Z = x_1 + 2x_2 - x_3$$

$$\begin{cases} 2x_1 + 3x_2 + x_3 = 2 \\ x_1 - 2x_2 + x_4 = 5 \\ x_j \geqslant 0(j = 1, 2, 3, 4) \end{cases}$$

我们发现：变量 x_3 在第一个约束方程中系数为 1，在其余的约束方程中系数为 0；变量 x_4 在第二个约束方程中系数为 1，在其余的约束方程中系数为 0；这样的变量的个数与约束方程的个数相同。我们称这种等式约束条件为**典型方程组**。显然，典型方程组的系数矩阵 A 中存在一个阶数与约束条件个数相同的单位阵，称为线性规划问题的一个**基**。基所对应的变量称为**基变量**，其他变量称为**非基变量**。例 5-10 中的变量 x_3，x_4 是基变量，x_1，x_2 是非基变量。

由于目标函数中也含有基变量 x_3，由第一个等式约束得 $x_3 = -2x_1 - 3x_2 + 2$，代入目标函数得 $Z = 3x_1 + 5x_2 - 2$，从而线性规划问题化为

$$\max Z = 3x_1 + 5x_2 - 2$$

$$\begin{cases} 2x_1 + 3x_2 + x_3 = 2 \\ x_1 - 2x_2 + x_4 = 5 \\ x_j \geqslant 0(j = 1, 2, 3, 4) \end{cases}$$

上述线性规划问题有两个特点。

①约束条件是典型方程组（即其系数矩阵中存在一个阶数与约束条件个数相同的单位阵）。

②目标函数是用非基变量表示的。

我们称满足上述两个条件的线性规划问题的标准形为**典型线性规划问题**。

目标函数 $Z = 3x_1 + 5x_2 - 2$ 中，x_1，x_2 的系数 3，5 分别称为非基变量 x_1，x_2 的检验数。

如令非基变量 $x_1 = 0$，$x_2 = 0$，则可得到约束方程组的一个解 $x_1 = 0$，$x_2 = 0$，$x_3 = 2$，

$x_4=5$。这个解称为该典型线性规划问题的一个**基本可行解**，这个基称为**可行基**，此时目标函数值为-2。我们称使目标函数达到**最大值**（即**最优值**）的基本可行解称为**最优解**，所对应的可行基称为**最优基**。

一般地，设有典型线性规划问题为

$$\max Z=\sigma_1x_1+\sigma_2x_2+\cdots+\sigma_nx_n+Z_0$$

$$\begin{cases}a_{11}x_1+a_{12}x_2+\cdots+a_{1n}x_n+x_{n+1}=b_1\\a_{21}x_1+a_{22}x_2+\cdots+a_{2n}x_n+x_{n+2}=b_2\\\qquad\qquad\cdots\cdots\\a_{m1}x_1+a_{m2}x_2+\cdots+a_{mn}x_n+x_{n+m}=b_m\\x_j\geqslant0(j=1,2,\cdots,n,n+1,n+2,\cdots,n+m)\end{cases}$$

其中 $b_i\geqslant0(i=1,2,\cdots,m)$

$$\begin{cases}a_{11}x_1+a_{12}x_2+\cdots+a_{1n}x_n=b_1\\a_{21}x_1+a_{22}x_2+\cdots+a_{2n}x_n=b_2\\\qquad\qquad\cdots\cdots\\a_{m1}x_1+a_{m2}x_2+\cdots+a_{mn}x_n=b_m\end{cases}$$

其中变量 x_{n+1}，x_{n+2}，…，x_{n+m} 称为基变量，其余变量称为非基变量；σ_1，σ_2，…，σ_n 分别称为非基变量 x_1，x_2，…，x_n 的检验数。

我们可以用检验数来判定线性规划问题是否有最优解，有如下定理。

定理　对于典型线性规划问题

①若所有非基变量的检验数 $\sigma_j\leqslant0(j=1,2,\cdots,n)$，则基本可行解 $x_1=0$，$x_2=0$，…，$x_n=0$，$x_{n+1}=b_1$，$x_{n+2}=b_2$，…，$x_{n+m}=b_m$ 为最优解。

②若所有非基变量的检验数 $\sigma_j\leqslant0(j=1,2,\cdots,n)$，且其中至少有一个非基变量 x_k 的检验数 $\sigma_k=0$，则该线性规划问题有无穷多个最优解。

③若存在非基变量 x_k 的检验数 $\sigma_k>0$，且在典型方程组中 x_k 的系数均小于等于零，即

$$P_k=\begin{pmatrix}a_{1k}\\a_{2k}\\\vdots\\a_{mk}\end{pmatrix}\leqslant0$$

则该线性规划问题无最优解。

对于典型线性规划问题，我们设计如表 5-2 所示的典型线性规划问题的单纯形表，X_B 列为基变量列。

表 5-2　　典型线性规划问题的单纯形表

X_B	x_1	x_2	…	x_n	x_{n+1}	x_{n+2}	…	x_{n+m}	b
x_{n+1}	a_{11}	a_{12}	…	a_{1n}	1	0	…	0	b_1
x_{n+2}	a_{21}	a_{22}	…	a_{2n}	0	1	…	0	b_2
⋮	⋮	⋮	⋮	⋮	⋮	⋮	⋮	⋮	⋮
x_{n+m}	a_{m1}	a_{m2}	…	a_{mn}	0	0	…	1	b_m
$-Z$	σ_1	σ_2	…	σ_n	0	0	…	0	$-Z_0$

例如，例 5-10 的典型线性规划问题的单纯形表如表 5-3 所示。

表 5-3　　例 5-10 的典型线性规划问题的单纯形表

X_B	x_1	x_2	x_3	x_4	b
x_3	2	3	1	0	2
x_4	1	−2	0	1	5
$-Z$	3	5	0	0	2

5.3.2　单纯形法

用单纯形法求解线性规划问题的思路是：首先确定初始的基本可行解；然后判别该基本可行解是否为最优解，如果不是最优解，则需要通过换基迭代得到另一个基本可行解，使目标函数值增大。这样经过有限次换基迭代，可以求得最优解，或判定无最优解。

单纯形法的解题过程可以借助单纯形表来进行，第一个单纯形表称为初始单纯形表，换基迭代后得到的单纯形表称为迭代表。下面我们结合实例来介绍单纯形法的解题方法。

例 5-11　用单纯形法求解本章第 1 节例 5-1 中的线性规划问题。

$$\max Z = 3x_1 + 4x_2$$

$$\begin{cases} x_1 + x_2 \leqslant 6 \\ x_1 + 2x_2 \leqslant 8 \\ x_2 \leqslant 3 \\ x_1,\ x_2 \geqslant 0 \end{cases}$$

解：先化为典型线性规划问题：

$$\max Z = 3x_1 + 4x_2$$

$$\begin{cases} x_1 + x_2 + x_3 = 6 \\ x_1 + 2x_2 + x_4 = 8 \\ x_2 + x_5 = 3 \\ x_j \geqslant 0(j = 1,\ 2,\ 3,\ 4,\ 5) \end{cases}$$

然后，作出初始单纯形表如表 5-4 所示。

表 5-4　　初始单纯形表

轮次	X_B	x_1	x_2	x_3	x_4	x_5	b
初始表	x_3	1	1	1	0	0	6
	x_4	1	2	0	1	0	8
	x_5	0	1	0	0	1	3
	$-Z$	3	4	0	0	0	0

在初始单纯形表中，X_B 列中填入基变量，b 列中填入约束等式右端的常数，中间几列分别填入约束等式中变量的系数，最后一行是**检验数**，每一个变量都对应着一个**检验数** $\sigma_j(j = 1,\ 2,\ 3,\ 4,\ 5)$，其中 σ_j 是变量 x_j 在目标函数中的系数。检验数所在行与 b 列的相交处填入 $-Z_0$，此值表示在当前基下目标函数值的负值。

基变量用非基变量表示为

$$\begin{cases} x_3 = 6 - x_1 - x_2 \\ x_4 = 8 - x_1 - 2x_2 \\ x_5 = 3 - x_2 \end{cases}$$

目标函数用非基变量表示为 $Z = 3x_1 + 4x_2$，令非基变量 $x_1 = 0$，$x_2 = 0$，可得初始基本可行解 $x_1 = 0$，$x_2 = 0$，$x_3 = 6$，$x_4 = 8$，$x_5 = 3$，此时目标函数值为 0。从表 5-4 知，检验数为 3 和 4，因此 x_1 或 x_2 由非基变量转为基变量时，x_1 或 x_2 的值可从 0 变为正值，使目标函数值增大。

变量由非基变量转换为基变量，称为**进基**；变量由基变量转换为非基变量，称为**出基**。

在单纯形法中，每次只让一个基变量进基，同时让一个非基变量出基。为使目标函数值增加得多一些，在单纯形表中，应选正检验数最大者所在列对应的变量进基。本例应选 x_2 进基。

在 x_3，x_4，x_5 中选一变量出基，为保证 x_3，x_4，x_5 的非负性，在 $x_1 = 0$ 时，有

$$\begin{cases} x_3 = 6 - x_2 \geqslant 0 \\ x_4 = 8 - 2x_2 \geqslant 0 \\ x_5 = 3 - x_2 \geqslant 0 \end{cases}$$

为使目标函数值增大，x_2 应尽可能大。但由上式，x_2 最多只能取到 $\min\{6/1, 8/2, 3/1\}=3$。

当 $x_2=3$ 时，$x_5=0$，于是应选最小比值 $\frac{3}{1}$ 对应的基变量 x_5 出基。这种确定出基变量的方法，称为**最小正比值原则**。

用最小正比值原则确定出基变量的一般方法是：在单纯形表中增加 θ 列，将 b 列元素与进基变量所在列对应的正元素之比填入 θ 列；进基变量列中元素为 0 或负数的，θ 列的相应位置不用填，如表 5-5 所示。

表 5-5　最小正比值原则确定出基变量的单纯形表

轮次	X_B	x_1	x_2	x_3	x_4	x_5	b	θ
初始表	x_3	1	1	1	0	0	6	6
	x_4	1	2	0	1	0	8	4
	x_5	0	[1]	0	0	1	3	3
	$-Z$	3	4	0	0	0	0	—

进基变量 x_2 所在列与出基变量 x_5 所在行交叉处的元素 1 称为主元，加上方括号，再用初等行变换将主元所在列除主元化为 1 外其余化为 0，即

$$\begin{pmatrix} 1 \\ 2 \\ [1] \\ 4 \end{pmatrix} \to \begin{pmatrix} 0 \\ 0 \\ 1 \\ 0 \end{pmatrix}$$

而约束方程组的增广矩阵

$$\begin{pmatrix} 1 & 1 & 1 & 0 & 0 & 6 \\ 1 & 2 & 0 & 1 & 0 & 8 \\ 0 & [1] & 0 & 0 & 1 & 3 \\ 3 & 4 & 0 & 0 & 0 & 0 \end{pmatrix} \to \begin{pmatrix} 1 & 0 & 1 & 0 & -1 & 3 \\ 1 & 0 & 0 & 1 & -2 & 2 \\ 0 & 1 & 0 & 0 & 1 & 3 \\ 3 & 0 & 0 & 0 & -4 & -12 \end{pmatrix}$$

同时将表 5-5 中 X_B 列的基变量 x_5 换成 x_2，如表 5-6 所示。

表 5-6　X_B 列的基变量 x_5 换成 x_2 的单纯形表

轮次	X_B	x_1	x_2	x_3	x_4	x_5	b	θ
迭代表一	x_3	1	0	1	0	−1	3	3
	x_4	[1]	0	0	1	−2	2	2
	x_2	0	1	0	0	1	3	
	$-Z$	3	0	0	0	−4	−12	

由于表 5-6 中含有正检验数 3，因此还要进行换基迭代，如此重复，直到得到最优解或判定无最优解。再经过两次迭代，得到迭代表二与迭代表三，如表 5-7 与表 5-8 所示。

表 5-7　　迭代表二

轮次	X_B	x_1	x_2	x_3	x_4	x_5	b	θ
迭代表二	x_3	0	0	1	-1	[1]	1	1
	x_1	1	0	0	1	-2	2	
	x_2	0	1	0	0	1	3	3
	$-Z$	0	0	0	-3	2	-18	

表 5-8　　迭代表三

轮次	X_B	x_1	x_2	x_3	x_4	x_5	b	θ
迭代表三	x_5	0	0	1	-1	1	1	
	x_1	1	0	2	-1	0	4	
	x_2	0	1	-1	1	0	2	
	$-Z$	0	0	-2	-1	0	-20	

由于迭代表三中检验数均非正，故得最优解为 $x_1=4$，$x_2=2$，$x_3=0$，$x_4=0$，$x_5=1$，最优值为 $Z=20$。

根据上述讨论，将求解线性规划问题的单纯行法的计算步骤归纳如下。

第一步：将线性规划问题化为典型线性规划问题，建立初始单纯形表。

第二步：检验数 $\sigma_j(j=1,2,\cdots,n)$ 均非正时，得到最优解，计算结束，否则转下一步。

第三步：若有一个检验数 $\sigma_k>0$，其对应的列向量 $P_k\leqslant 0$，则此问题无最优解，计算结束，否则转下一步。

第四步：根据 $\max\{\sigma_j|\sigma_j>0\}=\sigma_k$ 确定变量 x_k 进基；再按最小比值原则，计算 $\min\left\{\frac{b_i}{a_{ik}}\mid a_{ik}>0\right\}=\frac{b_t}{a_{tk}}$ 确定 x_t 出基。

第五步：在单纯形表中将主元 a_{tk} 加上方括号，进行初等行变换，把 x_k 对应的列进行行变换：

$$\begin{pmatrix} a_{1k} \\ \vdots \\ a_{t-1,k} \\ a_{tk} \\ a_{t+1,k} \\ \vdots \\ a_{mk} \\ \sigma_k \end{pmatrix} \to \begin{pmatrix} 0 \\ \vdots \\ 0 \\ 1 \\ 0 \\ \vdots \\ 0 \end{pmatrix}$$

将单纯形表中 X_B 列中的 x_t 换成 x_k，得到新的单纯形表，转入第二步。

例 5-12 用单纯形法求解线性规划问题。

$$\min Z = -3x_1 + x_2 - x_3$$

$$\begin{cases} 2x_1 + x_2 \leqslant 30 \\ x_2 + 2x_3 \leqslant 25 \\ x_1,\ x_2,\ x_3 \geqslant 0 \end{cases}$$

解： 引入松弛变量 x_4，x_5，把线性规划问题化为标准形

$$\max(-Z) = 3x_1 - x_2 + x_3$$

$$\begin{cases} 2x_1 + x_2 + x_4 = 30 \\ x_2 + 2x_3 + x_5 = 25 \\ x_j \geqslant 0(j = 1,\ 2,\ 3,\ 4,\ 5) \end{cases}$$

在单纯形表 5-9 中进行迭代。

表 5-9　　迭代的单纯形表

轮次	X_B	x_1	x_2	x_3	x_4	x_5	b	θ
初始表	x_4	[2]	1	0	1	0	30	15
	x_5	0	1	2	0	1	25	
	Z	3	-1	1	0	0	0	
迭代表一	x_1	1	1/2	0	1/2	0	15	
	x_5	0	1	[2]	0	1	25	25/2
	Z	0	-5/2	1	-3/2	0	-45	
迭代表二	x_1	1	1/2	0	1/2	0	15	
	x_3	0	1/2	1	0	1/2	25/2	
	Z	0	-3	0	-3/2	-1/2	-115/2	

至此检验数全部非正，得最优解 $X=(15, 0, 25/2, 0, 0)^T$，从而最优值 $Z=-115/2$。

例 5-13 用单纯形法求解线性规划问题。

$$\max Z = 2x_1 + 4x_2$$

$$\begin{cases} x_1 + x_3 = 4 \\ x_2 + x_4 = 3 \\ x_1 + 2x_2 + x_5 = 8 \\ x_j \geqslant 0(j=1, 2, 3, 4, 5) \end{cases}$$

上述线性规划问题为典型线性规划问题，用单纯形表进行换基迭代计算如表 5-10 所示。

表 5-10　　迭代的单纯形表

轮次	X_B	x_1	x_2	x_3	x_4	x_5	b	θ
初始表	x_3	1	0	1	0	0	4	
	x_4	0	[1]	0	1	0	3	3
	x_5	1	2	0	0	1	8	4
	$-Z$	2	4	0	0	0	0	
迭代表一	x_3	1	0	1	0	0	4	4
	x_2	0	1	0	1	0	3	
	x_5	[1]	0	0	-2	1	2	2
	$-Z$	2	0	0	-4	0	-12	
迭代表二	x_3	0	0	1	2	-1	2	
	x_2	0	1	0	1	0	3	
	x_1	1	0	0	-2	1	2	
	$-Z$	0	0	0	0	-2	-16	

迭代表二中非基变量 x_4，x_5 的检验数为 0，-2，因此此问题有无穷多个最优解，其中一个是 $X=(2, 3, 2, 0, 0)^T$，所以原问题的一个最优解为 $x_1=2$，$x_2=3$，最优值 $Z=16$。

例 5-14 用单纯形法求解线性规划问题。

$$\max Z = x_3 + x_4 - x_5$$

$$\begin{cases} x_1 - 2x_2 + x_4 + x_5 = 2 \\ x_2 + x_3 + 2x_4 - 3x_5 = 3 \\ x_j \geqslant 0(j=1, 2, 3, 4, 5) \end{cases}$$

解： 约束条件是典型方程组，x_1，x_3 是基变量，x_2，x_4，x_5 是非基变量。目标函数用非基变量表示，得到 $Z=-x_2-x_4+2x_5+3$，得典型线性规划问题

$$\max Z=-x_2-x_4+2x_5+3$$

$$\begin{cases} x_1-2x_2+x_4+x_5=2 \\ x_2+x_3+2x_4-3x_5=3 \\ x_j\geqslant 0(j=1,\ 2,\ 3,\ 4,\ 5) \end{cases}$$

用单纯形法进行换基迭代计算如表 5-11 所示。

表 5-11　　迭代的单纯形表

轮次	X_B	x_1	x_2	x_3	x_4	x_5	b	θ
初始表	x_1	1	-2	0	1	[1]	2	2
	x_3	0	1	1	2	-3	3	
	$-Z$	0	-1	0	-1	2	-3	
迭代表一	x_5	1	-2	0	1	1	2	
	x_3	3	-5	1	5	0	9	
	$-Z$	-2	3	0	-3	0	-7	

从迭代表一可知，因为非基变量 x_2 的检验数为 3，其对应的列向量 $P_2=\begin{pmatrix}-1\\-5\end{pmatrix}\leqslant 0$，因此该问题无最优解。

5.4　两阶段法

如果线性规划问题的约束条件不是典型方程组，则可用两阶段法或大 M 法求解，本节介绍两阶段法。

所谓两阶段法，是分两个阶段求解非典型线性规划问题：

第一阶段：对于线性规划问题的标准形，引入新的变量 y_1，y_2，…，y_m（称为人工变量），构成一个辅助的线性规划问题。

$$\max Z=-y_1-y_2-\cdots-y_m$$

$$\begin{cases} a_{11}x_1+a_{12}x_2+\cdots+a_{1n}x_n+y_1=b_1 \\ a_{21}x_1+a_{22}x_2+\cdots+a_{2n}x_n+y_2=b_2 \\ \qquad\cdots\cdots \\ a_{m1}x_1+a_{m2}x_2+\cdots+a_{mn}x_n+y_m=b_m \\ x_j\geqslant 0(j=1,\ 2,\ \cdots,\ n),\ y\geqslant 0(i=1,\ 2,\ \cdots,\ m) \end{cases}$$

显然 y_1，y_2，…，y_m 是基变量，将目标函数 Z 用非基变量表示，得到初始单纯形表如表 5-12 所示。

表 5-12 初始单纯形表

X_B	x_1	x_2	…	x_n	y_1	y_2	…	y_m	b
y_1	a_{11}	a_{12}	…	a_{1n}	1	0	…	0	b_1
y_2	a_{21}	a_{22}	…	a_{2n}	0	1	…	0	b_2
⋮	⋮	⋮	⋮	⋮	⋮	⋮	⋮	⋮	⋮
y_m	a_{m1}	a_{m2}	…	a_{mn}	0	0	…	1	b_m
$-Z$	$\sum_{i=1}^{m} a_{i1}$	$\sum_{i=1}^{m} a_{i2}$	…	$\sum_{i=1}^{m} a_{in}$	0	0	…	0	$\sum_{i=1}^{m} b_i$

在表 5-12 的基础上应用单纯形法，求出辅助问题的最优值。若得最优值 $Z=0$，则进入第二阶段计算，否则原问题无可行解。

第二阶段：在第一阶段所得原问题的初始单纯形表基础上，进行换基迭代。下面举例说明两阶段法。

例 5-15 解线性规划问题。

$$\max L = 3x_1 - 4x_2$$

$$\begin{cases} x_1 + x_2 \leqslant 4 \\ 2x_1 + 3x_2 \geqslant 18 \\ x_1 \geqslant 0,\ x_2 \geqslant 0 \end{cases}$$

解： 先将问题化为标准形

$$\max L = 3x_1 - 4x_2$$

$$\begin{cases} x_1 + x_2 + x_3 = 4 \\ 2x_1 + 3x_2 - x_4 = 18 \\ x_j \geqslant 0 (j = 1,\ 2,\ 3,\ 4) \end{cases}$$

在第二个约束方程中引入人工变量 y（第一个约束方程中不必引入人工变量），作出辅助线性规划问题

$$\max Z = -y$$

$$\begin{cases} x_1 + x_2 + x_3 = 4 \\ 2x_1 + 3x_2 - x_4 + y = 18 \\ x_j \geqslant 0 (j = 1,\ 2,\ 3,\ 4),\ y \geqslant 0 \end{cases}$$

取 x_3，y 为基变量，则 x_1，x_2，x_4 为非基变量，Z 用非基变量表示为

$$Z = -y = 2x_1 + 3x_2 - x_4 - 18$$

用单纯形表进行换基迭代如表 5-13 所示。

表 5-13　　迭代的单纯形表

轮次	X_B	x_1	x_2	x_3	x_4	y	b	θ
初始表	x_3	1	[1]	1	0	0	4	4
	y	2	3	0	-1	1	18	6
	$-Z$	2	3	0	-1	0	18	
迭代表一	x_2	1	1	0	0	0	4	
	y	-1	0	-3	-1	1	6	
	$-Z$	-1	0	-3	-1	0	6	

迭代表一中检验数均非正，已求得辅助问题的最优值。由于最优值 $Z=-6\neq 0$，所以原问题无可行解。

例 5-16　解线性规划问题。

$$\max L = 2x_1 + x_2 - 2x_3 + 2x_4$$

$$\begin{cases} x_1 + x_2 + x_3 - x_4 = 4 \\ x_1 + x_2 - x_3 + x_4 + x_5 = 6 \\ x_j \geqslant 0(j=1,\ 2,\ 3,\ 4,\ 5) \end{cases}$$

解：第一阶段：引入人工变量 y，得到辅助线性规划问题

$$\max Z = -y$$

$$\begin{cases} x_1 + x_2 + x_3 - x_4 + y = 4 \\ x_1 + x_2 - x_3 + x_4 + x_5 = 6 \\ x_j \geqslant 0(j=1,\ 2,\ 3,\ 4,\ 5),\ y \geqslant 0 \end{cases}$$

取 x_5，y 为基变量，Z 用非基变量表示为 $Z=-y=x_1+x_2+x_3-x_4-4$，用单纯形表进行换基迭代如表 5-14 所示。

表 5-14　　迭代的单纯形表

轮次	X_B	x_1	x_2	x_3	x_4	x_5	y	b	θ
初始表	x_5	1	1	-1	1	1	0	6	6
	y	[1]	1	1	-1	0	1	4	4
	$-Z$	1	1	1	-1	0	0	4	
迭代表一	x_5	0	0	-2	2	1	-1	2	
	x_1	1	1	1	-1	0	1	4	
	$-Z$	0	0	0	0	0	-1	0	

迭代表一中的 $-Z$ 行的检验数均非正，得到辅助问题的最优值为 $Z=0$，且人工变量 y 已出基，于是进入第二阶段。

第二阶段：在第一阶段的最终表（此处即迭代表一）中划去人工变量 y 所在列，并将 $-Z$ 行换成 $-L$ 行，即得到原问题的初始单纯形表，如表 5-15 所示。值得注意的是：填 $-L$ 行，需将 L 用非基变量 x_2，x_3，x_4 表示。由表 5-14 的迭代表一知：$x_1=-x_2-x_3+x_4+4$，所以 $L=2(-x_2-x_3+x_4+4)+x_2-2x_3+2x_4=-x_2-4x_3+4x_4+8$。

表 5-15　初始单纯形表

X_B	x_1	x_2	x_3	x_4	x_5	b	θ
x_5	0	0	-2	[2]	1	2	1
x_1	1	1	1	-1	0	4	
$-L$	0	-1	-4	4	0	-8	
x_4	0	0	-1	1	1/2	1	
x_1	1	1	0	0	1/2	5	
$-L$	0	-1	0	0	-2	-12	

表 5-15 中检验数均非正，并且非基变量 x_3 的检验数为 0，所以原问题有无穷多个最优解。如：$x_1=5$，$x_2=0$，$x_3=0$，$x_4=1$，$x_5=0$ 为一个最优解，最优值为 $L=12$。

例 5-17　解线性规划问题。

$$\max L=-4x_1-3x_3$$

$$\begin{cases}\dfrac{1}{2}x_1+x_2+\dfrac{1}{2}x_3-\dfrac{2}{3}x_4=2\\ \dfrac{3}{2}x_1-\dfrac{1}{2}x_3=3\\ 3x_1-6x_2+4x_4=0\\ x_j\geqslant 0(j=1,2,3,4)\end{cases}$$

解： 引进人工变量 y_1，y_2，y_3，作辅助线性规划问题

$$\max Z=-y_1-y_2-y_3$$

$$\begin{cases}\dfrac{1}{2}x_1+x_2+\dfrac{1}{2}x_3-\dfrac{2}{3}x_4+y_1=2\\ \dfrac{3}{2}x_1-\dfrac{1}{2}x_3+y_2=3\\ 3x_1-6x_2+4x_4+y_3=0\\ x_j\geqslant 0(j=1,2,3,4),\ y_i\geqslant 0(i=1,2,3)\end{cases}$$

Z 用非基变量表示：$Z=5x_1-5x_2+\dfrac{10}{3}x_4-5$。用单纯形表进行换基迭代如表 5-16 所示。

表 5-16　　迭代的单纯形表

轮次	X_B	x_1	x_2	x_3	x_4	y_1	y_2	y_3	b	θ
初始表	y_1	1/2	1	1/2	-2/3	1	0	0	2	4
	y_2	3/2	0	-1/2	0	0	1	0	3	2
	y_3	[3]	-6	0	4	0	0	1	0	0
	$-Z$	5	-5	0	10/3	0	0	0	5	
迭代表一	y_1	0	[2]	1/2	-4/3	1	0	-1/6	2	1
	y_2	0	3	-1/2	-2	0	1	-1/2	3	1
	x_1	1	-2	0	4/3	0	0	1/3	0	
	$-Z$	0	5	0	-10/3	0	0	-5/3	5	
迭代表二	x_2	0	1	1/4	-2/3	1/2	0	-1/12	1	
	y_2	0	0	[-5/4]	0	-3/2	1	-1/4	0	
	x_1	1	0	1/2	0	1	0	1/6	2	
	$-Z$	0	0	-5/4	0	-5/2	0	-5/4	0	

迭代表二中的 $-Z$ 行的检验数均非正，得到辅助问题的最优值为 $Z=0$，但此时人工变量 y_2 尚未出基，可用以下方法让人工变量出基：在未出基的那个人工变量所在行（此处为迭代表二中的第二行）的非人工变量列中任选一个非零元素（此处为 $-\frac{5}{4}$）为主元（这与前面讲的主元的选法不同），进行迭代。此处让 y_2 出基，x_3 进基，如单纯形表 5-17 所示。

表 5-17　　迭代的单纯形表

X_B	x_1	x_2	x_3	x_4	y_1	y_2	y_3	b
x_2	0	1	0	-2/3	1/5	1/5	-2/15	1
x_3	0	0	1	0	6/5	-4/5	1/5	0
x_1	1	0	0	0	2/5	2/5	1/15	2
$-Z$	0	0	0	0	-1	-1	-1	0

表 5-17 中的 $-Z$ 行的检验数均非正，最优值 $Z=0$，且人工变量均已出基。在表 5-17 中划去人工变量所在列，并将 $-Z$ 行换成 $-L$ 行，即得到原问题的初始单纯形表，如表 5-18 所示。

表 5-18 初始单纯形表

X_B	x_1	x_2	x_3	x_4	b
x_2	0	1	0	-2/3	1
x_3	0	0	1	0	0
x_1	1	0	0	0	2
$-L$	0	0	0	0	8

由于检验数均非正，所以得到原问题的最优解 $X=(2,\ 1,\ 0,\ 0)^T$，最优值 $L=-8$，并且有无穷多个最优解。

例 5-18 解线性规划问题。

$$\max L = x_1 - 2x_2 + 3x_3$$

$$\begin{cases} x_1 + x_2 + x_3 = 6 \\ -x_1 + x_2 + 2x_3 = 4 \\ 2x_2 + 3x_3 = 10 \\ x_3 + x_4 = 2 \\ x_j \geqslant 0(j=1,\ 2,\ 3,\ 4) \end{cases}$$

解： 引进人工变量 y_1，y_2，y_3，作辅助线性规划问题

$$\max Z = -y_1 - y_2 - y_3$$

$$\begin{cases} x_1 + x_2 + x_3 + y_1 = 6 \\ -x_1 + x_2 + 2x_3 + y_2 = 4 \\ 2x_2 + 3x_3 + y_3 = 10 \\ x_3 + x_4 = 2 \\ x_j \geqslant 0(j=1,\ 2,\ 3,\ 4),\ y_i \geqslant 0(i=1,\ 2,\ 3) \end{cases}$$

Z 用非基变量表示：$Z = 4x_2 + 6x_3 - 20$。用单纯形表进行换基迭代如表 5-19 所示。

表 5-19 迭代的单纯形表

轮次	X_B	x_1	x_2	x_3	x_4	y_1	y_2	y_3	b	θ
初始表	y_1	1	1	1	0	1	0	0	6	6
	y_2	-1	1	[2]	0	0	1	0	4	2
	y_3	0	2	3	0	0	0	1	10	10/3
	x_4	0	0	1	1	0	0	0	2	2
	$-Z$	0	4	6	0	0	0	0	20	

续表

轮次	X_B	x_1	x_2	x_3	x_4	y_1	y_2	y_3	b	θ
	y_1	3/2	1/2	0	0	1	−1/2	0	4	8/3
	x_3	−1/2	1/2	1	0	0	1/2	0	2	
迭代表一	y_3	3/2	1/2	0	0	0	−3/2	1	4	8/3
	x_4	[1/2]	−1/2	0	1	0	−1/2	0	0	0
	$-Z$	3	1	0	0	0	−3	0	8	
	y_1	0	[2]	0	−3	1	1	0	4	2
	x_3	0	0	1	1	0	0	0	2	
迭代表二	y_3	0	2	0	−3	0	0	1	4	2
	x_1	1	−1	0	2	0	−1	0	0	
	$-Z$	0	4	0	−6	0	0	0	8	
	x_2	0	1	0	−3/2	1/2	1/2	0	2	
	x_3	0	0	1	1	0	0	0	2	
迭代表三	y_3	0	0	0	0	−1	−1	1	0	
	x_1	1	0	0	1/2	1/2	−1/2	0	2	
	$-Z$	0	0	0	0	−2	−2	0	0	

迭代表三中的 $-Z$ 行的检验数均非正，得到辅助问题的最优值为 $Z=0$，但此时人工变量 y_3 尚未出基，且 y_3 所在行的非人工变量列元素均为零，所以不能用例 3 中的方法让 y_3 出基。但是由迭代表三的 y_3 所在行，得 $y_3=y_1+y_2$ 这表明原问题的约束方程组中的第三个方程可由第一个方程加上第二个方程得出。因此第三个方程是多余的，故迭代表三的第三行可划去，再划去人工变量所在列，并将 $-Z$ 行换成 $-L$ 行，即得到原问题的初始单纯形如表 5-20 所示。

表 5-20　　初始单纯形表

X_B	x_1	x_2	x_3	x_4	b	θ
x_2	0	1	0	−3/2	2	
x_3	0	0	1	1	2	
x_1	1	0	0	1/2	2	
$-L$	0	0	0	−13/2	−4	

于是得到原问题的最优解 $X=(2, 2, 2, 0)^T$，最优值 $L=4$。

5.5 本章小结

5.5.1 线性规划问题的数学模型及其标准形

线性规划问题的数学模型由目标函数和约束条件组成，其中目标函数是线性函数，约束条件是线性方程或不等式组，要掌握其一般形及标准形。

若线性规划问题的数学模型不是标准形，则可通过下面的变换，化为标准形。

①如果问题是求目标函数 Z 的最小值（即 $\min Z$），则由等式 $\min Z=-\max(-Z)$ 可将求目标函数最小值问题转化为求最大值问题。

②如果 $b_i<0(i=1,2,\cdots,m)$ 则等式或不等式两端同乘以 -1。

③如果约束条件为不等式，则可把每个不等式的左边加上或减去一个非负变量使之成为等式。加入的非负变量称为松弛变量，它在目标函数中的系数为零。

④如果决策变量 $x_j\leqslant 0$，则可作变换 $x'_j=-x_j$，$x_j\geqslant 0$：如果决策变量 x_j 为任意实数，则可作变换 $x_j=x'_j-x''_j$，x'_j，$x''_j\geqslant 0$。

5.5.2 图解法

图解法可以用来求解两个决策变量的线性规划问题。

其解题步骤如下。

①以 x_1 轴，x_2 轴为坐标轴建立平面直角坐标系，并画出可行域。

②画出法向量 $\vec{\boldsymbol{n}}=(c_1,c_2)$。

③将等值线 $c_1x_1+c_2x_2=Z$ 沿着法向量正向移动，目标函数值变大；将等值线 $c_1x_1+c_2x_2=Z$ 沿着法向量反向移动，目标函数值变小。当等值线移动到某个位置，若再移动将与可行域无交点时，就在等值线与可行域的交点处得到最优解。

由图解法可知线性规划问题的解有以下四种情况：有唯一最优解；有无穷多组最优解；有可行解但无最优解；无可行解。

5.5.3 单纯形法

单纯形法是求解线性规划问题的通用方法，对于典型问题可以直接求解。

单纯形法解的情况与非基变量的检验数有关。

①非基变量的检验数均非负，有唯一最优解。

②非基变量的检验数均非负，且至少有一个为 0，有无穷多个最优解。

③某非基变量的检验数为正，但对应的约束系数矩阵列向量非正，无最优解。

单纯形法的基本思想是：首先确定初始基本可行解；然后判别该基本可行解是否为最优解，如果不是最优解，则需要通过换基迭代得到另一个基本可行解，使目标函数值增大。这样经过有限次换基迭代，可以求得最优解，或判定无最优解。单纯形法的求解过程可以通过单纯形表进行。

进基的原则是：最大的正检验数对应的变量进基。

出基的原则是：约束系数矩阵的右端项与进基变量对应列的元素的比值最小的行所对应的变量出基，称为最小正比值原则。

单纯形表的换基迭代过程，本质上是进行矩阵的初等行变换。

5.5.4 两阶段法

如果线性规划问题的约束条件不是典型方程组，则可用两阶段法求解。

两阶段法的思想是：把线性规划的求解过程分为两个阶段进行。第一阶段通过引进人工变量构造一个辅助的线性规划问题，然后通过用单纯形法求解辅助问题，如果辅助问题的最优基中无人工变量并且最优值为零，则说明原问题有基本可行解，否则无可行解。第二阶段在有基本可行解的情况下，继续求解原问题，以确定是否存在最优解。

习题 5

1. 某玩具公司制造 A、B、C 三种玩具，每一种要求用不同的制造技术。玩具 A 每只需要 17 小时的加工工时和 8 小时的检验工时，每只利润 30 元；玩具 B 每只需要 2 小时的加工工时和 0.5 小时的检验工时，每只利润 5 元；玩具 C 每只需要 0.5 小时的加工工时和 10 分钟的检验工时，每只利润 0.6 元。可供利用的加工工时为 500 小时，检验工时为 100 小时。另据预测，玩具 A 的需求量不超过 10 只，玩具 B 的需求量不超过 30 只，玩具 C 的需求量不超过 100 只，问应如何安排生产，才能使公司获得最大利润？请建立线性规划模型。

2. 某仓库需要值班人数如下：0 点至 8 点至少需要 2 人；8 点至 16 点至少需要 6 人；16 点至 24 点至少需要 3 人。值班人员在各时段的开始时刻上班，连续工作 16 小时，第二天休息，问每天至少需要多少人值班？请建立线性规划模型。

3. 设有两个砖厂 A_1 和 A_2，其产量分别为 23 万块和 27 万块。它们生产的砖供应 B_1、B_2、B_3 三个工地，其需要量分别为 17 万块、18 万块和 15 万块。各砖厂至各工地的运价（单位：元/万块）见下表，问应如何调运，才能使总运费最省？请建立线性规划模型。

运价（元）	B_1	B_2	B_3
A_1	50	60	70
A_2	60	110	160

4. 将下列线性规划问题化为标准形。

(1) $\max Z = 10x_1 + 25x_2 + 30x_3$

$$\begin{cases} x_1 + x_2 \leqslant 10 \\ 3x_1 + 4x_2 \leqslant 30 \\ x_1 - x_3 = -1 \\ x_j \geqslant 0 (j = 1, 2, 3) \end{cases}$$

(2) $\max Z = -x_1 + 2x_2 + x_3$

$$\begin{cases} 3x_1 - x_2 + 4x_3 \geqslant -8 \\ x_1 - x_3 = 2 \\ x_1 - x_2 \leqslant 4 \\ x_1 \geqslant 0, x_2 \leqslant 0, x_3 \in R \end{cases}$$

5. 用图解法求解下列线性规划问题。

(1) $\min Z = -x_1 + x_2$

$$\begin{cases} -2x_1 + x_2 \leqslant 2 \\ x_1 - 2x_2 \leqslant 2 \\ x_1 + x_2 \leqslant 5 \\ x_1 \geqslant 0, x_2 \geqslant 0 \end{cases}$$

(2) $\max Z = -x_1 + 2x_2$

$$\begin{cases} x_1 + 2x_2 \leqslant 8 \\ x_1 - 3x_2 \geqslant 1 \\ x_1 \geqslant 0, x_2 \geqslant 0 \end{cases}$$

(3) $\max Z = 3x_1 + 6x_2$

$$\begin{cases} x_1 - x_2 \geqslant -2 \\ x_1 + 2x_2 \leqslant 6 \\ x_1 \geqslant 0, x_2 \geqslant 0 \end{cases}$$

(4) $\min Z = -2x_1 + x_2$

$$\begin{cases} x_1 + x_2 \geqslant 1 \\ x_1 - 3x_2 \geqslant -3 \\ x_1 \geqslant 0, x_2 \geqslant 0 \end{cases}$$

6. 用单纯形法求解下列线性规划问题。

(1) $\max Z = 3x_1 - x_2$

$$\begin{cases} 2x_1 - x_2 \leqslant 2 \\ x_1 \leqslant 4 \\ x_1 \geqslant 0, x_2 \geqslant 0 \end{cases}$$

(2) $\min Z = 2x_1 - x_2$

$$\begin{cases} x_1 - 2x_2 \leqslant 3 \\ 2x_1 - 3x_2 \leqslant 8 \\ x_1 \geqslant 0, x_2 \geqslant 0 \end{cases}$$

(3) $\max Z = 3x_1 + 3x_2$

$$\begin{cases} x_1 + x_2 \leqslant 6 \\ x_1 + 2x_2 \leqslant 8 \\ x_2 \leqslant 3 \\ x_1 \geqslant 0, x_2 \geqslant 0 \end{cases}$$

7. 用两阶段法求解下列线性规划问题。

(1) $\max Z = 3x_1 - x_2 - x_3$

$$\begin{cases} x_1 - 2x_2 + x_3 \leqslant 11 \\ -4x_1 + x_2 + 2x_3 \geqslant 3 \\ -2x_1 + x_3 = 1 \\ x_j \geqslant 0 (j = 1, 2, 3) \end{cases}$$

(2) $\min Z = x_2$

$$\begin{cases} x_1 - x_2 - 3x_3 = 2 \\ x_1 + 3x_2 + 4x_3 = 1 \\ x_j \geqslant 0 (j = 1, 2, 3) \end{cases}$$

自测题 5

一、选择题

1. 数学规划问题满足下列什么条件可以称为线性规划问题？(　　)

A. 目标函数是线性函数　　B. 目标函数和约束条件左端均是线性函数

C. 目标函数或约束条件左端是线性函数　　D. 约束条件左端是线性函数

2. 对于线性规划问题

$$\max Z = 50x_1 + 30x_2$$

$$\begin{cases} 4x_1 + 3x_2 \leqslant 120 \\ 2x_1 + x_2 \leqslant 50 \\ x_1 \geqslant 0,\ x_2 \geqslant 0 \end{cases}$$

在下列的各个解中，属于可行解的是（　　）。

A. (0, 50)　　B. (15, 20)　　C. (30, 0)　　D. (-9, 50)

3. 对于一个求极大值的线性规划问题，在运用单纯形法进行迭代的过程中，下列哪一种情形表明已取得该问题的最优解？(　　)

A. 所有检验数非负　　B. 所有检验数均正

C. 所有检验数均为 0　　D. 所有检验数非正

4. 由线性规划问题的单纯形表

X_B	x_1	x_2	x_3	x_4	b
x_4	0	4	2	1	2
x_1	1	-1	7	0	1
$-Z$	0	0	-4	0	8

可知该线性规划问题（　　）。

A. 有唯一最优解　　B. 有无穷多个最优解

C. 解未定　　D. 无最优解

5. 由线性规划问题的单纯形表

X_B	x_1	x_2	x_3	x_4	x_5	x_6	b
x_3	0	-4	1	2	-1	0	4
x_1	1	4	0	1	1	0	1
x_6	0	3	0	1	2	1	2
$-Z$	0	3	0	2	-1	0	8

可知，出基变量是（　　）。

A. x_3　　B. x_2　　C. x_1　　D. x_6

二、填空题

1. 线性规划问题的标准形要求：（1）目标函数求最大值；（2）约束条件都是______；（3）$b_i \geqslant 0(i=1, 2, \cdots m)$；（4）决策变量都非负。

2. 由某线性规划问题的单纯形表

X_B	x_1	x_2	x_3	x_4	x_5	b
x_3	0	−1	1	0	2	1
x_1	1	0	0	0	3	2
x_4	0	4	0	1	4	9
$-Z$	0	−1	0	0	−4	7

可知，该线性规划问题的最优解是________，最优值 $Z=$ ________。

3. 图解法求解线性规划问题时，等值线沿法向量正向移动，目标函数值________。

4. 线性规划的单纯形迭代表中，若检验数有正数，则____（已经、还未）得到最优解。

5. 用两阶段法解某线性规划问题时，其辅助问题是

$$\max Z = -y_1 - y_2$$

$$\begin{cases} 2x_1 + x_2 + x_3 = 4 \\ x_1 - x_2 - 4x_3 + y_1 = 6 \\ 3x_1 + 2x_2 + y_2 = 1 \\ x_1, x_2, x_3, y_1, y_2 \geqslant 0 \end{cases}$$

目标函数 Z 用非基变量表示，则 $Z=$ ________。

三、计算题

1. 糖果店现有75kg奶糖和120kg硬糖，准备混合装成每袋1kg出售。有两种混合的办法：低档的每袋装250g奶糖和750g硬糖，每袋可盈利0.5元；高档的每袋装500g奶糖和500g硬糖，每袋可盈利0.9元。每一种应装多少袋才能获利最大？试建立线性规划模型。

2. 现有300cm长的钢管500根，需要截成70cm长和80cm长的两种规格。每套由70cm的3根和80cm的2根组成，下表列出了可能的各种截法。问怎样下料，才能使截得的钢管既能配套，又能使残料最少？试建立线性规划模型。

截法	70cm钢管/根	80cm钢管/根	残料/cm
1	4	0	20
2	3	1	10
3	2	2	0
4	0	3	60

3. 将如下线性规划问题化为标准形。

$$\max Z = -x_1 + 4x_2$$

$$\begin{cases} -3x_1 + x_2 \leqslant 6 \\ x_1 + 2x_2 \leqslant 4 \\ x_2 \geqslant -3 \\ x_1 \geqslant 0 \end{cases}$$

4. 用图解法解线性规划问题。

$$\max Z = 2x_1 + 5x_2$$

$$\begin{cases} x_1 \leqslant 4 \\ x_2 \leqslant 3 \\ x_1 + 2x_2 \leqslant 8 \\ x_1 \geqslant 0,\ x_2 \geqslant 0 \end{cases}$$

5. 用单纯形法解线性规划问题。

$$\max Z = 5x_1 + 4x_2$$

$$\begin{cases} x_1 + 3x_2 \leqslant 90 \\ 2x_1 + x_2 \leqslant 80 \\ x_1 + x_2 \leqslant 45 \\ x_1 \geqslant 0,\ x_2 \geqslant 0 \end{cases}$$

6. 用两阶段法求解如下线性规划问题。

$$\max Z = -x_2$$

$$\begin{cases} x_1 - x_2 - 3x_3 = 2 \\ x_1 + 3x_2 + 4x_3 = 1 \\ x_1 \geqslant 0,\ x_2 \geqslant 0,\ x_3 \geqslant 0 \end{cases}$$

第二篇 概率统计

概率论与数理统计是从数量化的角度来研究客观世界中的一类不确定现象（随机现象）的统计规律性的一门数学学科。20世纪以来，它已广泛应用于国民经济、工程技术等领域，成为科学研究、科学决策必不可少的有效数学工具。本篇将介绍概率论与数理统计的基本概念和基本方法。

第 6 章　随机事件与概率

学习目标

1. 理解随机事件的概念，掌握事件的关系和运算。

2. 理解概率、条件概率的定义，掌握概率的加法公式、乘法公式、全概公式、逆概公式。

3. 理解事件独立性的概念，掌握古典概型和伯努利概型计算。

在自然界和人类社会生活中，某一试验结果是否发生具有偶然性，但在大量重复试验中，它却具有某一规律性，概率论的任务就是揭示和研究这种规律性。本章将介绍概率论中最基本、最重要的概念之一——随机事件与概率。

6.1　随机事件

6.1.1　随机现象及其统计规律性

在自然界和人类社会生活中普遍存在两类现象：确定性现象和随机现象。

在一定条件下必然发生或必然不发生的现象称为**确定性现象**。过去我们所学的各门数学课程基本上都是用来处理和研究这类确定性现象的。确定性现象非常广泛，例如，

“早晨，太阳从东方升起。”

“长方形的面积等于长乘以宽。”

“同名磁极相互排斥，异名磁极相互吸引。”

“水从高处流向低处。”

……

在一定条件下我们事先无法预知哪种结果的现象称为**随机现象**。在客观世界中随机现象是极为普遍的，例如，

“抛一枚质地均匀的硬币，结果可能是正面朝上，也可能是反面朝上。”

“某地区的年降雨量。”

“检查流水生产线上的一件产品，是合格品还是不合格品？”

“打靶射击时，弹着点离靶心的距离。”

……

尽管随机现象的结果事先不能预知，但是人们发现同一随机现象大量重复出现时，其每种结果出现的可能性具有一定规律性，这种规律称之为统计规律性。

6.1.2　随机事件

在科学研究和工程试验中经常需要在相同的条件下进行多次试验或观测，并通过这样的试验或观测来研究随机现象出现的结果。

定义 满足下述条件的试验，称为随机试验，简称试验。

①可重复性：试验可以在相同的情形下重复进行。

②可观察性：试验的所有可能结果是明确可知的，并且不止一个。

③不确定性：每次试验总是恰好出现这些可能结果中的一个，但在一次试验之前却不能确定这次试验会出现哪一个结果。

例如，“抛一枚硬币共两次，观察正面朝上的次数”“打靶射击时，弹着点离靶心的距离”这些试验符合上述三个条件，所以都是随机试验。

随机试验的每一种最简单的结果，称为基本事件。因为随机试验的所有结果是明确的，从而所有的基本事件也是明确的，它们的全体，称为样本空间（或基本空间），常用 Ω 表示。Ω 中的点，即基本事件，有时也称为样本点，常用 ω 表示。

在随机试验中，可能发生也可能不发生的事件，称为随机事件，简称为事件，用字母 A，B，C 等表示。此外，在建立了样本空间后，随机事件可以用样本空间的子集的形式来表示。

例 6-1　掷一个骰子，试写出该试验的样本空间和下列事件所包含的基本事件：

$A=\{$掷得点数为 6$\}$；$B=\{$掷得偶数点$\}$；$C=\{$掷得点数小于 5$\}$。

解： 掷一个骰子，基本事件有：掷得点数是 1、掷得点数是 2、掷得点数是 3、掷得点数是 4、掷得点数是 5、掷得点数是 6。若记掷得点数是 i（$i=1, 2, 3, 4, 5, 6$），则样本空间为 $\Omega=\{1, 2, 3, 4, 5, 6\}$；事件 A，B，C 所包含的基本事件分别为：$A=\{6\}$；$B=\{2, 4, 6\}$；$C=\{1, 2, 3, 4\}$。

由例 6-1 可知，随机事件可以是基本事件，也可以是由几个随机事件所组成。

例 6-2　抛两枚同样大小的硬币，观察出现正、反面的情况，试写出试验的样本空间 Ω 及事件 $A=\{$出现一个正面和一个反面$\}$。

解： $\Omega=\{$（正，正），（正，反），（反，正），（反，反）$\}$，

$A=\{$（正，反），（反，正）$\}$

在每次试验中，一定发生的事件，称为必然事件，用 Ω 来表示；一定不发生的事件，称为不可能事件，用 φ 来表示。

如例 6-1 中，事件 $\{$点数大于 6$\}$ 为不可能事件，事件 $\{$点数不大于 6$\}$ 是必然事件。

必然事件和不可能事件的发生与否，已经失去了“不确定性”，因而本质上它们不是随机事件，但是为了方便起见，这里还是把它们看作随机事件，是随机事件的两个极端情形。

6.1.3 事件的关系与运算

从集合角度看，随机事件是样本空间这个集合中的某一子集，必然事件（或样本空间）Ω 相当于全集，所以我们可以用集合的观点来讨论事件之间的关系与运算，借用集合论中的文氏图（Venn Diagram）——用平面上的矩形区域表示必然事件（或样本空间）Ω，子区域表示某个事件。

（1）包含关系

如果事件 A 发生必然导致事件 B 发生，则称**事件 B 包含事件 A**（或称 A **包含于 B**），记作 $A \subset B$，此时称 A 是 B 的**子事件**。显然，对任何事件 A，有 $A \subset \Omega$，此外我们约定不可能事件 $\varphi \subset A$。

（2）相等关系

如果有 $A \subset B$，$B \subset A$ 同时成立，则称**事件 A 与 B 相等**，记作 $A = B$。易知，相等的两个事件 A 和 B 总是同时发生或同时不发生。

所谓 $A = B$，就是 A 与 B 有相同的样本点。

（3）事件的和（或并）

事件 A 与事件 B 至少有一个发生的事件，称为**事件 A 与事件 B 的和**（或**并**），记作 $A + B$ 或 $A \cup B$。事件的和 $A + B$ 可以理解为 A 发生而 B 不发生，或者 A 不发生而 B 发生，或者 A 和 B 同时发生。

事件 $A \cup B = \{\omega \mid \omega \in A \text{ 或 } \omega \in B\}$，$A \cup B$ 包含且只包含 A 与 B 的所有样本点。对任意事件 A，有 $A + A = A$，$A + \Omega = \Omega$，$A + \varphi = A$。

（4）事件的积（或交）

事件 A 与事件 B 同时发生的事件称为 **A 与 B 的积**（或**交**），记作 $A \cap B$（或 AB），事件 $A \cap B = \{\omega \mid \omega \in A \text{ 且 } \omega \in B\}$。对任意事件 A，有 $A \cap A = A$，$A \cap \Omega = A$，$A \cap \varphi = \varphi$。

（5）事件的差

事件 A 发生而事件 B 不发生的事件，称为事件 A 与 B 的差，记作 $A - B$，事件 $A - B = \{\omega \mid \omega \in A \text{ 且 } \omega \in B\}$。

（6）互斥关系

事件 A 与事件 B 不能同时发生，即 $AB = \varphi$，则称**事件 A 与事件 B 互斥**（或称 **A 与 B 互不相容**）。

两个事件互斥可以推广到 n 个事件互斥的情形。当 n 个事件 A_1，A_2，…，A_n 中任意两个事件不可能同时发生，即 $A_iA_j = \varphi\ (1 \leqslant i \neq j \leqslant n)$ 时，则称这 **n 个事件互斥**（或**互不**

相容）。

(7) 对立（互逆）关系

事件 $A+B=\Omega$ 且 $AB=\varphi$，则称事件 A 与事件 B 互为对立事件（或互逆事件），B 称为 A 的对立事件，记作 $B=\overline{A}$，A 称为 B 的对立事件，记作 $A=\overline{B}$，显然有 $\overline{\overline{A}}=A$。

注：①对立关系是相互的，$A=\overline{B}$ 则 $B=\overline{A}$；②两个对立事件一定是互斥的，但两个互斥事件不一定是对立的。

(8) 完备事件组（完备群）

n 个事件：A_1，A_2，…，A_n，若满足

① $A_iA_j=\varnothing$，$(1\leqslant i<j\leqslant n)$；

② $A_1\cup A_2\cup\cdots\cup A_n=\Omega$。

则称事件 A_1，A_2，…，A_n 构成一个**完备事件组**。

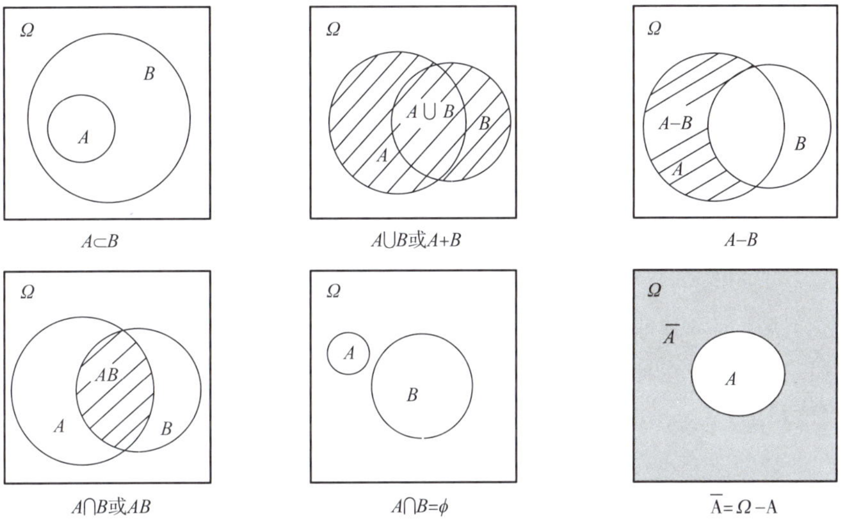

图 6-1 完备事件组

与集合运算规律一样，事件间的运算满足下列运算规律。

①交换律：$A\cup B=B\cup A$，$A\cap B=B\cap A$。

②结合律：$(A\cup B)\cup C=A\cup(B\cup C)$，$(A\cap B)\cap C=A\cap(B\cap C)$。

③分配律：$(A\cup B)\cap C=(A\cap C)\cup(B\cap C)$，$(A\cap B)\cup C=(A\cup C)\cap(B\cup C)$。

④自反律：$\overline{\overline{A}}=A$。

⑤对偶律：$\overline{A\cup B}=\overline{A}\cap\overline{B}$，$\overline{A\cap B}=\overline{A}\cup\overline{B}$。

例 6-3 已知事件 A，B，C，试用 A，B，C 表示下列事件。

① A 发生，B 不发生，C 发生。

② A，B，C 都不发生。

③ A，B，C 中恰有一个发生。

④ A，B，C 中至少有一个发生。

⑤ A，B，C 中至少有两个发生。

⑥ A，B，C 中至多有一个发生。

解： ① $A\bar{B}C$；② $\bar{A}\,\bar{B}\,\bar{C}$；③ $A\,\bar{B}\,\bar{C}+\bar{A}B\bar{C}+\bar{A}\,\bar{B}C$；

④ $A\cup B\cup C$ 或 $\Omega-\bar{A}\,\bar{B}\,\bar{C}$ 或 $A\bar{B}\,\bar{C}+\bar{A}B\bar{C}+\bar{A}\,\bar{B}C+AB\bar{C}+A\bar{B}C+\bar{A}BC+ABC$；

⑤ $AB\cup AC\cup BC$ 或 $AB\bar{C}+A\bar{B}C+\bar{A}BC+ABC$；⑥ $A\bar{B}\,\bar{C}+\bar{A}B\bar{C}+\bar{A}\,\bar{B}C+\bar{A}\,\bar{B}\,\bar{C}$。

例 6-4 考察镇政府全体干部的集合，令 $A=\{$女干部$\}$，$B=\{$已婚干部$\}$，$C=\{$具有研究生学历的干部$\}$。

①用文字说明 $AB\bar{C}$，$(\bar{A}\cup B)\bar{C}$，$A\bar{B}\cup\bar{A}\,\bar{B}$ 的含义。

②用 A，B，C 的运算表示非研究生学历的未婚男干部。

解： ① $AB\bar{C}$ 表示非研究生学历的已婚女干部；$(\bar{A}\cup B)\bar{C}$ 表示非研究生学历的干部，他是男性或是已婚干部；$A\bar{B}\cup\bar{A}\,\bar{B}=(A\cup\bar{A})\bar{B}=\Omega\cap\bar{B}=\bar{B}$，表示未婚干部。

② $\bar{A}\,\bar{B}\,\bar{C}$。

6.2 随机事件的概率

人们常会谈论某一篮球明星的投篮命中率是多少，或者某一批次的牛奶达标率是多少等相关话题，这意味着在日常生活中，人们已经达成一种共识：随机事件发生的可能性的大小是可以度量的。

6.2.1 频率与概率

（1）频率及其稳定性

随机事件 A 在 n 次重复试验中发生了 k 次（k 称为**频数**），则称值 $\frac{k}{n}$ 为随机事件 A 的**频率**，记作 $f_n(A)$，即 $f_n(A)=\frac{k}{n}$。

历史上有人做过抛掷硬币的试验，结果如表 6-1 所示。

表 6-1 **抛掷硬币试验**

试验者	抛掷次数	“正面向上”次数	“正面向上”的频率
蒲　丰	4 040	2 048	0.506 9
皮尔逊	12 000	6 019	0.501 6

续表

试验者	抛掷次数	“正面向上”次数	“正面向上”的频率
皮尔逊	24 000	12 012	0. 500 5
维　尼	30 000	14 994	0. 499 8

容易看出，随着抛掷次数的增加，正面向上的频率围绕着一个确定的常数 0. 5 作幅度越来越小的摆动。正面向上的频率稳定于 0. 5 附近，是一个客观存在的事实，不随人们主观意志为转移，这一规律，就是频率的稳定性。

频率在一定程度上反映了随机事件发生可能性的大小。尽管每做一串（n 次）试验，所得到的频率可以各不相同，但是只要 n 足够大，频率会非常“靠近”某一个常数。

（2）概率的统计定义

当试验次数 n 充分大时，若随机事件 A 发生的频率 $f_n(A)$ 逐渐稳定地在区间 $[0, 1]$ 上的某一个常数 p 附近摆动，则称数值 p 为随机事件 A 发生的概率，记作 $P(A)=p$。

上述定义称为随机事件**概率的统计定义**。它给出了一个近似求随机事件概率的方法：当试验重复多次时，随机事件 A 的频率 $f_n(A)$ 近似等于随机事件 A 的概率 $P(A)$，即 $f_n(A) \approx P(A)$。

例 6-5 从树林中抓 50 只鸟，做上记号后再放入该树林中。现从该树林中任意抓来 20 只鸟，发现其中有 1 只有记号，问树林中大约有多少只鸟？

解： 设树林中有 n 只鸟，则从树林中抓到一只有记号的鸟的概率为 $\frac{50}{n}$，它近似于捉到有记号的鸟的频率 $\frac{1}{20}$，即 $\frac{50}{n} \approx \frac{1}{20}$，解之得 $n \approx 1000$。故树林中大约有 1000 只鸟。

（3）概率的基本性质

由概率的定义和前面的讨论，可以得到概率的几条基本性质。

性质 1 任何事件的概率都在 0 与 1 之间，即 $0 \leqslant P(A) \leqslant 1$。

性质 2 若 Ω 为必然事件，φ 为不可能事件，则 $P(\Omega)=1$，$P(\varphi)=0$。

性质 3 $P(\bar{A})=1-P(A)(A \in \Omega)$。

6. 2. 2 古典概型

设有 40 件同类产品，其中 37 件合格品，3 件次品，现从中随机抽取一件进行检查。由于 40 件产品中有 3 件次品，故即使不进行大量试验，我们也会认为抽到次品的可能性为 $\frac{3}{40}$。

从上例中，我们看到一种简单而又直观地计算概率的方法，但在应用这个方法时，要求随机试验具备两个特点。

①有限性：每次试验只有有限个可能的试验结果，即随机试验只有有限个基本事件。

②等可能性：每次试验中各个基本事件发生的可能性相同。

具备上述特点的随机试验模型，称为**古典概型**。

例如前面提到的抛硬币、掷骰子试验都是古典概型。称这种随机试验中的事件的概率为**古典概率**。

在古典概型中，若总的基本事件数为 n，而事件 A 包含了 k 个基本事件，则 A 的概率为 $P(A)=\frac{k}{n}=\frac{A\text{包含的基本事件数}}{\Omega\text{中基本事件的总数}}$

这种概率的定义，称为**概率的古典定义**。由等可能性的假设，这个定义客观反映了随机事件发生的可能性的大小。

例 6-6 同时抛掷两枚硬币，求落下后恰有一枚正面朝上的概率。

解： 设 $A=\{$恰有一枚正面朝上$\}$，

因为 $\Omega=\{$(正，正)，(正，反)，(反，正)，(反，反)$\}$，而 $A=\{$(正，反)，(反，正)$\}$，故 $P(A)=\frac{2}{4}=\frac{1}{2}$。

在应用概率的古典定义计算时，必须慎重地判断等可能性。如果认为例 6-6 中等可能的基本事件为"全正""一正一反""全反"就会得出 $P(A)=\frac{1}{3}$ 的错误结论来。

例 6-7 同时抛掷两枚匀称的骰子，求事件 $A=\{$点数之和等于 10$\}$ 的概率。

解： 等可能的基本事件共有 $6^2=36$ 个。如果我们用 (x, y) 表示第一枚骰子出 x 点，第二枚骰子出 y 点这一基本事件，则样本空间中全部基本事件为

(1，1) (1，2) (1，3) (1，4) (1，5) (1，6)
(2，1) (2，2) (2，3) (2，4) (2，5) (2，6)
(3，1) (3，2) (3，3) (3，4) (3，5) (3，6)
(4，1) (4，2) (4，3) (4，4) (4，5) (4，6)
(5，1) (5，2) (5，3) (5，4) (5，5) (5，6)
(6，1) (6，2) (6，3) (6，4) (6，5) (6，6)

事件 A 所包含的基本事件是 (4，6) (5，5) (6，4) 三个，故 $P(A)=\frac{3}{36}=\frac{1}{12}$。

例 6-8 某商场举行抽奖活动，投放 n 张奖券中只有 1 张有奖。每个顾客可以抽 1 张，求第 k 个顾客中奖的概率 $(1\leqslant k\leqslant n)$。

解： 设 $A=\{$第 k 个顾客中奖$\}$，因为顾客抽到奖券后是不放回的，所以到第 k 个顾客中奖为止样本空间所含的基本事件数为 $n\times(n-1)\times(n-2)\cdots\times(n-k+1)$，事件 A 包含的基本事件数为 $(n-1)\times(n-2)\times(n-3)\times\cdots\times[n-(k-1)]\times 1$，于是

$$P(A)=\frac{(n-1)\times(n-2)\times(n-3)\times\cdots\times[n-(k-1)]\times 1}{n\times(n-1)\times(n-2)\cdots\times(n-k+1)}=\frac{1}{n}$$

上述结果表明中奖与否与顾客出现的次序 k 无关，抽奖活动对每个顾客来说都是公平

的。值得注意的是，当样本空间中所含的基本事件数很大，则可用计算排列、组合的方法来求解古典概型问题。

例 5　有 10 件产品，其中 2 件次品，无放回地取出 3 件，求：①全是正品的概率；②恰有一件次品的概率；③至少有一件次品的概率。

解：设 $A=\{$全是正品$\}$，$B=\{$恰有一件次品$\}$，$C=\{$至少有一件次品$\}$

从 10 件中取出 3 件，共有 C_{10}^3 种取法，即有 C_{10}^3 个等可能的基本事件。

①这三件产品全是正品的取法有 C_8^3 种，故 $P(A)=\dfrac{C_8^3}{C_{10}^3}=\dfrac{56}{120}=\dfrac{7}{15}$。

②这三件产品恰有一件次品的取法有 $C_8^2C_2^1$ 种，故 $P(B)=\dfrac{C_8^2C_2^1}{C_{10}^3}=\dfrac{56}{120}=\dfrac{7}{15}$。

③这三件产品至少有一件次品，包括两种情形：恰有一件次品，取法有 $C_8^2C_2^1$；恰有两件次品，取法有 $C_8^1C_2^2$。故 $P(C)=\dfrac{C_8^2C_2^1+C_8^1C_2^2}{C_{10}^3}=\dfrac{64}{120}=\dfrac{8}{15}$。

例 6-9　假设电话号码由 0，1，2，…，9 中的四个数字组成（可以重复），任取一个电话号码，求它是由不同的四个数字组成的概率。

解：设 $A=\{$电话号码由不同的四个数字组成$\}$，从 10 个不同的数中，任取 4 个数（可以重复），共有 10^4 种，而由不同的 4 个数组成的电话号码的方法共有 A_{10}^4 种，故 $P(A)=\dfrac{A_{10}^4}{10^4}=\dfrac{63}{125}$。

6.2.3　加法公式

加法公式

定理 1　对于任意两个事件 A 和 B，有 $P(A+B)=P(A\cup B)=P(A)+P(B)-P(AB)$。

这个公式可以这样记忆：把 $P(A\cup B)$ 看作 $A\cup B$ 的面积，它等于 A 的面积 $P(A)$，加上 B 的面积 $P(B)$，由于其中 AB 的面积 $P(AB)$ 被加了两次，所以再减去 AB 的面积 $P(AB)$。

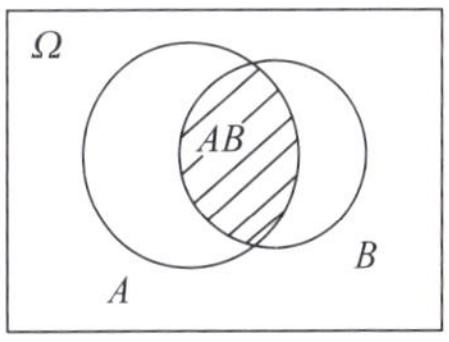

图 6-2　加法公式

推论 1　两个互不相容事件的和的概率等于它们概率的和，即若 A，B 互不相容，则

$$P(A+B)=P(A\cup B)=P(A)+P(B)$$

推论 2　$P(\overline{A})=1-P(A)$

推论 3　A，B，C 为任意三事件，则

$$P(A+B+C)=P(A)+P(B)+P(C)-P(AB)-P(AC)-P(BC)+P(ABC)$$

推论 4　若 A_1，A_2，…，A_n 两两互不相容，则

$$P(A_1+A_2+\cdots+A_n)=P(A_1)+P(A_2)+\cdots+P(A_n)$$

例 6-10　高校某专业大一年级三个班的男生和女生的人数如表 6-2 所示。

表 6-2 某专业大一年级三个班人数统计表

性别	班级			
	一班	二班	三班	总计
男	32	33	34	99
女	34	32	31	97
总计	66	65	65	196

现从中随机抽取 1 人，问

①抽到二班学生或女学生的概率是多少？

②抽到一班学生或三班学生的概率是多少？

解：①设 $A=\{$二班学生$\}$，$B=\{$女学生$\}$，则 $A+B=\{$二班学生或女学生$\}$，$P(A+B)=P(A)+P(B)-P(AB)=\frac{65}{196}+\frac{97}{196}-\frac{32}{196}=\frac{130}{196}=\frac{65}{98}$，即抽到二班学生或女学生的概率是 $\frac{65}{98}$。

②设 $C=\{$一班学生$\}$，$D=\{$三班学生$\}$，则 $C+D=\{$一班学生或三班学生$\}$，

法一 $P(C+D)=P(C)+P(D)-P(CD)=\frac{66}{196}+\frac{65}{196}-0=\frac{131}{196}$，

法二 $\overline{C+D}=\{$二班学生$\}$，$P(C+D)=1-P(\overline{C+D})=1-\frac{65}{196}=\frac{131}{196}$，

即抽到一班学生或三班学生的概率是 $\frac{131}{196}$。

例 6-11 在 1 ~ 2 000 的整数中随机取一个数，取到的数既不能被 6 整除，又不能被 8 整除的概率是多少？

解：设 $A=\{$取到的数能被 6 整除$\}$，$B=\{$取到的数能被 8 整除$\}$，则 $\overline{A}\,\overline{B}=\{$取到的数既不能被 6 整除又不能被 8 整除$\}$，

所求的概率为 $P(\overline{A}\,\overline{B})=P(\overline{A\cup B})=1-P(A\cup B)=1-[P(A)+P(B)-P(AB)]$

由于 $333<\frac{2\,000}{6}<334$，故得 $P(A)=\frac{333}{2\,000}$，由于 $\frac{2\,000}{8}=250$ 故得 $P(B)=\frac{250}{2\,000}$，

一个数能同时被 6 与 8 整除，相当于能被 24 整除，故由 $83<\frac{2\,000}{24}<84$，得 $P(AB)=\frac{83}{2\,000}$，于是所求概率为 $P(\overline{A}\,\overline{B})=1-(\frac{333}{2\,000}+\frac{250}{2\,000}-\frac{83}{2\,000})=\frac{3}{4}$。

6.3　条件概率、全概公式与逆概公式

条件概率

6.3.1　条件概率与乘法公式

在一些实际问题中，除了要计算某个事件的概率，还要计算在另一事件发生的前提下该事件的概率，如例 6-12 所示。

例 6-12　甲、乙两个工厂生产同类产品，结果如表 6-3 所示。

表 6-3　　甲、乙两个工厂生产情况表

—	合格品数	废品数	合计
甲厂产品数	65	5	70
乙厂产品数	25	5	30
合计	90	10	100

如果已知取到的产品是合格品，那么这件产品是甲厂产品的概率是多少呢？

分析：记 $A=\{$取到甲厂产品$\}$，$B=\{$取到合格品$\}$，该问题实际是求在事件 B 已经发生的前提下，事件 A 发生的概率，这种概率称之为**在 B 发生的前提下 A 发生的条件概率，记作 $P(A|B)$**。

例 6-12 中由于总共有 90 件合格品，而其中甲厂产品有 65 件，故 $P(A|B)=\frac{13}{18}$，类似地，可以求出，$P(B|A)=\frac{13}{14}$，$P(A)=\frac{7}{10}$，$P(AB)=\frac{13}{20}$。由此可见，$P(A|B)$ 与 $P(A)$，$P(B|A)$ 以及 $P(AB)$ 的含义都是不相同的。观察可发现

$$P(A|B)=\frac{65}{90}=\frac{\frac{65}{100}}{\frac{90}{100}}=\frac{P(AB)}{P(B)}=\frac{13}{18}。$$

容易验证，一般情况下，如果 $P(B)>0$，则在事件 B 发生的前提下事件 A 发生的条件概率为

$$P(A|B)=\frac{P(AB)}{P(B)}。$$

类似地，如果 $P(A)>0$，则在事件 A 发生的前提下事件 B 发生的条件概率为

$$P(B|A)=\frac{P(AB)}{P(A)}。$$

由上面两式易得概率的**乘法公式**为

$$P(AB)=P(A)P(B|A),\ P(A)>0$$
$$P(AB)=P(B)P(A|B),\ P(B)>0$$

乘法公式可以推广到有限个事件积的情形。

$$P(ABC)=P(A)P(B|A)P(C|AB),\ P(AB)>0$$

$P(A_1A_2\cdots A_n)=P(A_1)P(A_2|A_1)P(A_3|A_1A_2)\cdots P(A_n|A_1A_2\cdots A_{n-1})$，$P(A_1A_2\cdots A_{n-1})>0$。

例 6-13 甲乙两市都位于长江下游，据一百年来的气象记录，一年中雨天的比例，甲市为20%，乙市为18%，两市同时下雨为12%，设$A=\{$甲市出现雨天$\}$，$B=\{$乙市出现雨天$\}$，求：①$P(A|B)$；②$P(B|A)$；③$P(A\cup B)$。

解：①$P(A|B)=\dfrac{P(AB)}{P(B)}=\dfrac{0.12}{0.18}=\dfrac{2}{3}$

②$P(B|A)=\dfrac{P(AB)}{P(A)}=\dfrac{0.12}{0.2}=\dfrac{3}{5}$

③$P(A\cup B)=P(A)+P(B)-P(AB)=0.2+0.18-0.12=0.26$

例 6-14 某产品的合格率为98%，而合格品中一等品率为80%，求该产品的一等品率。

解：法一　设$A=\{$合格品$\}$，$B=\{$一等品$\}$，$\because B\subset A$，$\therefore AB=B$，

$P(B)=P(AB)=P(A)P(B|A)=98\%\times 80\%=78.4\%$，于是该产品的一等品率为78.4%。

当然，此例也可用概率的古典定义来解。

法二　设$A=\{$一等品$\}$，设产品数量为a，则合格品数为$0.98a$，一等品数为$0.98a\times 0.8$，则$P(A)=\dfrac{0.98a\times 0.8}{a}=0.784$。

6.3.2 全概公式

全概公式

定理 2 设A_1，A_2，…，A_n构成一个完备事件组，即

①A_1，A_2，…，A_n两两互不相容；②$A_1+A_2+\cdots+A_n=\Omega$，$P(A_i)>0$，$(i=1,2,\cdots,n)$则对任一事件$B$，有$P(B)=P(A_1)P(B|A_1)+P(A_2)P(B|A_2)+\cdots+P(A_n)P(B|A_n)$，此式称为**全概公式**。

证明：$\because B\subset\Omega$

$\therefore B=B\Omega=B(A_1+A_2+\cdots+A_n)$

$\quad =BA_1+BA_2+\cdots+BA_n$

$\because A_1$，A_2，…，A_n两两互斥

$\therefore BA_1$，BA_2，…，BA_n也两两互斥

$\therefore P(B)=P(BA_1+BA_2+\cdots+BA_n)=P(BA_1)+P(BA_2)+\cdots+P(BA_n)$

$= P(A_1)P(B \mid A_1) + P(A_2)P(B \mid A_2) + \cdots + P(A_n)P(B|A_n)$

特别地，当 $n = 2$ 时，令 $A = A_1$，$\bar{A} = A_2$，则 $P(B) = P(A)P(B|A) + P(\bar{A})P(B|\bar{A})$。

全概公式是概率论中的一个基本公式，它将计算一个复杂事件的概率问题，转化为在不同情况下或不同原因下发生的简单事件的概率求和问题。

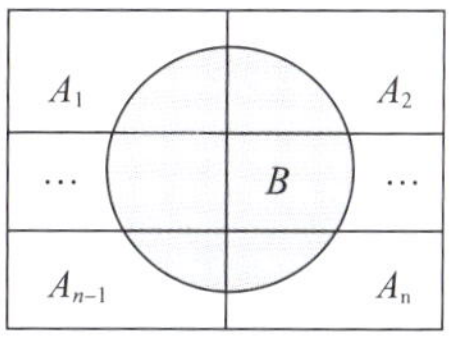

图 6-3 全概公式图示

例 6-15 设市场供应的电风扇中，甲厂产品占 60%，乙厂产品占 40%，甲厂产品的合格率为 90%，乙厂产品的合格率为 95%，求买到的电风扇是合格品的概率。

解： 设 $A = \{$甲厂产品$\}$，$\bar{A} = \{$乙厂产品$\}$，$B = \{$合格品$\}$

$$P(B) = P(A)P(B|A) + P(\bar{A})P(B|\bar{A}) = 0.6 \times 0.9 + 0.4 \times 0.95 = 0.92$$

例 6-16 为了了解一只股票未来一定时期内价格的变化，人们往往会去分析影响股票价格的基本因素，比如利率的变化。现假设人们经过分析估计利率上调的概率为 30%，利率下调的概率为 30%，利率不变的概率为 40%。根据经验，人们估计在利率上调的情况下，该只股票价格上涨的概率为 25%；在利率下调的情况下，该只股票价格上涨的概率为 70%；在利率不变的情况下，该只股票价格上涨的概率为 40%，求该只股票上涨的概率。

解： 设 $A_1 = \{$利率上调$\}$，$A_2 = \{$利率下调$\}$，$A_3 = \{$利率不变$\}$，$B = \{$股票价格上涨$\}$

根据题设可知 $P(B) = P(A_1)P(B|A_1) + P(A_2)P(B|A_2) + P(A_3)P(B|A_3)$

$$= 0.3 \times 0.25 + 0.3 \times 0.7 + 0.4 \times 0.4 = 0.445 = 44.5\%$$

6.3.3 逆概公式

逆概公式

定理 3 设 B 为任一事件，$P(B) > 0$，A_1，A_2，…，A_n 构成一个完备事件组，即

① A_1，A_2，…，A_n 两两互不相容；② $A_1 + A_2 + \cdots + A_n = \Omega$。则

$$P(A_i \mid B) = \frac{P(A_iB)}{P(B)} = \frac{P(A_i)P(B \mid A_i)}{P(A_1)P(B|A_1) + P(A_2)P(B|A_2) + \cdots + P(A_n)P(B|A_n)} (i = 1, 2, \cdots, n)$$

上式称为贝叶斯（Bayes）公式，也称为逆概公式，实际上是条件概率。

例 6-17 对于例 6-15，若已知买到的一个电风扇是合格品，求这个合格品是甲厂生产的概率。

解： 我们仍然沿用例 6-15 中的记号，所求概率为 $P(A|B)$

$$P(A|B) = \frac{P(AB)}{P(B)} = \frac{P(A)P(B|A)}{P(A)P(B|A) + P(\bar{A})P(B|\bar{A})} = \frac{0.6 \times 0.9}{0.6 \times 0.9 + 0.4 \times 0.95} \approx 0.587 = 58.7\%$$

例 6-18 根据以往的临床记录，某种诊断癌症的试验具有以下效果：若设 $A = \{$被诊

断者患有癌症}, $B=\{$试验反映为阳性$\}$, $P(B|A)=0.95$, $P(\bar{B}|\bar{A})=0.95$, 现对一大批人进行癌症普查，设被试验的人中患有癌症的概率为 0.005，即 $P(A)=0.005$，试求 $P(A|B)$。

解： 因为 A 与 $\bar{A}$ 构成完备事件组，由逆概公式，所求概率为

$$P(A|B)=\frac{P(AB)}{P(B)}=\frac{P(A)P(B|A)}{P(A)P(B|A)+P(\bar{A})P(B|\bar{A})}$$

$$=\frac{0.005\times0.95}{0.005\times0.95+(1-0.005)(1-0.95)}\approx0.087=8.7\%$$

6.4 事件的独立性与伯努利概型

事件的独立性

6.4.1 事件的独立性

在一些实际问题中，常会碰到两个事件中的任何一个事件发生与否对另一个事件的发生不会构成影响，由此引出事件相互独立的问题。

(1) 两个事件的独立性

定 义 如果事件 A 的发生不影响事件 B 发生的概率或事件 B 的发生不影响事件 A 发生的概率，即 $P(B|A)=P(B)$ 或 $P(A|B)=P(A)$，则称事件 A 与事件 B 是相互独立的，简称为独立。

由定义和概率的乘法公式得，事件 A 与事件 B 相互独立的充要条件是

$$P(AB)=P(A)P(B)$$

定理 4 若事件 A 与事件 B 相互独立，则下列各对事件：A 与 $\bar{B}$，$\bar{A}$ 与 B，$\bar{A}$ 与 $\bar{B}$ 也相互独立。

证明： 因为 $A=A\Omega=A(B+\bar{B})=AB+A\bar{B}$，而 AB 与 $A\bar{B}$ 互不相容，所以

$$P(A)=P(AB+A\bar{B})=P(AB)+P(A\bar{B}),$$

$$P(A\bar{B})=P(A)-P(AB)=P(A)-P(A)P(B)=P(A)[1-P(B)]=P(A)P(\bar{B}),$$

从而 A 与 $\bar{B}$ 相互独立。

同理可证：$\bar{A}$ 与 B，$\bar{A}$ 与 $\bar{B}$ 也相互独立。

所以在以上四对事件中，只要已知一对事件相互独立，则其他三对事件也相互独立。

例 6-19 甲、乙同时向一敌机炮击，已知甲击中敌机的概率为 0.6，乙击中敌机的概率为 0.5，求敌机被击中的概率。

解： 设 $A=\{$敌机由甲击中$\}$, $B=\{$敌机由乙击中$\}$, $C=\{$敌机被击中$\}$，则 $C=A\cup B$，所求概率为 $P(C)=P(A\cup B)=P(A)+P(B)-P(AB)$，因为 A 与 B 相互独立（甲、乙击

中与否相互不影响)，所以 $P(AB)=P(A)P(B)$，故有

$$P(C)=P(A\cup B)=P(A)+P(B)-P(A)P(B)=0.6+0.5-0.6\times0.5=0.8。$$

(2) 有限个事件的独立性

两个事件的独立性有如下推广：

若事件 A、B、C 满足：$P(AB)=P(A)P(B)$，$P(AC)=P(A)P(C)$，$P(BC)=P(B)P(C)$，则称**事件 A、B、C 两两相互独立**；两两相互独立的前提下又若满足 $P(ABC)=P(A)P(B)P(C)$，则称**事件 A、B、C 是相互独立的**。

一般地，设 A_1，A_2，…，A_n 是 n 个事件，如果对于任意的 $k(1<k\leqslant n)$ 和任意的一组 $1\leqslant i_1<i_2<\cdots<i_k\leqslant n$，都有等式 $P(A_{i_1}A_{i_2}\cdots A_{i_k})=P(A_{i_1})P(A_{i_2})\cdots P(A_{i_k})$ 成立，则称 A_1，A_2，…，A_n 是 **n 个相互独立的事件**。

例 6-20　有 4 个球，分别是红球、白球、黄球，红白黄三色球。从中随机抽一球，设 $A=\{$抽到的球有红色$\}$，$B=\{$抽到的球有白色$\}$，$C=\{$抽到的球有黄色$\}$，考察事件 A、B、C 的独立性。

解：$P(A)=P(B)=P(C)=\dfrac{2}{4}=\dfrac{1}{2}$，$P(AB)=P(AC)=P(BC)=\dfrac{1}{4}$，$P(ABC)=\dfrac{1}{4}$，

$$P(AB)=P(A)P(B)=\frac{1}{2}\times\frac{1}{2}=\frac{1}{4}，P(AC)=P(A)P(C)=\frac{1}{2}\times\frac{1}{2}=\frac{1}{4}，$$

$$P(BC)=P(B)P(C)=\frac{1}{2}\times\frac{1}{2}=\frac{1}{4}，P(ABC)=\frac{1}{4}\neq P(A)P(B)P(C)=\frac{1}{2}\times\frac{1}{2}\times\frac{1}{2}=\frac{1}{8}，$$

于是 A、B、C 两两独立，但 A、B、C 不相互独立。

例 6-21　加工某一零件共需经过三道工序，设第一、二、三道工序的次品率分别为 2%、3%、5%，假定各道工序是互不影响的，求加工出来的零件的次品率。

解：法一　设 $A_i=\{$第 i 道工序出次品$\}$ $(i=1,2,3)$，$B=\{$零件是次品$\}$，则 $B=A_1\cup A_2\cup A_3$，所以

$$\begin{aligned}P(B)&=P(A_1\cup A_2\cup A_3)\\&=P(A_1)+P(A_2)+P(A_3)-P(A_1A_2)-P(A_1A_3)-P(A_2A_3)+P(A_1A_2A_3)\end{aligned}$$

因为 $P(A_1)=0.02$，$P(A_2)=0.03$，$P(A_3)=0.05$，又各道工序相互独立，所以

$$P(A_1A_2)=P(A_1)P(A_2)=0.000\,6，P(A_1A_3)=P(A_1)P(A_3)=0.001，$$

$$P(A_2A_3)=P(A_2)P(A_3)=0.001\,5，P(A_1A_2A_3)=P(A_1)P(A_2)P(A_3)=0.000\,03，$$

所以所求概率 $P(B)=0.02+0.03+0.05-0.000\,6-0.001\,5-0.001+0.000\,03=0.096\,93$。

法二　事件的假设方法与解法一相同。

因为 $B=A_1\cup A_2\cup A_3$，所以 $\overline{B}=\overline{A_1\cup A_2\cup A_3}=\overline{A_1}\,\overline{A_2}\,\overline{A_3}$，又 A_1，A_2，A_3 相互独立，所以 $\overline{A_1}$，$\overline{A_2}$，$\overline{A_3}$ 也相互独立，因此

$P(\overline{B})=P(\overline{A_1A_2A_3})=P(\overline{A_1})P(\overline{A_2})P(\overline{A_3})=(1-0.02)(1-0.03)(1-0.05)=0.903\,07$

所以 $P(B)=1-P(\overline{B})=1-0.903\,07=0.096\,93$。

可见，法二比法一步骤更简单。

6.4.2 伯努利概型

如果一次抛掷 n 枚相同的硬币，要求“恰好出现 k 个正面”这一事件的概率 $P_n(k)$。这样一个“一次抛掷 n 枚相同的硬币”的随机试验，可以用另一种等价的方式来进行：每次抛掷一枚硬币，共抛掷 n 次。容易理解，这 n 次抛掷的结果是相互独立的，因而如果把相同条件下抛掷一枚硬币看作是一次试验，就意味着这 n 次试验是相互独立的。这里所谓“试验是相互独立的”，意思就是说试验的结果是相互独立的。

一般地说，在相同条件下进行 n 次试验，若各次试验的结果互不影响，则称这 n 次试验为 **n 重独立重复试验**；又如果在这 n 次试验中，每次试验只能有两个结果：A 和 $\overline{A}$，而且已知 $P(A)=p$，$P(\overline{A})=1-p=q$（其中 $0<p<1$），则称这 n 次试验为 **n 重伯努利（Bernoulli）试验**，简称为**伯努利试验**或**伯努利概型**。

注： n 重伯努利试验是一种很重要的数学模型，在实际问题中具有广泛的应用。其特点是：事件 A 在每次试验中发生的概率均为 p，且不受其他各次试验中 A 是否发生的影响。

对于伯努利试验，我们关心的是在这 n 次试验中事件 A 发生 k 次的概率。由于在固定的 n 个试验序号上事件 A 发生 k 次的概率为 $p^k(1-p)^{n-k}$，在 n 个序号上挑选 k 个的方法有 C_n^k 种，故有定理 5。

定理 5 在 n 重伯努利试验中，设每次事件 A 发生的概率为 p（$0<p<1$），则事件 A 恰好发生 k 次的概率。

$$P_n(k)=C_n^kp^k(1-p)^{n-k}=C_n^kp^kq^{n-k},\quad(0<p<1,\ q=1-p,\ k=0,1,\cdots,n)$$

因为 $C_n^kp^kq^{n-k}$ 正好是 $(p+q)^n$ 二项展开式的一般项，故上述公式也称为**二项概率公式**。显然有 $\sum\limits_{k=0}^{n}C_n^kp^kq^{n-k}=(p+q)^n=1$。

例 6-22 一射手对一目标连续地射击 5 次，每次射击的命中率为 0.6，求：①恰好命中 2 次的概率；②至少命中一次的概率。

解： ① $P_5(2)=C_5^2(0.6)^2(0.4)^3=0.230\,4$

②设 $A=\{$至少命中一次$\}$，则 $P(A)=1-P(\overline{A})=1-P_5(0)=1-0.4^5=0.989\,76$

例 6-23 有 100 件产品，其中 90 件正品，10 件次品，现

①有放回地抽取 4 次，每次 1 件；

②无放回地抽取 4 次，每次 1 件。

求：恰好抽到 3 件次品的概率。

解：①所求概率为 $P_4(3)=C_4^3(0.1)^3(0.9)^1=0.0036$

②不属于伯努利概型，由古典概型，所求概率为 $\frac{C_{10}^3C_{90}^1}{C_{100}^4}\approx 0.0028$。

从以上的计算结果可以看出，两者的概率相差不大。当产品的批量很大时，两者的差距还会更小，所以有时可把“无放回”近似看作“有放回”来处理。

例 6-24 某型号高射炮，每门炮发射一发炮弹击中飞机的概率为0.7，现若干门炮同时各发射一发，问：欲以 99%以上的把握击中一架来犯的敌机至少需配几门炮？

解：设需要配置 n 门炮。因为 n 门炮是各自独立发射的，因此，该问题可以看做 n 重伯努利试验。

设 $B=\{$敌机被击中$\}$，则

$$P(B)=1-P(\overline{B})=1-P_n(0)=1-(0.3)^n\geqslant 0.99,$$

即 $(0.3)^n\leqslant 0.01$ 解得 $n\geqslant\frac{\lg 0.01}{\lg 0.3}\approx 3.82$，故至少应配置 4 门炮才能达到要求。

另外，需要指出的是，在伯努利试验中，当 n 很大而 p 很小时，计算会比较麻烦，此时我们可以用**泊松公式**来简化计算：$P_n(k)=C_n^kp^k(1-p)^{n-k}\approx\frac{\lambda^k}{k!}e^{-\lambda}(\lambda=np)$。

例 6-25 设每次射击击中目标的概率为 0.001，若射击 5000 次，求恰有 1 次击中的概率。

解：所求概率为 $P_{5000}(1)=C_{5000}^1(0.001)^1(0.999)^{4999}$，

计算比较麻烦，故用泊松公式来近似计算：$P_{5000}(1)\approx\frac{(5000\times 0.001)^1}{1!}e^{-5000\times 0.001}=5e^{-5}$。

6.5 本章小结

6.5.1 随机事件

(1) 随机试验特点

①可重复性，②可观察性，③不确定性。

随机事件：在随机试验中，可能发生也可能不发生的事件。

(2) 事件的关系和运算

①包含关系：如果事件 A 发生必然导致事件 B 发生，则称事件 B 包含事件 A，记作 $A\subset B$。

②相等关系：如果有 $A\subset B$，$B\subset A$ 同时成立，则称事件 A 与事件 B 相等，记作 $A=B$。

③互斥关系：事件 A 与事件 B 不能同时发生，即 $AB=\varphi$。

④对立关系：$A+B=\Omega$ 且 $AB=\varphi$，则称事件 A 与事件 B 互为对立事件（或互逆事件）。

⑤完备事件组（完备群）：n 个事件：A_1，A_2，…，A_n，若满足

a. $A_iA_j=\varphi$，$(1\leqslant i<j\leqslant n)$；b. $A_1\cup A_2\cup\cdots\cup A_n=\Omega$，则称事件 A_1，A_2，…，A_n 构成一个完备事件组。

⑥事件的和（并）：事件 A 与事件 B 至少有一个发生的事件，记作 $A+B$ 或 $A\cup B$。

⑦事件的差：事件 A 发生而事件 B 不发生的事件，记作 $A-B$。

⑧事件的积（交）：事件 A 与事件 B 同时发生的事件，记作 $A\cap B$（或 AB）。

6.5.2 事件的概率

（1）概率的统计定义

当试验次数 n 充分大时，若随机事件 A 发生的频率 $f_n(A)=\dfrac{k}{n}$（其中 k 为 A 的频数）逐渐稳定地在区间 $[0,1]$ 上的某一个常数 p 附近摆动，则称数值 p 为随机事件 A 发生的概率，记作 $P(A)=p$。

（2）古典概型

①古典概型特点：a. 样本空间中基本事件数为有限；b. 所有基本事件等概率。

②概率的古典定义：$P(A)=\dfrac{k}{n}=\dfrac{A\text{包含的基本事件数}}{\Omega\text{中基本事件的总数}}$。

（3）概率的基本性质

①任何事件的概率都在 0 与 1 之间，即 $0\leqslant P(A)\leqslant 1$。

②若 Ω 为必然事件，φ 为不可能事件，则 $P(\Omega)=1$，$P(\varphi)=0$。

③ $P(\bar{A})=1-P(A)\ (A\in\Omega)$。

（4）概率的加法公式

①对于任意两个事件 A、B，有 $P(A+B)=P(A\cup B)=P(A)+P(B)-P(AB)$。

②若事件 A、B 互不相容，则 $P(A+B)=P(A\cup B)=P(A)+P(B)$

③ A、B、C 为任意三事件，则

$P(A+B+C)=P(A)+P(B)+P(C)-P(AB)-P(AC)-P(BC)+P(ABC)$

④若 A_1，A_2，…，A_n 两两互不相容，则 $P(A_1+A_2+\cdots+A_n)=P(A_1)+P(A_2)+\cdots+P(A_n)$

6.5.3 条件概率、全概公式与逆概公式

（1）条件概率计算公式

设 $P(A)>0$，则 $P(B|A)=\dfrac{P(AB)}{P(A)}$

(2) 概率的乘法公式

$$P(AB)=P(A)P(B|A),\ P(A)>0$$
$$P(AB)=P(B)P(A|B),\ P(B)>0$$

(3) 全概公式

设 A_1, A_2, …, A_n 构成一个完备事件组，则

$$P(B)=P(A_1)P(B|A_1)+P(A_2)P(B|A_2)+\cdots+P(A_n)P(B|A_n)$$

(4) 逆概公式

设 B 为任一事件，$P(B)>0$，A_1, A_2, …, A_n 构成一个完备事件组，

$$P(A_i|B)=\frac{P(A_iB)}{P(B)}=\frac{P(A_i)P(B|A_i)}{P(A_1)P(B|A_1)+P(A_2)P(B|A_2)+\cdots+P(A_n)P(B|A_n)}(i=1,\ 2,\ \cdots,\ n)$$

6.5.4　事件的独立性与伯努利概型

(1) 两个事件相互独立

$P(B|A)=P(B)$ 或 $P(A|B)=P(A)$ 或 $P(AB)=P(A)P(B)$。

(2) 伯努利概型特点

① n 次独立重复试验；②每次试验只能有两个结果：A 和 $\overline{A}$，且每次 A 发生的概率相同，$P(A)=p$。n 重伯努利试验中 A 恰好发生 k 次的概率为

$$P_n(k)=C_n^kp^k(1-p)^{n-k}=C_n^kp^kq^{n-k}\ (k=0,\ 1,\ \cdots,\ n)$$

习题 6

1. 设 A，B，C 表示三个随机事件，试将下列事件用 A，B，C 的运算表示。

(1) 仅 A 发生。

(2) A，B，C 都发生。

(3) A，B，C 都不发生。

(4) A 不发生，且 B，C 中至少有一事件发生。

(5) A，B，C 中至少有一事件发生。

(6) A，B，C 中恰有一事件发生。

(7) A，B，C 中至少有两事件发生。

2. 随机抽取三件产品，设 $A=\{$三件中至少有一件是废品$\}$；$B=\{$三件中至少有两件是废品$\}$；$C=\{$三件都是正品$\}$；问 $\overline{A}$、$\overline{B}$，$\overline{C}$、$A+B$、AC 各表示什么事件？

3. 袋中有 10 个零件，其中 6 件一等品，4 件二等品，今无放回地抽三次，每次取一件。若用 A_i 表示 {第 i 次抽取到一等品} ($i=1$, 2, 3)，问如何表示以下各事件？

(1) 三件都是一等品。

（2）三件都是二等品。

（3）按抽取顺序，前两件为一等品，最后一件为二等品。

（4）不计顺序，所取三件中，有两件一等品，一件二等品。

4. 从一副扑克的 52 张牌中任取两张，求以下事件的概率。

（1）都是红桃的概率。

（2）恰有一张黑桃，一张红桃的概率。

5. 36 件产品中有 4 件次品，今随机抽取 3 件，求以下事件的概率。

（1）恰有一件次品的概率。

（2）至少有一件次品的概率。

6. 某单位订阅甲、乙、丙三种报纸，据调查，职工中 40%读甲报，26%读乙报，24%读丙报，8%兼读甲、乙报，5%兼读甲、丙报，4%兼读乙、丙报，2%兼读甲、乙、丙报。现从职工中随机抽查一人，问该人至少读一种报纸的概率是多少？不读报的概率是多少？

7. 已知 $P(A)=0.2$，$P(B)=0.45$，$P(AB)=0.15$，求以下概率。

（1）$P(A\overline{B})$，$P(\overline{A}B)$，$P(\overline{A}\,\overline{B})$。

（2）$P(A+B)$，$P(\overline{A}+B)$，$P(\overline{A}+\overline{B})$。

（3）$P(A|B)$，$P(B|A)$，$P(A|\overline{B})$。

8. 某人做理财投资，他买股票的概率为 0.3，买基金的概率为 0.6，两样都投资的概率为 0.2，已知他已投资股票，再投资基金的概率是多少？

9. 某人去外地办事，他坐飞机、坐船、坐火车和坐汽车的概率分别为 0.1、0.2、0.2 和 0.5，若坐飞机，迟到的概率是 0；若坐船，迟到的概率是 0.3；若坐火车，迟到的概率是 0.25；若坐汽车，迟到的概率是 0.3。求他迟到的概率。

10. 某地区肝炎发病率为 0.002，已知肝炎患者及非肝炎患者对某种试验反应呈阳性的概率分别为 0.95 和 0.03，现在某人检查的结果为阳性，问此人确实患有肝炎的概率是多少？

11. 在蔬菜运输中，某汽车可能到甲、乙、丙三地去拉菜，设到此三地拉菜的概率分别为 0.2、0.5、0.3，而在各处拉到一级菜的概率分别为 0.1，0.3、0.7。

（1）求汽车拉到一级菜的概率；

（2）已知汽车拉到一级菜，求该车菜是乙地拉来的概率。

12. 三个人独立地破译一个密码，他们译出的概率分别为 $\frac{1}{5}$、$\frac{1}{3}$、$\frac{1}{4}$，问能将此密码译出的概率是多少？

13. 电路由电池 a 及两个并联的电池 b、c 串联而成，如图 6-4 所示。设电池 a、b，c 损坏的概率分别为 0.3、0.2、0.2，求电路断电的概率。

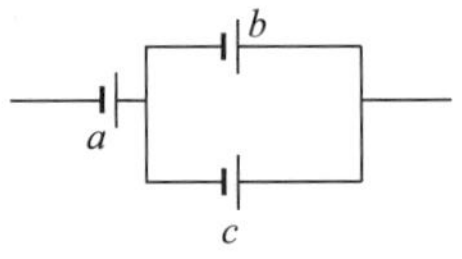

图 6-4　电路图

14. 设有 n 个人向保险公司购买保险期为 1 年的人身意外险，假定投保人在一年内发生意外的概率为 0.005，且每个投保人在一年内是否发生意外是相互独立的，要使保险公司赔付的概率大于 0.5，求投保人

数 n 的范围。

15. 某商场有 6 部电梯，经调查知道在某一时刻各电梯正在运行的概率均为 0.7，求以下事件发生的概率。

（1）此刻恰有 1 部电梯正在运行的概率。

（2）此刻至少有 2 部电梯正在运行的概率。

16. 电子计算机内装有 2 000 个同样的电子管，每一电子管损坏的概率为 0.000 5，如果任意电子管损坏时，计算机即停止工作，求计算机停止工作的概率。

自测题 6

一、选择题

1. 抽查 10 件产品，设 $A=\{$至少 2 件次品$\}$，则 $\overline{A}=$（　　）。

A. {至多 2 件次品}　　B. {至多 1 件次品}

C. {至多 2 件正品}　　D. {至少 1 件正品}

2. 掷两颗均匀的骰子，出现“点数和为 3”的概率为（　　）。

A. $\frac{1}{6}$　　B. $\frac{1}{6}\times\frac{1}{6}$　　C. $\frac{1}{6}+\frac{1}{6}$　　D. $\frac{1}{36}+\frac{1}{36}$

3. 据统计，某地区一年中下雨（记为事件 A）的概率是 $\frac{4}{15}$，刮风（记为事件 B）的概率是 $\frac{2}{15}$，既刮风又下雨的概率是 $\frac{1}{10}$。则下列等式正确的是（　　）。

A. $P(AB)=\frac{2}{15}$　　B. $P(A|B)=\frac{1}{2}$　　C. $P(B|A)=\frac{1}{4}$　　D. $P(A+B)=\frac{3}{10}$

4. A、B 为两任意事件，则 $P(A+B)=$（　　）。

A. $P(A)+P(B)$　　B. $P(A)+P(B)-P(A)P(B)$

C. $P(A)+P(B)-P(AB)$　　D. $P(A)+P(B)[1-P(A)]$

5. 若事件 A、B 满足 $AB=\varphi$，则下列结论不正确的是（　　）。

A. A 与 B 互不相容　　B. $P(A)+P(B)=P(A+B)$

C. $P(AB)=0$　　D. A 与 B 相互独立

6. 袋中有 4 个红球，6 个白球，随机摸 3 个，恰有 2 个白球的概率为（　　）。

A. $\frac{3}{5}$　　B. $\frac{1}{2}$　　C. $\frac{3}{4}$　　D. $\frac{1}{5}$

二、填空题

1. 设 A、B、C 是三个事件，试用 A、B、C 的运算表示下述事件。

（1）{A、B 中至少出现一个，C 不出现} = ________________。

（2）{A、B、C 都不出现} = ________________。

(3) {A 出现, B、C 至少一个不出现} = ________________________________。

2. 若 $A+B=\Omega$, $AB=\varphi$, 则 A 是 B 的____________, $P(A)=$ ____________。

3. 若 $P(A|B)=P(A)$, 则 $P(B|\overline{A})=$ ________________________________。

4. 设 $P(A)=\frac{1}{2}$, $P(B)=\frac{1}{3}$, $P(B|A)=\frac{1}{2}$, 则 $P(A+B)=$ ________________。

5. 已知产品的合格率为 90%，一级品率是 72%，那么合格品中的一级品率是______。

6. 某种电灯使用 800 小时以上的概率为 0.6，从中任取 5 个电灯，则恰有 2 个电灯能使用 800 小时以上的概率为________________________________。

三、是非判断题

1. 事件 A、B 满足运算律 $\overline{AB}=\overline{A}\,\overline{B}$。(　　)

2. 从图书馆的书架上随机取下一本书，记 $A=\{$数学书$\}$，$B=\{$中文书$\}$，则事件 $A\overline{B}$ 表示外文版数学书。(　　)

3. 如果事件 $A+B=\Omega$，则 A、B 互为对立事件。(　　)

4. 已知 $P(A)=0.5$，$P(B)=0.4$，则 $P(AB)=0.5\times 0.4$。(　　)

5. 若事件 A 与事件 B 互相独立，则 $\overline{A}$ 与 $\overline{B}$ 也相互独立。(　　)

四、计算题

1. 设袋中有三个球，编号为 1、2、3，从中任意摸出一个球观察号码，设 $A=\{$摸到球的号码小于 3$\}$，$B=\{$摸到球的号码是奇数$\}$，$C=\{$摸到球的号码是 3$\}$，试问

(1) 样本空间 Ω 是什么?

(2) A 与 B，A 与 C，B 与 C 是否互不相容?

(3) A、B、C 的对立事件分别是什么?

(4) A 与 B 的和事件是什么? 差事件是什么? 积事件是什么?

2. 10 把钥匙中有 2 把能打开柜门，从中任取 3 把，求柜门能打开的概率。

3. 从分别写着 1，2，3，4，5 的 5 张数字卡片中任取 3 张排成三位数，求下列事件的概率。

(1) 该三位数小于 400。

(2) 该三位数是偶数。

(3) 该三位数是 5 的倍数。

4. 制造某产品需经两道工序，设经第一道工序加工后制成的半成品的质量有上、中、下三种可能，它们的概率分别为 0.7、0.2、0.1，这三种质量的半成品经第二道工序加工而成合格品的概率分别为 0.8、0.7、0.1，求经过两道工序的加工而得到合格品的概率。

5. 甲袋中有 4 只红球，6 只白球；乙袋中有 6 只红球，10 只白球。现从两袋中各任取一球，试求两球颜色相同的概率。

6. 设甲乙两射手各自独立地向目标射击一次，已知他们的命中率分别为 0.9 和 0.95，求目标被击中的概率。

7. 某批产品中有 20% 的次品，作放回重复抽样检查，共取 5 件样品。求这 5 件样品中至少有 2 件次品的概率。

第7章 随机变量及其数字特征

学习目标

1. 理解随机变量的概念，掌握离散型随机变量的概率分布求法，理解连续型随机变量的概率密度。

2. 理解分布函数的概念，掌握其性质，了解分布函数的求法。

3. 熟悉常用的几个分布，尤其是二项分布和正态分布。掌握正态分布的概率计算。

4. 理解离散型及连续型随机变量期望的概念及性质，掌握其计算方法，理解随机变量函数的数学期望。

5. 理解方差和标准差的概念，方差的性质，掌握方差的计算方法，知道常见分布的数学期望和方差。

我们在第6章学习了随机事件，随机事件是指随机试验中可能发生也可能不发生的事件，用它可以粗略地描述随机现象。为了更加深入地研究随机现象，便于数学处理，需要把随机事件数量化。本章将介绍随机变量，并对随机变量的概率分布以及数字特征进行研究。

7.1 随机变量

随机变量的概念

7.1.1 随机变量的概念

为了理解随机变量的概念，请看以下例子。

例7-1 在8个同类型产品中，有3件次品，现从中任取3件，求以下事件的概率。

①恰有两件次品的概率。

②至少有一件次品的概率。

③至多有一件次品的概率。

若用以前的方法解这一问题，首先要设三个随机事件，表述起来就比较烦琐。如果我们引入变量 X 来表示3件中的次品数，则以上事件概率分别可表示为 $P(X=2)$，

$P(X \geqslant 1)$ 和 $P(X \leqslant 1)$。

解：设 X 表示 3 件中的次品数，则 X 可能取的值为 0、1、2、3

① $P(X=2)=\dfrac{C_3^2C_5^1}{C_8^3}=\dfrac{15}{56}$。

② $P(X \geqslant 1)=1-P(X=0)=1-\dfrac{C_5^3}{C_8^3}=\dfrac{23}{28}$。

③ $P(X \leqslant 1)=P(X=0)+P(X=1)=\dfrac{C_5^3}{C_8^3}+\dfrac{C_3^1C_5^2}{C_8^3}=\dfrac{5}{7}$。

例 7-2 某射击运动员射击一次的命中率为 $p=0.8$，现连续向一个目标射击，直到首次击中目标为止。用变量 Y 表示总的射击次数，则 Y 可以取值为 0，1，2，……，Y 每取一个值都对应一个随机事件。

例 7-3 测试某种电灯的使用寿命，用变量 Z 表示其使用寿命（小时），则它可以取区间 $[0,+\infty)$ 上的一切实数。如 $Z=2\,000$ 表示随机事件｛电灯使用寿命恰为 2 000 小时｝，而 $Z \leqslant 5\,000$ 表示随机事件｛电灯使用寿命不超过 5 000 小时｝。

上述三例中的变量 X，Y，Z 都具有以下几个特点。

①它们的取值随试验结果而定，试验前并不知道会取到哪个值。

②试验前知道它所有可能的取值。

③每取到一个值，都对应有一个随机事件发生，其概率大小是确定的。

定义 1 如果某个随机试验的结果可用变量 X 来表示，且 X 的取值具有随机性和统计规律性，则称此变量为**随机变量**。随机变量通常用字母 X，Y，Z 或 ξ，η，ζ 表示。

有了随机变量这个概念之后，我们就可以用它来表示随机事件，思考一下：掷一枚质地均匀的硬币，如何用随机变量表示｛正面朝上｝和｛反面朝上｝这两个事件呢？

根据随机变量可能取得的值，可以把它们分为两种基本类型：即离散型随机变量和非离散型随机变量（其中主要是指连续型随机变量）。

7.1.2 离散型随机变量及其概率分布

有一类随机变量，它的全部可能取值是有限个或可数无穷多个，则称这类随机变量为**离散型随机变量**。

如例 7-1 中的随机变量 X 和例 7-2 中的随机变量 Y 就是离散型随机变量，对于离散型随机变量我们不仅要知道它所有可能的取值，而且更重要的是要知道它取相应每一个值的概率，为此我们引入定义 2。

定义 2 设离散型随机变量 X 的所有可能取值为 $x_k(k=1,2,\cdots)$，它相应的概率为 $p_k=P(X=x_k)(k=1,2,\cdots)$，则上式称为离散型随机变量 X 的**概率分布**（或分布列）。

我们通常也可以采取以下表格的形式来直观地表示离散型随机变量 X 的概率分布

X	x_1	x_2	$\cdots$	x_k	$\cdots$
P	p_1	p_2	$\cdots$	p_k	$\cdots$

显然 p_k 满足以下性质。

①$0 \leqslant p_k \leqslant 1(k=1, 2, \cdots)$。

②$\sum_k p_k = 1$。

例 7-4　分别写出例 7-1 和例 7-2 中随机变量的概率分布。

解：例 7-1 中 $X=0, 1, 2, 3$。其概率分布为

$P(X=0)=\frac{C_5^3}{C_8^3}=\frac{5}{28}$，$P(X=1)=\frac{C_3^1C_5^2}{C_8^3}=\frac{15}{28}$，$P(X=2)=\frac{C_3^2C_5^1}{C_8^3}=\frac{15}{56}$，$P(X=3)=\frac{C_3^3}{C_8^3}=\frac{1}{56}$或

X	0	1	2	3
P	5/28	15/28	15/56	1/56

。

例 7-2 中 Y 的所有可能取值为 $Y=1, 2, \cdots$，其概率分布为

$$P(Y=k)=0.2^{k-1}\times 0.8,\ (k=1, 2, \cdots)$$

或

Y	1	2	3	$\cdots$	k	$\cdots$
P	0.8	0.2×0.8	$0.2^2\times 0.8$	$\cdots$	$0.2^{k-1}\times 0.8$	$\cdots$

。

例 7-5　某维修工随身携带的 7 个配件中有 2 个次品，在维修设备时从中任取 1 个，如果每次取出的次品不再放回去，求取得正品前已取得次品数的概率分布。

解：设 X 表示取得正品前已取得的次品数，则 $X=0, 1, 2$，其概率分布为

$$P(X=0)=\frac{5}{7},\ P(X=1)=\frac{2}{7}\times\frac{5}{6}=\frac{5}{21},\ P(X=2)=\frac{2}{7}\times\frac{1}{6}\times\frac{5}{5}=\frac{1}{21}$$

或

X	0	1	2
P	5/7	5/21	1/21

。

例 7-6　设某随机变量 X 的概率分布为

X	-1	1	3
P	0.5	c	$3c^2-0.5c$

求：①常数 c；②$P(X>1)$；③$P(|X|\leqslant 2)$。

解：①$\sum_{k=1}^{3} p_k = 0.5+c+3c^2-0.5c=1$ 解得 $c=\frac{1}{3}$ 或 $c=-\frac{1}{2}$，

因为 $c>0$，$3c^2-0.5c>0$，故 $c=\frac{1}{3}$。

②$P(X>1)=P(X=3)=3\times\left(\frac{1}{3}\right)^2-0.5\times\frac{1}{3}=\frac{1}{6}$。

③ $P(|X| \leq 2) = P(X=-1) + P(X=1) = 0.5 + \frac{1}{3} = \frac{5}{6}$。

下面介绍几种常见的离散型分布。

(1) 两点分布

若一个随机变量 X 只有 0 和 1 两个取值，其概率分布为

X	0	1
P	q	p

其中 $0 < p < 1$，$q = 1 - p$，则称 X 服从**两点分布**或 **0—1 分布**，记 $X \sim B(1, p)$。

例 7-7 抛一枚质地均匀的硬币，求正面朝上的次数的概率分布。

解： 用随机变量 X 表示正面朝上的次数，则所有可能取值为 0 和 1，其中 $X = 1$ 表示事件 {正面朝上}，而 $X = 0$ 表示事件 {反面朝上}，其概率分布为

X	0	1
P	0.5	0.5

(2) 泊松 (Poisson) 分布

若随机变量 X 的可能取值为 0，1，2…，n，…，其概率分布为

$$P(X=k) = \frac{\lambda^k}{k!}e^{-\lambda}，(k = 0, 1, 2, \cdots; \lambda > 0)$$

则称 X 服从参数为 λ 的**泊松分布**，记 $X \sim P(\lambda)$。

(3) 二项分布

将在第 7.3 节作详细介绍。

7.1.3 连续型随机变量及其概率密度函数

如果随机变量的取值不能一一列举，则该随机变量称为**非离散型随机变量**，其中主要是连续型随机变量，如前面例 7-3 中的电子元件的使用寿命 Z 就是一个连续型随机变量，它在 $[0, +\infty)$ 上连续取值。

对于连续型随机变量 X，不能用离散型随机变量的概率分布来描述其规律，必须考虑随机变量 X 落在某个区间 $[a, b]$ 内的概率 $P(a \leq X \leq b)$，为此引入概率密度函数的概念。

定义 3 设随机变量 X，如果存在非负可积函数 $\varphi(x)$ $(-\infty < x < +\infty)$，使得对任意实数 $a < b$ 都有

$$P(a \leq X \leq b) = \int_a^b \varphi(x)\mathrm{d}x$$

则称 X 为连续型随机变量，称 $\varphi(x)$ 为 X 的**概率密度函数**（简称**概率密度**或**密度**）。

$P(a \leq X \leq b) = \int_a^b \varphi(x)\mathrm{d}x$ 的几何意义是：随机变量 X 落在某个区间 $[a, b]$ 内的概率

$P(a \leqslant X \leqslant b)$，恰好等于曲线 $\varphi(x)$ 与 $x=a$，$x=b$ 以及 x 轴所围曲边梯形的面积，如图 7-1 所示。由定义 3 可以得出，对于连续型随机变量 X，它取任意一个特定常数 a 的概率必定为零，即 $P(X=a)=0$，但事件 $\{X=a\}$ 是有可能发生的。所以需要注意：不可能事件的概率一定等于零，而概率为零的事件并不一定是不可能事件。

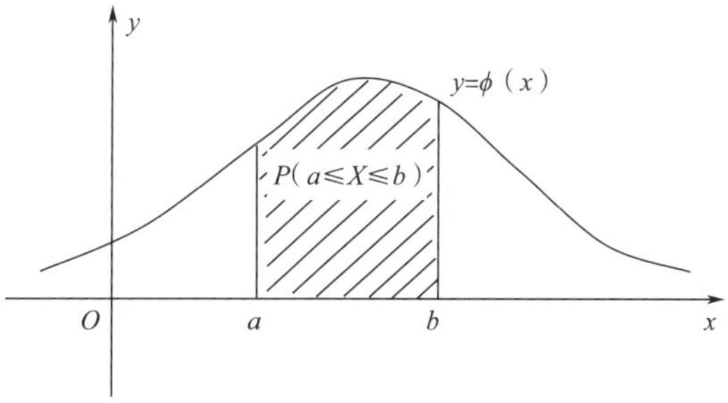

图 7-1　概率密度函数图像

由 $P(X=a)=0$，我们可以得出

$$P(a<X<b)=P(a<X\leqslant b)=P(a\leqslant X<b)=P(a\leqslant X\leqslant b)$$

由概率密度函数的定义，我们可以得到概率密度函数的性质。

① $\varphi(x)\geqslant 0$。

② $\int_{-\infty}^{+\infty}\varphi(x)\mathrm{d}x=1$。

可以证明，满足以上两个条件的任一函数均可作为某一随机变量的概率密度函数。

例 7-8　设随机变量 X 的概率密度函数是 $\varphi(x)=\begin{cases}Ax^2, & -1<x<1\\ 0, & 其他\end{cases}$，试求

① A；② X 落在区间 $(-\frac{1}{2},\frac{1}{2})$ 内的概率；③ $P(X>\frac{1}{2})$。

解： ① $\because \int_{-\infty}^{+\infty}\varphi(x)\mathrm{d}x=\int_{-1}^{1}Ax^2\mathrm{d}x=\frac{A}{3}x^3\Big|_{-1}^{1}=\frac{2A}{3}=1$，$\therefore A=\frac{3}{2}$

② $P(-\frac{1}{2}<X<\frac{1}{2})=\int_{-\frac{1}{2}}^{\frac{1}{2}}\varphi(x)\mathrm{d}x=\int_{-\frac{1}{2}}^{\frac{1}{2}}\frac{3}{2}x^2\mathrm{d}x=\frac{x^3}{2}\Big|_{-\frac{1}{2}}^{\frac{1}{2}}=\frac{1}{8}$

③ $P(X>\frac{1}{2})=\int_{\frac{1}{2}}^{+\infty}\varphi(x)\mathrm{d}x=\int_{\frac{1}{2}}^{1}\frac{3}{2}x^2\mathrm{d}x=\frac{x^3}{2}\Big|_{\frac{1}{2}}^{1}=\frac{7}{16}$

例 7-9　某种型号器件的寿命 X（小时）具有以下的概率密度：

$$f(x)=\begin{cases}\frac{1\,000}{x^2}, & x>1\,000\\ 0, & 其他\end{cases}$$

现有一大批此种器件（各器件损坏相互独立），任取 5 只，问其中至少有 2 只寿命大于 1 500 小时的概率是多少？

解：任取该器件一只，其寿命大于 1 500 小时的概率为

$$p=\int_{1\,500}^{+\infty}\frac{1\,000}{x^2}\mathrm{d}x=-\frac{1\,000}{x}\Big|_{1\,500}^{+\infty}=\frac{2}{3}$$

任取 5 只这种器件，其中寿命大于 1 500 小时的只数记为 X，则满足伯努利概型，所以概率为 $P(X\geqslant 2)=1-P(X=0)-P(X=1)=1-P_5(0)-P_5(1)$

$$=1-(1-\frac{2}{3})^5-C_5^1\frac{2}{3}(1-\frac{2}{3})^4=\frac{232}{243}$$

下面介绍几种常见的连续型分布。

(1) 均匀分布

若随机变量 X 的概率密度函数

$$\varphi(x)=\begin{cases}\dfrac{1}{b-a}, & a\leqslant x\leqslant b\\ 0, & \text{其他}\end{cases}$$

则称 X 服从 $[a, b]$ 上的**均匀分布**，记作 $X\sim U(a, b)$。

例 7-10 某公共汽车站每隔 10 分钟有一班车，乘客在 0 到 10 分钟内乘上汽车的可能性相同，若某乘客不知道发车时刻表，求他候车时间为 1 到 3 分钟的概率和超过 3 分钟的概率。

解：设随机变量 X 表示候车时间，因为乘客在任一时刻到达车站都是等可能的，故 X 服从区间 $[0, 10]$ 上的均匀分布，其概率密度函数为

$$\varphi(x)=\begin{cases}\dfrac{1}{10}, & 0\leqslant x\leqslant 10\\ 0, & \text{其他}\end{cases}$$

所以他候车时间为 1 到 3 分钟的概率为 $P(1\leqslant X\leqslant 3)=\int_1^3\varphi(x)\mathrm{d}x=\int_1^3\frac{1}{10}\mathrm{d}x=0.2$，候车时间超过 3 分钟的概率为 $P(3\leqslant X\leqslant 10)=\int_3^{10}\varphi(x)\mathrm{d}x=\int_3^{10}\frac{1}{10}\mathrm{d}x=0.7$。

(2) 指数分布

若随机变量 X 的概率密度函数为

$$\varphi(x)=\begin{cases}\lambda e^{-\lambda x}, & x>0\\ 0, & x\leqslant 0\end{cases}, \quad (\lambda>0)$$

则称 X 服从参数为 λ 的**指数分布**，记作 $X\sim E(\lambda)$。

例 7-11 设随机变量 X 的概率密度函数是

$$\varphi(x)=\begin{cases}ke^{-3x}, & x>0\\ 0, & x\leqslant 0\end{cases}$$

求 $P(X>0.1)$。

解：首先要确定常数 k 的值，由性质 $\int_{-\infty}^{+\infty}\varphi(x)\mathrm{d}x=1$ 知

$$\int_{-\infty}^{+\infty}\varphi(x)\mathrm{d}x=\int_{0}^{+\infty}k\mathrm{e}^{-3x}\mathrm{d}x=\frac{k}{-3}\int_{0}^{+\infty}\mathrm{e}^{-3x}\mathrm{d}(-3x)=-\frac{k}{3}\mathrm{e}^{-3x}\Big|_{0}^{+\infty}=\frac{k}{3}=1,\ \therefore k=3,$$

$$\therefore P(X>0.1)=\int_{0.1}^{+\infty}\varphi(x)\mathrm{d}x=\int_{0.1}^{+\infty}3\mathrm{e}^{-3x}\mathrm{d}x=-\mathrm{e}^{-3x}\Big|_{0.1}^{+\infty}=\mathrm{e}^{-0.3}$$

(3) 正态分布

将在第 7.3 节中作详细介绍。

7.2 分布函数

7.2.1 分布函数的概念

定义 4 设 X 是一个随机变量，x 是任意实数，称函数

$$F(x)=P(X<x),\ (-\infty<x<+\infty)$$

为随机变量 X 的**分布函数**。

分布函数有以下四个**基本性质**。

① $0\leqslant F(x)\leqslant 1$。

② $F(x)$ 是 X 的非减函数。对于任意 $x_1<x_2$，因为事件 $\{X<x_1\}\subset\{X<x_2\}$，所以 $P(X<x_1)\leqslant P(X<x_2)$，即 $F(x_1)\leqslant F(x_2)$。

③ $F(+\infty)=\lim\limits_{x\to+\infty}F(x)=1$，$F(-\infty)=\lim\limits_{x\to-\infty}F(x)=0$。

④ $P(x_1\leqslant X<x_2)=P(X<x_2)-P(X<x_1)=F(x_2)-F(x_1)$。

7.2.2 离散型随机变量的分布函数

设离散型随机变量 X 的所有可能取值为 $x_k(k=1,2,\cdots)$，则 X 的分布函数为

$$F(x)=P(X<x)=\sum_{x_k<x}P(X=x_k)$$

例 7-12 一个袋中装了 6 个球，依次标有数字：-1，2，2，2，3，3。现从中任取一球，设取得的球上标有的数字 X 是一随机变量，求 X 的分布函数。

解： X 的概率分布为

X	-1	2	3
P	$1/6$	$3/6$	$2/6$

当 $x\leqslant -1$ 时，$F(x)=P(X<x)=P(\varphi)=0$；

当 $-1<x\leqslant 2$ 时，$F(x)=P(X<x)=P(X=-1)=\dfrac{1}{6}$；

离散型随机变量及其概率分布

当 $2 < x \leqslant 3$ 时，$F(x) = P(X < x) = P(X = -1) + P(X = 2) = \frac{1}{6} + \frac{3}{6} = \frac{2}{3}$；

当 $x > 3$ 时，$F(x) = P(X < x) = P(X = -1) + P(X = 2) + P(X = 3)$
$= P(\Omega) = 1$

综上，得随机变量 X 的分布函数为

$$F(x) = \begin{cases} 0, & -\infty < x \leqslant -1 \\ \frac{1}{6}, & -1 < x \leqslant 2 \\ \frac{2}{3}, & 2 < x \leqslant 3 \\ 1, & 3 < x < +\infty \end{cases}$$

它的图形呈阶梯型，如图 7-2 所示。

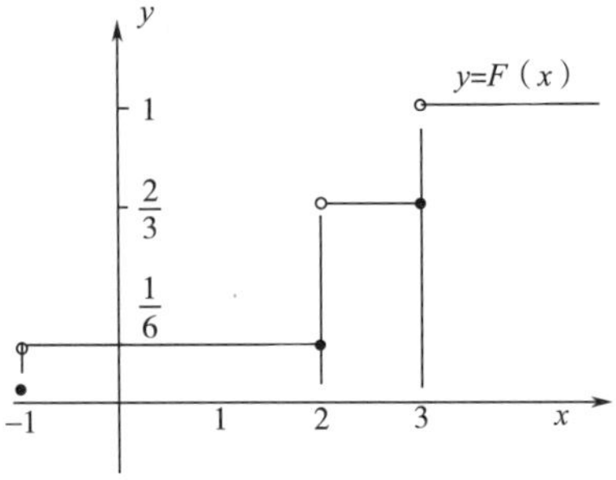

图 7-2　离散型随机变量分布函数图像

7.2.3　连续型随机变量的分布函数

连续性随机变量及其概率密度函数

若连续型随机变量 X 的概率密度为 $\varphi(x)$，则 X 的分布函数为

$$F(x) = P(X < x) = P(-\infty < X < x) = \int_{-\infty}^{x} \varphi(t)\,\mathrm{d}t$$

即分布函数 $F(x)$ 等于概率密度函数 $\varphi(x)$ 在区间 $(-\infty, x)$ 上的广义积分，也就是以区间 $(-\infty, x)$ 为底，以 $y = \varphi(x)$ 为曲边的曲边梯形的面积。而 $\varphi(x) = F'(x)$，所以连续型随机变量的概率密度函数 $\varphi(x)$ 是分布函数 $F(x)$ 的导函数，而分布函数 $F(x)$ 是概率密度函数 $\varphi(x)$ 的一个原函数。因此，若已知连续型随机变量的分布函数或概率密度函数中的任意一个，便可求出另一

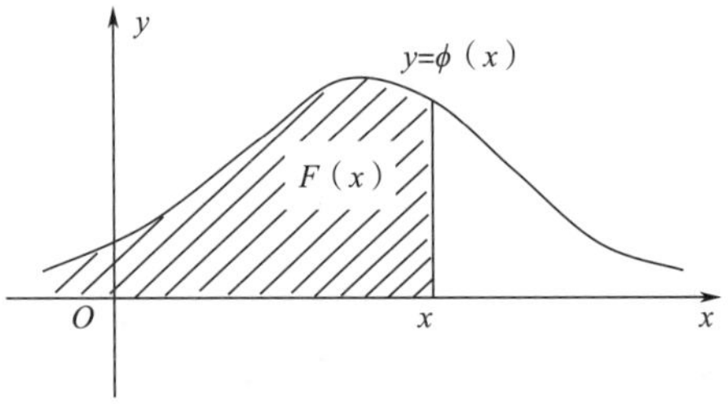

图 7-3　连续型随机变量分布函数图像

个。此外，连续性随机变量的分布函数 $F(x)$ 在 $(-\infty, +\infty)$ 上连续。

例 7–13　设连续型随机变量 X 的概率密度是 $\varphi(x)=\begin{cases}ax, & 0<x<2\\ 0, & 其他\end{cases}$，求①常数 a；② $P(1<X<2)$，$P(X<1)$；③ X 的分布函数。

解：① $\because \int_{-\infty}^{+\infty}\varphi(x)\mathrm{d}x=\int_0^2 ax\mathrm{d}x=\frac{1}{2}ax^2\Big|_0^2=2a=1$，$\therefore a=\frac{1}{2}$

② $P(1<X<2)=\int_1^2\varphi(x)\mathrm{d}x=\int_1^2\frac{1}{2}x\mathrm{d}x=\frac{1}{4}x^2\Big|_1^2=\frac{3}{4}$

$P(X<1)=\int_{-\infty}^1\varphi(x)\mathrm{d}x=\int_0^1\frac{1}{2}x\mathrm{d}x=\frac{1}{4}x^2\Big|_0^1=\frac{1}{4}$

③ $F(x)=\int_{-\infty}^x\varphi(t)\mathrm{d}t$

当 $x\leqslant 0$ 时，$F(x)=\int_{-\infty}^x\varphi(t)\mathrm{d}t=\int_{-\infty}^x 0\mathrm{d}t=0$；

当 $0<x\leqslant 2$ 时，有 $F(x)=\int_{-\infty}^x\varphi(t)\mathrm{d}t=\int_{-\infty}^0 0\mathrm{d}t+\int_0^x\frac{1}{2}t\mathrm{d}t=\frac{1}{4}x^2$；

当 $x>2$ 时，有 $F(x)=\int_{-\infty}^x\varphi(t)\mathrm{d}t=\int_{-\infty}^0 0\mathrm{d}t+\int_0^2\frac{1}{2}t\mathrm{d}t+\int_2^x 0\mathrm{d}t=1$

综上得随机变量 X 的分布函数为

$$F(x)=\begin{cases}0, & x\leqslant 0\\ \frac{1}{4}x^2, & 0<x\leqslant 2\\ 1, & x>2\end{cases}$$

例 7–14　设随机变量 $X\sim U(a, b)$，求 X 的分布函数 $F(x)$。

解：X 的概率密度是

$$\varphi(x)=\begin{cases}\frac{1}{b-a}, & a\leqslant x\leqslant b\\ 0 &，其他\end{cases}$$

$$F(x)=\int_{-\infty}^x\varphi(t)\mathrm{d}t,$$

当 $x\leqslant a$ 时，$F(x)=\int_{-\infty}^x\varphi(t)\mathrm{d}t=\int_{-\infty}^x 0\mathrm{d}t=0$；

当 $a<x\leqslant b$ 时，有 $F(x)=\int_{-\infty}^x\varphi(t)\mathrm{d}t=\int_a^x\frac{1}{b-a}\mathrm{d}t=\frac{x-a}{b-a}$；

当 $x>b$ 时，有 $F(x)=\int_{-\infty}^x\varphi(t)\mathrm{d}t=\int_a^b\frac{1}{b-a}\mathrm{d}t=1$。

综上得随机变量 X 的分布函数为

$$F(x)=\begin{cases}0, & x\leqslant a\\ \dfrac{x-a}{b-a}, & a<x\leqslant b\\ 1, & x>b\end{cases}$$

它的图形为一条连续的曲线，如图 7-4 所示。

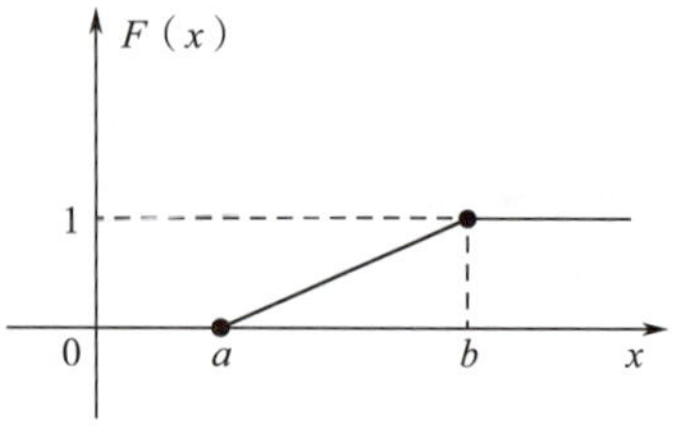

图 7-4　概率密度函数图像

例 7-15　随机变量 X 的分布函数为

$$F(x)=\begin{cases}A+Be^{-\lambda x}, & x>0\\ 0, & x\leqslant 0\end{cases},\ (\lambda>0)$$

求：①常数 A、B；② $P(1<X<2)$；③ X 的概率密度。

解：①由 $F(+\infty)=1$ 可知 $A=1$；

$\because$ $F(x)$ 在 $x=0$ 处连续，$\therefore$ $\lim\limits_{x\to 0^-}F(x)=\lim\limits_{x\to 0^+}F(x)=F(0)$

$\because$ $\lim\limits_{x\to 0^+}F(x)=\lim\limits_{x\to 0^+}(A+Be^{-\lambda x})=A+B$ $\lim\limits_{x\to 0^-}F(x)=\lim\limits_{x\to 0^-}0=0$，$F(0)=0$

$\therefore A+B=0$ 得 $B=-1$，故

$$F(x)=\begin{cases}1-e^{-\lambda x}, & x>0\\ 0, & x\leqslant 0\end{cases}(\lambda>0)$$

② $P(1<X<2)=P(1\leqslant X<2)=F(2)-F(1)=\dfrac{1}{e^{\lambda}}-\dfrac{1}{e^{2\lambda}}$

③ X 的概率密度

$$\varphi(x)=F'(x)=\begin{cases}\lambda e^{-\lambda x}, & x>0\\ 0, & x\leqslant 0\end{cases}(\lambda>0)$$

即 X 服从参数为 λ 的指数分布。

7.2.4　随机变量函数的分布

在某些情况下，我们需要由随机变量 X 的分布，来确定其函数 $Y=f(X)$ 的分布。把 $Y=f(X)$ 看作一个新的随机变量，当 X 取值为 x 时，Y 的取值为 $y=f(x)$。

（1）离散型随机变量函数的分布

例 7-16　设 X 的概率分布为

X	0	1	2	3	4	5
P	1/12	1/6	1/3	1/12	2/9	1/9

求：① $Y=2X+1$；② $Z=(X-2)^2$ 的概率分布。

解： 由 X 的概率分布可列出下表

X	0	1	2	3	4	5
$Y=2X+1$	1	3	5	7	9	11
$Z=(X-2)^2$	4	1	0	1	4	9
P	1/12	1/6	1/3	1/12	2/9	1/9

①由上表，$Y=2X+1$ 的所有可能取值为 1，3，5，7，9，11，且不同的 X 对应不同的 $Y=2X+1$，由此可得 $Y=2X+1$ 的概率分布为

$Y=2X+1$	1	3	5	7	9	11
P	1/12	1/6	1/3	1/12	2/9	1/9

② $Z=(X-2)^2$ 的所有可能取值为 0，1，4，9，由于 $P(Z=1)=P(X=1)+P(X=3)=\frac{1}{6}+\frac{1}{12}=\frac{1}{4}$，$P(Z=4)=P(X=0)+P(X=4)=\frac{1}{12}+\frac{2}{9}=\frac{11}{36}$，故 $Z=(X-2)^2$ 的概率分布为

$Z=(X-2)^2$	0	1	4	9
P	1/3	1/4	11/36	1/9

一般地，设随机变量 X 的概率分布为

X	x_1	x_2	$\cdots$	x_k	$\cdots$
P	p_1	p_2	$\cdots$	p_k	$\cdots$

如果随机变量函数 $Y=f(X)$ 的取值 $y_k=f(x_k)$ 全不等时，其概率分布为

Y	$y_1=f(x_1)$	$y_2=f(x_2)$	$\cdots$	$y_k=f(x_k)$	$\cdots$
P	p_1	p_2	$\cdots$	p_k	$\cdots$

如果 $f(x_k)$ 中有相等的，则应把那些相等的值分别合并起来，把对应的概率值也相加，得到 Y 的概率分布。

（2）连续型随机变量函数的分布

已知连续型随机变量 X 的概率密度为 $\varphi_X(x)$，现求随机变量函数 $Y=f(X)$ 的概率密度 $\varphi_Y(y)$。

① $f(x)$ 是单调函数时，若 $f'(x)>0$，则 $\varphi_Y(y)=\varphi_X[h(y)]h'(y)$，其中 $x=h(y)$ 是 $y=f(x)$ 的反函数；若 $f'(x)<0$，则 $\varphi_Y(y)=-\varphi_X[h(y)]h'(y)$。可统一写成公式

$$\varphi_Y(y)=\varphi_X[h(y)]\,|h'(y)|。$$

②若 $f(x)$ 不是单调函数时不能用以上方法，此时应先求 $F_Y(y)$，再求导得到概率密

度 $\varphi_Y(y)$，此法称为分布函数法。

例 7-17 设随机变量 X 的概率密度为 $\varphi_X(x)=\begin{cases}3x^2, & 0<x<1\\ 0, & 其他\end{cases}$，求 $Y=2X+1$ 的概率密度。

解： 函数 $y=f(x)=2x+1$ 是单调函数，$f'(x)=2>0$，$f(x)$ 的反函数是 $x=h(y)=\frac{y-1}{2}$，$h'(y)=\frac{1}{2}$，故由公式得 $Y=2X+1$ 的概率密度

$$\varphi_Y(y)=\varphi_X[h(y)]h'(y)=\frac{1}{2}\varphi_X(\frac{y-1}{2})=\begin{cases}\frac{3}{2}(\frac{y-1}{2})^2, & 0<\frac{y-1}{2}<1\\ 0\quad, & 其他\end{cases}$$

$$=\begin{cases}\frac{3}{8}(y-1)^2, & 1<y<3\\ 0\quad, & 其他\end{cases}。$$

例 7-18 设随机变量 X 服从区间 [2，5] 上均匀分布，求 $Y=X^2$ 的概率密度。

解： X 的概率密度是 $\varphi_X(x)=\begin{cases}\frac{1}{3}, & 2\leqslant x\leqslant 5\\ 0\ , & 其他\end{cases}$，函数 $y=x^2$ 在其定义域上不是单调函数，所以不能直接用公式，可先求 Y 的分布函数 $F_Y(y)=P(Y<y)=P(X^2<y)$

当 $y\leqslant 0$ 时，$F_Y(y)=P(X^2<y)=0$（因为 $\{X^2<y\}$ 是不可能事件）；

当 $0<y\leqslant 4$ 时，$F_Y(y)=P(X^2<y)=P(-\sqrt{y}<X<\sqrt{y})=\int_{-\sqrt{y}}^{\sqrt{y}}\varphi_X(t)\mathrm{d}t=\int_{-\sqrt{y}}^{\sqrt{y}}0\mathrm{d}t=0$；

当 $4<y\leqslant 25$ 时，$F_Y(y)=P(X^2<y)=P(-\sqrt{y}<X<\sqrt{y})=\int_{-\sqrt{y}}^{\sqrt{y}}\varphi_X(t)\mathrm{d}t=\int_{2}^{\sqrt{y}}\frac{1}{3}\mathrm{d}t=\frac{\sqrt{y}-2}{3}$；

当 $y>25$ 时，$F_Y(y)=P(X^2<y)=P(-\sqrt{y}<X<\sqrt{y})=\int_{-\sqrt{y}}^{\sqrt{y}}\varphi_X(t)\mathrm{d}t=\int_{2}^{5}\frac{1}{3}\mathrm{d}t=1$，

故 $F_Y(y)=\begin{cases}0, & y\leqslant 4\\ \frac{\sqrt{y}-2}{3}, & 4<y\leqslant 25,\\ 1, & y>25\end{cases}$

于是 Y 的概率密度 $\varphi_Y(y)=F'_Y(y)=\begin{cases}\frac{1}{6\sqrt{y}}, & 4<y\leqslant 25\\ 0\ , & 其他\end{cases}$。

7.3　两个重要分布

在这节内容里，我们将介绍两个重要分布，离散型随机变量的二项分布和连续型随机变量的正态分布，它们在现实生活中具有广泛应用。

7.3.1　二项分布

二项分布

在伯努利概型中，如果以随机变量 X 表示 n 次试验中事件 A 发生的次数，则可能取的值为 0，1，2，…，n，由二项概率公式知随机变量 X 的概率分布为

$$P(X=k)=C_n^k p^k q^{n-k}，(0<p<1;\ q=1-p;\ k=0，1，2，\cdots，n)$$

我们称 X 服从参数为 n，p 的二项分布，记 $X\sim B(n,\ p)$。

二项分布是离散型随机变量的分布，显然有以下两个性质。

① $p_k>0$，$k=1，2，\cdots，n$。

② $\sum\limits_k p_k=\sum\limits_{k=0}^{n} C_n^k p^k q^{n-k}=1$。

在概率论中，二项分布是一个非常重要的分布，很多随机现象都可以用二项分布来描述。例如在次品率为 p 的一批产品中有放回地任取 n 件产品，以 X 表示取出的 n 件产品中的次品数，则 X 服从参数为 n，p 的二项分布 $B(n,\ p)$；如果这批产品的批量很大，则采用无放回方式抽取 n 件产品时，也可认为 X 服从参数为 n，p 的二项分布 $B(n,\ p)$。

例 7-19　10 只手机中，有 2 只是次品，有放回地抽取 3 只进行测试，求 3 只手机中的次品数 X 的分布律。

解： X 所有可能取值为 0，1，2，3，其概率分布为

$P(X=0)=C_3^0\times 0.8^3=0.512$　　$P(X=1)=C_3^1\times 0.2\times 0.8^2=0.384$

$P(X=2)=C_3^2\times 0.2^2\times 0.8=0.096$　　$P(X=3)=C_3^3\times 0.2^3=0.008$

或

X	0	1	2	3
P	0.512	0.384	0.096	0.008

例 7-20　从某学校乘汽车到火车站的途中有 3 个交通岗，假设在各个交通岗遇到红灯的事件是相互独立的，并且概率都为 $\frac{1}{4}$，设 X 为途中遇到红灯的次数，求随机变量 X 的概率分布及至多遇到一次红灯的概率。

解： 从学校到火车站的途中经过 3 个交通岗遇几次红灯可以看成是 3 次重复独立的试验，用事件 A 表示遇到红灯，则每次试验中事件 A 发生的概率为 $\frac{1}{4}$，则 $X\sim B(3,\ \frac{1}{4})$，

其概率分布为

$$P(X=k)=P_3(k)=C_3^k(\frac{1}{4})^k(\frac{3}{4})^{3-k}\quad(k=0,1,2,3)$$

或

X	0	1	2	3
P	27/64	27/64	9/64	1/64

至多遇到一次红灯的概率为

$$P(X\leqslant 1)=P(X=0)+P(X=1)=\frac{27}{64}+\frac{27}{64}=\frac{27}{32}$$

在例 7-20 中如果途中只有一个交通岗，则遇到红灯的次数 $X\sim B(1,\frac{1}{4})$，其概率分布为

X	0	1
P	$\frac{3}{4}$	$\frac{1}{4}$

由概率分布可知 X 实际服从两点分布。故两点分布是 $n=1$ 特殊情况下的二项分布，可记为 $X\sim B(1,p)$。

设 $X\sim B(n,p)$，当 n 很大，而 p 很小，且 np 适中时，泊松分布可以用来近似计算二项分布，即 $P_n(k)=C_n^kp^k(1-p)^{n-k}\approx\frac{\lambda^k}{k!}\cdot e^{-\lambda}(\lambda=np;\ k=0,1,\cdots,n)$。

泊松分布于 1838 年由法国数学家西莫因・德尼・泊松（Siméon-Denis Poisson）引入，它在各种领域有着极为广泛的应用，如：110 呼叫中心一天内接到的报警电话数；餐厅销售窗口接待的顾客数；一纺锭在某一时段内发生断头的次数；一段时间间隔内某容器内的细菌数等，他们都服从泊松分布。

例 7-21 设某保险公司的某人寿保险险种有 1 000 人投保，每个人在一年内死亡的概率为 0.005，且每个人在一年内是否死亡是相互独立的，试求在未来一年中这 1 000 个投保人中死亡人数不超过 10 人的概率。

解： 设 X 表示 1 000 个投保人中在未来一年中死亡的人数，对每个人来说，在未来一年是否死亡相当于做一次伯努利试验，则 1 000 人就是做 1 000 重伯努利试验，故 $X\sim B(1\,000,0.005)$。

在未来一年这 1 000 个投保人中死亡人数不超过 10 人的概率为

$$P(X\leqslant 10)=\sum_{k=0}^{10}C_{1\,000}^k(0.005)^k(0.995)^{1000-k}$$

这样计算比较麻烦，所以我们用泊松分布来近似计算。

因为 $n=1\,000$，$p=0.005$，$\lambda=np=5$，所以 $X\sim P(5)$。

$$P(X=k)=P_n(k)=C_n^kp^k(1-p)^{n-k}\approx\frac{\lambda^k}{k!}e^{-\lambda}(k=0,1,2,\cdots,n)$$

因此 $P(X\leqslant 10)\approx\sum_{k=0}^{10}\frac{5^k}{k!}e^{-5}\approx 0.986$。

7.3.2　正态分布

正态分布

正态分布是概率论中最重要的分布，大量的实践经验和理论分析表明，许多随机变量服从或近似服从正态分布，如零件的测量结果和误差；一个地区居民的身高和体重；农作物的产量；一次规模较大考试的成绩等，都服从或近似服从正态分布。

如果连续型随机变量 X 具有概率密度函数

$$\varphi(x)=\frac{1}{\sqrt{2\pi}\sigma}e^{-\frac{(x-\mu)^2}{2\sigma^2}},\ (-\infty<x<+\infty;\ \sigma>0;\ \mu\text{ 为常数})$$

则称 X 服从参数为 μ，σ^2 的**正态分布**，记作 $X\sim N(\mu,\ \sigma^2)$。

显然 $\varphi(x)$ 满足概率密度函数的两个性质。

① $\varphi(x)>0$。

② $\int_{-\infty}^{+\infty}\varphi(x)\mathrm{d}x=1$。

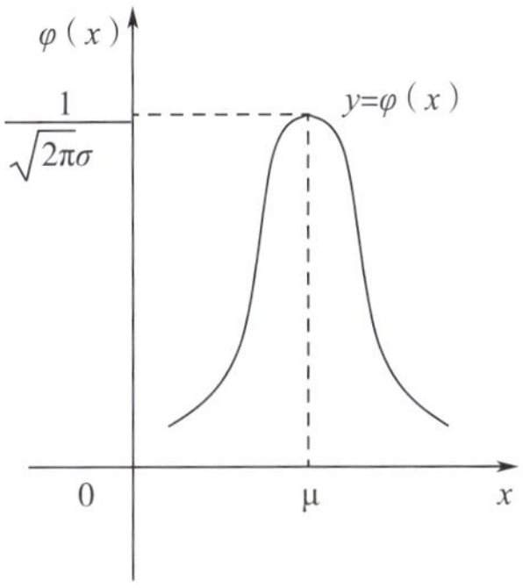

图 7-5　正态分布图像

$\varphi(x)$ 的图形（图 7-5）具有以下特点。

①关于直线 $x=\mu$ 对称。

② $x=\mu$ 时，有最大值 $\varphi(\mu)=\frac{1}{\sqrt{2\pi}\sigma}$。

③在 $(-\infty,\ \mu)$ 单调增加，$(\mu,\ +\infty)$ 单调减少。

④在 $x=\mu\pm\sigma$ 处有拐点，且曲线以 x 轴为渐进线。

⑤固定 μ，σ 大曲线平坦，σ 小曲线陡峭（图 7-6）；固定 σ，改变 μ 相当于把图像沿 x 轴平移（图 7-7）。

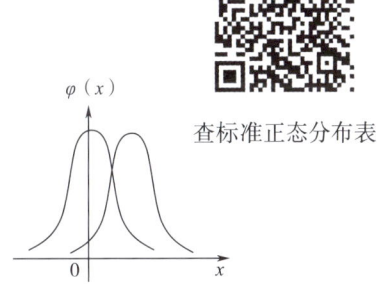

查标准正态分布表

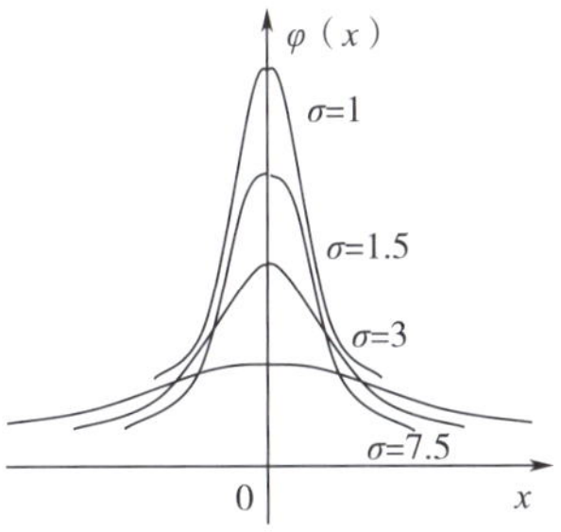

图 7-6　σ 变，μ 不变，正态分布图像

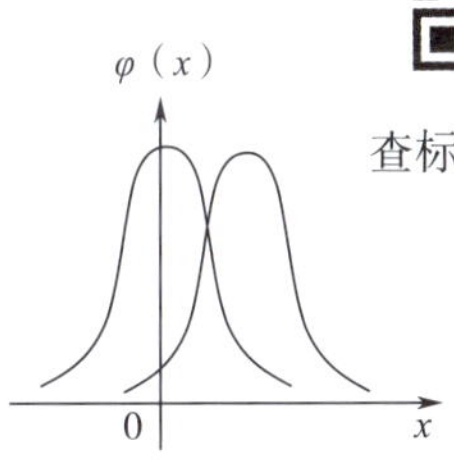

图 7-7　μ 变，σ 不变，正态分布图像

特别地当 $\mu=0$，$\sigma=1$ 时，称 X 服从标准正态分布，记作 $X\sim N(0,\ 1)$，概率密度函数 $\varphi(x)=\frac{1}{\sqrt{2\pi}}e^{-\frac{x^2}{2}}$，$(-\infty<x<+\infty)$，其图形如图 7-8 所示。

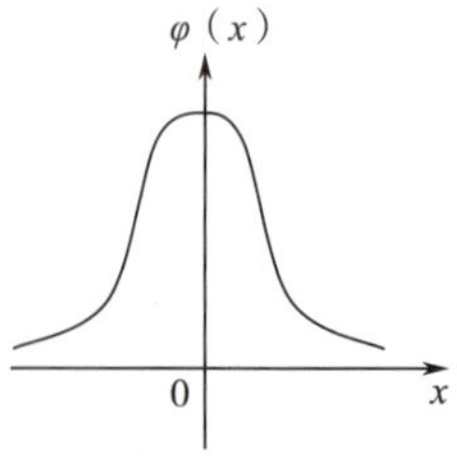

图 7-8　标准正态分布

服从标准正态分布的随机变量的分布函数为 $\Phi(x)=\int_{-\infty}^{x}\varphi(t)\mathrm{d}t=\int_{-\infty}^{x}\frac{1}{\sqrt{2\pi}}\mathrm{e}^{-\frac{t^2}{2}}\mathrm{d}t$，

对于其函数值 $\Phi(x)$ 可以查标准正态分布表（见附表 1）。

例如要查 $\Phi(1.21)$，先在左边一列找到 1.2 所在行，然后在顶行找到第二位小数 1 所在列，1.2 所在行与第二位小数 1 所在列的交叉点上的数值就是要查的函数值 $\Phi(1.21)=0.8869$。

注意到附表 1 上的数在 0.00 到 5.00 之间，对于这个范围里面的数，先进行四舍五入取两位小数查表；对于大于 5 的数可以认为 $\Phi(x)=1$；由于标准正态分布的概率密度函数的图像关于 y 轴对称，故有以下性质。

① $\Phi(-x)=1-\Phi(x)$。

② $\Phi(0)=0.5$

这样，我们可以查出所有实数的标准正态分布函数值。如

$$\Phi(-1.21)=1-\Phi(1.21)=1-0.8869=0.1131$$

为便于概率计算，下面归纳一下计算时常用的公式，设 $X\sim N(0,1)$，则有如下结论。

① $P(X\leqslant a)=P(X<a)=\Phi(a)$。

② $P(X>a)=1-P(X\leqslant a)=1-\Phi(a)$。

③ $P(a<X<b)=P(a\leqslant X\leqslant b)=P(a<X\leqslant b)=P(a\leqslant X<b)=\Phi(b)-\Phi(a)$。

④ $P(|X|<a)=P(-a<X<a)=\Phi(a)-\Phi(-a)=2\Phi(a)-1$。

例 7-22　设 $X\sim N(0,1)$，求：① $P(2<X<3)$；② $P(|X|<1)$。

解： ① $P(2<X<3)=\Phi(3)-\Phi(2)=0.9987-0.9772=0.0215$

② $P(|X|<1)=2\Phi(1)-1=2\times0.8413-1=0.6826$

一般正态分布，设 $X\sim N(\mu,\sigma^2)$，由于其分布函数

$$F(x)=P(X<x)=\int_{-\infty}^{x}\frac{1}{\sqrt{2\pi}\sigma}\mathrm{e}^{-\frac{(t-u)^2}{2\sigma^2}}\mathrm{d}t$$

不能直接查表求出函数值，而应该先用以下定理转化为标准正态分布再计算。

正态分布事件的概率计算

定理　若随机变量 $X\sim N(\mu,\sigma^2)$，则随机变量 $Y=\frac{X-\mu}{\sigma}\sim N(0,1)$。

此定理中的线性变换 $Y=\dfrac{X-\mu}{\sigma}$ 称为随机变量 X 的标准化。

例 7-23　设 $X \sim N(3,\ 0.5^2)$，求

① $P(2.5 < X < 3.75)$；② $P(X > 2)$；③ $P(|X|) < 3$；④ $P(|X-3| < 1)$。

解：① $P(2.5 < X < 3.75) = P(\dfrac{2.5-3}{0.5} < \dfrac{X-3}{0.5} < \dfrac{3.75-3}{0.5}) = \Phi(1.5) - \Phi(-1) =$

$\Phi(1.5) - [1-\Phi(1)] = \Phi(1.5) + \Phi(1) - 1 = 0.9332 + 0.8413 - 1 = 0.7745$

$$② P(X > 2) = 1 - P(X \leqslant 2) = 1 - P(\frac{X-3}{0.5} \leqslant \frac{2-3}{0.5})$$

$$= 1 - \Phi(-2) = \Phi(2) = 0.9772$$

$$③ P(|X| < 3) = P(-3 < X < 3) = P(\frac{-3-3}{0.5} < \frac{X-3}{0.5} < \frac{3-3}{0.5}) = \Phi(0) - \Phi(-12)$$

$$= 0.5 - 1 + \Phi(12) = 0.5 - 1 + 1 = 0.5$$

$$④ P(|X-3| < 1) = P(-1 < X-3 < 1) = P(\frac{-1}{0.5} < \frac{X-3}{0.5} < \frac{1}{0.5})$$

$$= \Phi(2) - \Phi(-2) = 2\Phi(2) - 1 = 2 \times 0.9772 - 1 = 0.9544$$

例 7-24　某地区 18 岁的青年的血压（以 mmHg 为单位）服从 $N(110,\ 12^2)$ 分布，在该地区任选一位 18 岁青年，测量他的血压 X，求：① $P(X \leqslant 105)$；② $P(100 < X \leqslant 120)$。

解：①因为 $X \sim N(110,\ 12^2)$，所以

$$P(X \leqslant 105) = P(X < 105) = P(\frac{X-110}{12} < -\frac{5}{12}) = \Phi(-\frac{5}{12})$$

$$= 1 - \Phi(0.417) = 1 - 0.6628 = 0.3372$$

$$② P(100 < X \leqslant 120) = P(\frac{100-110}{12} < \frac{X-110}{12} \leqslant \frac{120-110}{12}) = \Phi(\frac{10}{12}) - \Phi(-\frac{10}{12})$$

$$= 2\Phi(\frac{10}{12}) - 1 \approx 2\Phi(0.83) - 1 = 2 \times 0.7967 - 1 = 0.5934$$

7.4　数学期望

随机变量的分布全面描述了随机现象的统计规律，但是实际使用的时候有时并不需要了解随机变量的分布，而只需知道它的某些特征。我们把刻画随机变量某些特征的数值称为随机变量的数字特征。而在数字特征中，最常用的是数学期望和方差。

离散型随机变量的数学期望

7.4.1　离散型随机变量的数学期望

我们先来看一个求平均值的例子，从这个例子我们将得到离散

型随机变量的数学期望的概念。

例 7–25 某一车工加工某种零件，检验员每天从当天零件中随机抽取 10 件零件进行检验。已知每天出的次品数不超过 4 件，若检验员查了 100 天，结果如下：

次品数	0	1	2	3	4
天数	20	30	30	10	10

求这 100 天平均每天检出的次品数。

解： 平均每天检出次品数为

$$\frac{0\times20+1\times30+2\times30+3\times10+4\times10}{100}=0\times\frac{20}{100}+1\times\frac{30}{100}+2\times\frac{30}{100}+3\times\frac{10}{100}+4\times\frac{10}{100}=1.6$$

每天检出次品数有五个不同的数值 0，1，2，3，4，平均值为 2。而这 100 天平均每天检出的次品数为 1.6，并不是以上五个数值的简单平均，而是由这五个值 0，1，2，3，4 分别乘以各自在检测中出现的概率 $\frac{20}{100}$，$\frac{30}{100}$，$\frac{30}{100}$，$\frac{10}{100}$，$\frac{10}{100}$，而后再相加。

设随机变量 X 表示每天检出的次品数，平均每天检出次品数含义就是离散型随机变量 X 的数学期望。数学期望反映的是平均值，但这种平均不是简单的算术平均而是加权平均。

定义 5 设离散型随机变量 X 的概率分布为

X	x_1	x_2	$\cdots$	x_k	$\cdots$
P	p_1	p_2	$\cdots$	p_k	$\cdots$

则称 $\sum_k x_k p_k$ 为 X 的**数学期望**（简称**期望**），记作 $E(X)$，即 $E(X)=\sum_k x_k p_k$。

例 7–26 设袋中有 6 个球，其中 4 个白球，2 个黑球，从中任取 3 个，求抽到的黑球数 X 的数学期望。

解： X 的概率分布为

$$P(X=0)=\frac{C_4^3}{C_6^3}=\frac{1}{5}\qquad P(X=1)=\frac{C_2^1C_4^2}{C_6^3}=\frac{3}{5}\qquad P(X=2)=\frac{C_2^2C_4^1}{C_6^3}=\frac{1}{5}$$

或

X	0	1	2
P	1/5	3/5	1/5

$$\therefore\ E(X)=0\times\frac{1}{5}+1\times\frac{3}{5}+2\times\frac{1}{5}=1$$

这里 $E(X)=1$ 的含义是指任取 3 个球中的抽到的黑球数 X 的平均值为 1。

例 7–27 （分赌本问题）甲乙二人各有赌本 a 元，约定谁先胜三局就赢得全部赌本 $2a$ 元，假定甲乙二人在每一局取胜的概率是相等的，现在已经赌了三局，结果是甲二胜一负，由于某种原因赌博中止，问如何分 $2a$ 元赌本才合理？

解： 如果甲乙二人平分，对甲是不合理的。但能否依据现在的胜负结果 2：1 来分呢？仔细推算也是不合理的。当时著名的数学家和物理学家帕斯卡（Pascal）提出了一个合理的分法是：如果赌局继续下去，他们各自的期望所得就是他们应该分得的赌本。

易知，最多只要再赌两局就能决出胜负，其可能的结果为甲甲、甲乙、乙甲、乙乙（“甲乙”表示第一局甲胜第二局乙胜，其余类推），由等可能性可知

$$P(\text{甲最终获胜})=\frac{3}{4},\ P(\text{乙最终获胜})=\frac{1}{4}$$

设 X，Y 分别表示甲、乙最终所得，则 X，Y 的概率分布分别为

X	0	$2a$
P	1/4	3/4

Y	0	$2a$
P	3/4	1/4

甲乙的期望所得分别为 $E(X)=\frac{3a}{2}$，$E(Y)=\frac{a}{2}$。这就是甲乙应该分到的赌本。

7.4.2　连续型随机变量的数学期望

定义 6　设连续型随机变量 X 的概率密度为 $\varphi(x)$，称 $\int_{-\infty}^{+\infty}x\varphi(x)\mathrm{d}x$ 为 X 的数学期望，记作 $E(X)$，即

$$E(X)=\int_{-\infty}^{+\infty}x\varphi(x)\mathrm{d}x$$

例 7-28　设 X 的概率密度函数 $\varphi(x)=\begin{cases}Ax^2, & 0<x<2\\ 0, & \text{其他}\end{cases}$，求：①常数 A；② $E(X)$。

解： ① $\int_{-\infty}^{+\infty}\varphi(x)\mathrm{d}x=\int_0^2 Ax^2\mathrm{d}x=\frac{A}{3}x^3\Big|_0^2=\frac{8A}{3}=1$，得 $A=\frac{3}{8}$

② $E(X)=\int_{-\infty}^{+\infty}x\varphi(x)\mathrm{d}x=\int_0^2 x\cdot\frac{3}{8}x^2\mathrm{d}x=\frac{3}{32}x^4\Big|_0^2=\frac{3}{2}$

例 7-29　设 X 服从指数分布

$$\varphi(x)=\begin{cases}\lambda\mathrm{e}^{-\lambda x}, & x>0\\ 0, & x\leqslant 0\end{cases},\ (\lambda>0)$$

求 $E(X)$。

解： $E(X)=\int_{-\infty}^{+\infty}x\varphi(x)\mathrm{d}x=\int_0^{+\infty}x\lambda\mathrm{e}^{-\lambda x}\mathrm{d}x=-\int_0^{+\infty}x\mathrm{d}(\mathrm{e}^{-\lambda x})$

$$=-x\mathrm{e}^{-\lambda x}\Big|_0^{+\infty}+\int_0^{+\infty}\mathrm{e}^{-\lambda x}\mathrm{d}x=-\frac{1}{\lambda}\int_0^{+\infty}\mathrm{e}^{-\lambda x}\mathrm{d}(-\lambda x)=\frac{-\mathrm{e}^{-\lambda x}}{\lambda}\Big|_0^{+\infty}=\frac{1}{\lambda}$$

7.4.3　随机变量函数的数学期望

随机变量函数的数学期望

（1）X 为离散型随机变量

设 X 的概率分布为

X	x_1	x_2	$\cdots$	x_k	$\cdots$
P	p_1	p_2	$\cdots$	p_k	$\cdots$

则 $Y=f(X)$ 的数学期望为

$$E(Y)=E[f(X)]=\sum_k f(x_k)p_k\ (\text{假定 } Y=f(X) \text{ 的数学期望存在})$$

例 7-30 设 X 的概率分布为

X	-1	0	2	3
P	$1/8$	$1/4$	$3/8$	$1/4$

求：① $E(X^2)$；② $E(-2X+1)$。

解： ① $E(X^2)=(-1)^2\times\dfrac{1}{8}+0^2\times\dfrac{1}{4}+2^2\times\dfrac{3}{8}+3^2\times\dfrac{1}{4}=\dfrac{31}{8}$

② $E(-2X+1)=3\times\dfrac{1}{8}+1\times\dfrac{1}{4}+(-3)\times\dfrac{3}{8}+(-5)\times\dfrac{1}{4}=-\dfrac{14}{8}=-\dfrac{7}{4}$

(2) X 为连续型随机变量

设连续型随机变量 X 的概率密度为 $\varphi(x)$，定义 $Y=f(X)$ 的数学期望为

$$E(Y)=E[f(X)]=\int_{-\infty}^{+\infty}f(x)\varphi(x)\mathrm{d}x\ (\text{假定 } Y=f(X) \text{ 的数学期望存在})$$

例 7-31 已知 X 的概率密度为 $\varphi(x)=\begin{cases}2x, & 0<x<1\\ 0, & \text{其他}\end{cases}$，求 $Y=2X+1$ 的数学期望 $E(Y)$。

解： $E(Y)=\int_{-\infty}^{+\infty}(2x+1)\varphi(x)\mathrm{d}x=\int_0^1(2x+1)2x\mathrm{d}x=\int_0^1(4x^2+2x)\mathrm{d}x$

$$=\left(\frac{4}{3}x^3+x^2\right)\Big|_0^1=\frac{7}{3}$$

7.4.4 数学期望的性质

性质 1 $E(C)=C$

性质 2 $E(X+C)=E(X)+C$

性质 3 $E(kX)=kE(X)$

性质 4 $E(kX+C)=kE(X)+C$

证明： 这里仅对性质 4 进行证明，其余性质都可由性质 4 推得

若 X 为离散型随机变量，其概率分布为

X	x_1	x_2	$\cdots$	x_k	$\cdots$
$P(X=x_k)$	p_1	p_2	$\cdots$	p_k	$\cdots$

则 $E(kX+C)=\sum_k (kx_k+C)p_k = k\sum_k x_k p_k + C\sum_k p_k = kE(X)+C$。

若 X 为连续型随机变量，概率密度为 $\varphi(x)$，则

$$E(kX+C)=\int_{-\infty}^{+\infty}(kx+C)\varphi(x)\mathrm{d}x = k\int_{-\infty}^{+\infty}x\varphi(x)\mathrm{d}x + C\int_{-\infty}^{+\infty}\varphi(x)\mathrm{d}x = kE(X)+C$$

例 7-32　设 $E(X)=\mu$，求 $E(5-\frac{X}{3})$。

解：$E(5-\frac{X}{3})=-\frac{1}{3}E(X)+5=-\frac{1}{3}\mu+5$

7.5　方差

7.5.1　方差的概念

方差的概念

在实际问题中，只知道随机变量的数学期望往往是不够的，例如有两批钢筋，每批各抽 10 根，它们的抗拉指标依次为

第一批：110，120，120，125，125，125，130，130，135，140

第二批：90，100，120，125，125，130，135，145，145，145

使用时要求抗拉指标不低于 115，试比较哪一批钢筋好？

设 X 和 Y 分别表示第一批和第二批钢筋的抗拉指标，则概率分布分别为

X	110	120	125	130	135	140
P	0.1	0.2	0.3	0.2	0.1	0.1

和

Y	90	100	120	125	130	135	145
P	0.1	0.1	0.1	0.2	0.1	0.1	0.3

经计算，数学期望 $E(X)=E(Y)=126$，说明这两批钢筋平均抗拉指标相同。但根据观察第一批钢筋的抗拉指标数值波动更小，也就是说质量更均匀。由此可见，在实际问题中，除了要了解随机变量的数学期望外，一般还要知道随机变量取值与其数学期望的偏离程度。如何去度量随机变量取值与其数学期望的偏离程度呢？自然可以用均值 $E[X-E(X)]$ 来度量，但由于上式中带有绝对值，不便于运算，因此通常用 $E[X-E(X)]^2$ 来表示随机变量与其数学期望 $E(X)$ 间的平均偏离程度，这就是方差。

定义 7　设 X 为随机变量，则 $D(X)=E[X-E(X)]^2$

称为 X 的**方差**，显然 $D(X)\geqslant 0$。$\sigma_X=\sqrt{D(X)}$ 称为 X 的**标准差**。

例 7-33　计算上述引例中第一批、第二批钢筋的抗拉指标的方差 $D(X)$ 和 $D(Y)$，从而比较这两批钢筋的好坏。

解：$E(X)=E(Y)=126$

$$D(X)=(110-126)^2\times 0.1+(120-126)^2\times 0.2+(125-126)^2\times 0.3+(130-126)^2\times 0.2+(135-126)^2\times 0.1+(140-126)^2\times 0.1=64$$

$$D(Y)=(90-126)^2\times0.1+(100-126)^2\times0.1+(120-126)^2\times0.1+(125-126)^2\times0.2+(130-126)^2\times0.1+(135-126)^2\times0.1+(145-126)^2\times0.3=319$$

因为 $D(X)<D(Y)$，故第一批钢筋比第二批钢筋要好。

根据方差定义，下面分离散型和连续型来得出其计算公式。

① X 为离散型。设 X 的概率分布为

X	x_1	x_2	$\cdots$	x_k	$\cdots$
P	p_1	p_2	$\cdots$	p_k	$\cdots$

则 $D(X)=\sum\limits_k[x_k-E(X)]^2p_k$

② X 为连续型。设 X 的概率密度为 $\varphi(x)$，则

$$D(X)=\int_{-\infty}^{+\infty}[x-E(X)]^2\varphi(x)\mathrm{d}x$$

在计算时经常使用**简化计算公式**

$$D(X)=E(X^2)-[E(X)]^2$$

下面简单加以证明

$$D(X)=E[X-E(X)]^2=E[X^2-2XE(X)+E^2(X)]$$
$$=E(X^2)-2E(X)E(X)+E^2(X)=E(X^2)-E^2(X)=E(X^2)-[E(X)]^2$$

例 7-34 设随机变量 X 的概率密度函数

$$\varphi(x)=\begin{cases}\dfrac{3}{8}x^2, & 0<x<2\\ 0, & 其他\end{cases}$$

求 $D(X)$。

解： 根据前一节例 7-28，得到 $E(X)=\dfrac{3}{2}$，

而

$$E(X^2)=\int_{-\infty}^{+\infty}x^2\varphi(x)\mathrm{d}x=\int_0^2x^2\cdot\frac{3}{8}x^2\mathrm{d}x=\frac{3}{40}x^5\bigg|_0^2=\frac{12}{5}$$

故

$$D(X)=E(X^2)-[E(X)]^2=\frac{12}{5}-\left(\frac{3}{2}\right)^2=\frac{3}{20}$$

例 7-35 设随机变量 X 服从指数分布

$$\varphi(x)=\begin{cases}\lambda e^{-\lambda x}, & x>0\\ 0, & x\leqslant0\end{cases},\quad(\lambda>0)$$

求 $D(X)$ 和 σ_X。

解： 由上一节的例 7-29 知 $E(X)=\dfrac{1}{\lambda}$，而

$$E(X^2)=\int_{-\infty}^{+\infty}x^2\varphi(x)\mathrm{d}x=\int_0^{+\infty}x^2\lambda\mathrm{e}^{-\lambda x}\mathrm{d}x=-\int_0^{+\infty}x^2\mathrm{d}(\mathrm{e}^{-\lambda x})=-x^2\mathrm{e}^{-\lambda x}\Big|_0^{+\infty}+\int_0^{+\infty}\mathrm{e}^{-\lambda x}\mathrm{d}x^2$$

$$=2\int_0^{+\infty}x\mathrm{e}^{-\lambda x}\mathrm{d}x=\frac{2}{\lambda}\int_0^{+\infty}x\lambda\mathrm{e}^{-\lambda x}\mathrm{d}x=\frac{2}{\lambda}E(X)=\frac{2}{\lambda^2}$$

$$D(X)=E(X^2)-[E(X)]^2=\frac{2}{\lambda^2}-\frac{1}{\lambda^2}=\frac{1}{\lambda^2}$$

$$\sigma_X=\sqrt{D(X)}=\frac{1}{\lambda}$$

7.5.2　方差的性质

方差的性质

性质 1　$D(C)=0$

性质 2　$D(X+C)=D(X)$

性质 3　$D(kX)=k^2D(X)$

性质 4　$D(kX+C)=k^2D(X)$

例 7-36　设 $E(X)=1$，$D(X)=3$，求 $D(3X-2)$ 及 $E(X^2)$。

解： 由方差的性质 4 知 $D(3X-2)=9D(X)=27$

$\because\ D(X)=E(X^2)-[E(X)]^2$

$\therefore\ E(X^2)=D(X)+[E(X)]^2=3+1^2=4$

例 7-37　设 $E(X)=\mu$，$D(X)=\sigma^2$，$Y=\dfrac{X-\mu}{\sigma}$，求 $E(Y)$ 及 $D(Y)$。

解： $E(Y)=E\left(\dfrac{X-\mu}{\sigma}\right)=\dfrac{1}{\sigma}[E(X)-\mu]=0$

$$D(Y)=D\left(\frac{X-\mu}{\sigma}\right)=\frac{1}{\sigma^2}[D(X-\mu)]=\frac{1}{\sigma^2}D(X)=1$$

7.5.3　常用分布的数学期望和方差

（1）两点分布

设 $X\sim B(1,p)$，即其概率分布为

X	0	1
P	q	p

则 $E(X)=p$，$D(X)=pq$，$q=1-p$。

（2）二项分布

设 $X\sim B(n,p)$，即 X 的概率分布为

$$P(X=k)=C_n^kp^kq^{n-k},\ (0<p<1;\ q=1-p;\ k=0,1,2,\cdots,n)$$

则 $E(X)=np$，$D(X)=npq$。

(3) 泊松分布

设 $X \sim P(\lambda)$，即 X 的概率分布为

$$P(X=k)=\frac{\lambda^k}{k!}e^{-\lambda}, \quad (k=0, 1, 2, \cdots; \lambda>0)$$

则 $E(X)=\lambda$，$D(X)=\lambda$。

(4) 均匀分布

设 $X \sim U(a, b)$，即 X 的概率密度为

$$\varphi(x)=\begin{cases}\dfrac{1}{b-a}, & a \leqslant x \leqslant b \\ 0, & \text{其他}\end{cases}$$

则 $E(X)=\dfrac{a+b}{2}$，$D(X)=\dfrac{(b-a)^2}{12}$。

(5) 指数分布

设 X 服从参数为 λ 的指数分布 $X \sim E(\lambda)$，即 X 的概率密度为

$$\varphi(x)=\begin{cases}\lambda e^{-\lambda x}, & x>0 \\ 0, & x \leqslant 0\end{cases}, \quad (\lambda>0)$$

则 $E(X)=\dfrac{1}{\lambda}$，$D(X)=\dfrac{1}{\lambda^2}$。

(6) 正态分布

设 $X \sim N(\mu, \sigma^2)$，即 X 的概率密度为

$$\varphi(x)=\frac{1}{\sqrt{2\pi}\sigma}e^{-\frac{(x-\mu)^2}{2\sigma^2}}, \quad (-\infty<x<+\infty; \sigma>0; \mu \text{ 为常数})$$

则 $E(X)=\mu$，$D(X)=\sigma^2$。

特别当 $X \sim N(0, 1)$ 时，有 $E(X)=0$，$D(X)=1$。

7.6 本章小结

7.6.1 随机变量

(1) 随机变量的概念

如果某个随机试验的结果可用一变量 X 来表示，且 X 的取值具有随机性和统计规律性，则称此变量为随机变量。随机变量通常用大写字母 X，Y，Z 或希腊字母 ξ，η，ζ 来表示。

(2) 离散型随机变量

全部可能取值是有限个或可数无穷多个。

离散型随机变量的概率分布为

$p_k = P(X = x_k)\ (k = 1, 2, \cdots)$,

或

X	x_1	x_2	$\cdots$	x_k
P	p_1	p_2	$\cdots$	p_k

。

(3) 连续型随机变量及其概率密度函数

设随机变量 X，如果存在非负可积函数 $\varphi(x)$ $(-\infty < x < +\infty)$，使得对任意实数 $a < b$ 都有 $P(a \leqslant X \leqslant b) = \int_a^b \varphi(x)\mathrm{d}x$，则称 X 为连续型随机变量，称 $\varphi(x)$ 为 X 的概率密度函数（简称概率密度或密度）。

7.6.2 分布函数

(1) 分布函数

$F(x) = P(X < x) \quad (-\infty < x < +\infty)$

(2) 分布函数的基本性质

① $0 \leqslant F(x) \leqslant 1$。

② $F(x)$ 是 X 的非减函数，即 $F(x_1) \leqslant F(x_2)$。

③ $F(+\infty) = \lim\limits_{x \to +\infty} F(x) = 1$，$F(-\infty) = \lim\limits_{x \to -\infty} F(x) = 0$。

④ $P(x_1 \leqslant X < x_2) = F(x_2) - F(x_1)$。

(3) 离散型随机变量的分布函数

$F(x) = P(X < x) = \sum\limits_{x_k < x} P(X = x_k)$

(4) 连续型随机变量的分布函数

$F(x) = P(X < x) = P(-\infty < X < x) = \int_{-\infty}^{x} \varphi(t)\mathrm{d}t$

7.6.3 两个重要分布

(1) 二项分布

$P(X = k) = C_n^k p^k q^{n-k}$，$(0 < p < 1;\ q = 1 - p;\ k = 0, 1, 2, \cdots, n)$

(2) 正态分布

$$X \sim N(\mu, \sigma^2)$$

7.6.4 数学期望

(1) 离散型随机变量的数学期望

$$E(X) = \sum_k x_k p_k$$

（2）连续型随机变量的数学期望

$$E(X)=\int_{-\infty}^{+\infty}x\varphi(x)\mathrm{d}x$$

（3）数学期望的性质

① $E(C)=C$。

② $E(X+C)=E(X)+C$。

③ $E(kX)=kE(X)$。

④ $E(kX+C)=kE(X)+C$。

7.6.5 方差

（1）方差的定义

$$D(X)=E[X-E(X)]^2$$

（2）方差简化公式

$$D(X)=E(X^2)-[E(X)]^2$$

（3）方差的性质

① $D(C)=0$。

② $D(X+C)=D(X)$。

③ $D(kX)=k^2D(X)$。

④ $D(kX+C)=k^2D(X)$。

（4）常用分布的数学期望和方差

①两点分布：$X\sim B(1,p)$：$E(X)=p$，$D(X)=pq$。

②二项分布 $X\sim B(n,p)$：$E(X)=np$，$D(X)=npq$。

③泊松分布 $X\sim P(\lambda)$：$E(X)=\lambda$，$D(X)=\lambda$。

④均匀分布 $X\sim U(a,b)$：$E(X)=\dfrac{a+b}{2}$，$D(X)=\dfrac{(b-a)^2}{12}$。

⑤指数分布 $\varphi(x)=\begin{cases}\lambda e^{-\lambda x}, & x>0\\ 0, & x\leqslant 0\end{cases}$，$(\lambda>0)$：$E(X)=\dfrac{1}{\lambda}$，$D(X)=\dfrac{1}{\lambda^2}$。

⑥正态分布 $X\sim N(\mu,\sigma^2)$：$E(X)=\mu$，$D(X)=\sigma^2$。

标准正态分布 $X\sim N(0,1)$：$E(X)=0$，$D(X)=1$。

习题 7

1. 设某运动员投篮命中的概率为 0.7，求一次投篮命中次数 X 的概率分布。
2. 设在 10 只同类的零件中有 2 只是次品，求任取 3 只零件中的次品数 X 的概率分布。
3. 在相同条件下对目标进行 5 次独立射击，若每次命中率为 0.6，求击中次数 X 的概率分布。

4. 一个盒子中有 5 个纪念章，编号为 1，2，3，4，5，在其中任取 3 个，用 X 表示取出的 3 个纪念章上的最大号码，求随机变量 X 的概率分布。

5. 设随机变量 X 的概率分布为，$P(X=k)=\frac{Ck}{15}$，（$k=1, 2, 3, 4, 5$），求

（1）常数 C；（2）$P(X=1$ 或 $X=2)$；（3）$P(1<X<2)$。

6. 已知某种电子管的寿命 X 服从指数分布，其概率密度函数是

$\varphi(x)=\begin{cases}\frac{1}{1\,000}e^{-\frac{x}{1\,000}}, & x>0 \\ 0, & x\leqslant 0\end{cases}$，求这种电子管能使用 1 000 小时以上的概率。

7. 设随机变量 X 的概率分布为

X	-1	2	3
P	0.2	0.5	0.3

，求

（1）X 的分布函数；（2）$P(X>1)$；（3）$P(\frac{3}{2}<X\leqslant\frac{5}{2})$。

8. 设随机变量 X 的分布函数为 $F(x)=\begin{cases}0, & x<0 \\ Ax^2, & 0\leqslant x<1 \\ 1, & x\geqslant 1\end{cases}$，试求

（1）常数 A；（2）$P(0.3\leqslant X<0.7)$；（3）X 的概率密度函数。

9. 设随机变量 X 的概率密度是 $\varphi(x)=\begin{cases}\frac{A}{\sqrt{1-x^2}}, & |x|\leqslant 1 \\ 0, & \text{其他}\end{cases}$，求

（1）常数 A；（2）$P(0<X<\frac{\sqrt{3}}{2})$，$P(X>\frac{1}{2})$；（3）$X$ 的分布函数 $F(x)$。

10. 设随机变量 X 的概率分布为

X	0	-1	1	3
P	0.1	0.3	0.4	0.2

，求 $Y=X^2+2$ 的概率分布。

11. 对圆片直径进行测量，其值在 [5，6] 上均匀分布，求圆周长和圆面积的概率密度。

12. 设 $X\sim N(3, 2^2)$，计算（1）$P(X<5)$；（2）$P(1<X\leqslant 7)$；（3）$P(|X|>1)$。

13. 两个人打乒乓球，根据经验每一局甲胜的概率为 0.6，现在打 5 局，求

（1）甲胜 3 局的概率；（2）求乙至少胜 1 局的概率。

14. 已知自动车床生产的零件的长度 X（mm）服从正态分布 $N(10, 0.25^2)$，若规定零件的长度在 10 ± 0.5（mm）之间为合格品，求

（1）生产的零件为合格品的概率；（2）生产的零件长度超过 9.75（mm）的概率。

15. 一批零件中有 9 件合格品和 3 件不合格品，安装机器时从这批零件中任取一件，如果取出的不合格品不再放回去，求在取得合格品以前已取出的不合格品数的数学期望。

16. 设测量距离时产生的随机误差 $X\sim N(0,\ 10^2)$（单位：m），现做三次独立测量，记 Y 为三次测量中误差绝对值大于 19.6 的次数，已知 $\Phi(1.96)=0.975$，求
（1）求每次测量中误差绝对值大于 19.6 的概率；（2）问 Y 服从何种分布，并求 $E(Y)$。

17. 某人在商场购物满 300 元，获得抽奖资格。具体得奖多少需要自己由“大转盘”转出。此大转盘共设 100 格，其中 8 格为每格标 500 元；另 10 格为每格 80 元；又 20 格为每格 10 元；又 30 格为每格 5 元；其余另 32 格无奖。问他能得到的奖金的数学期望是多少？

18. 设 X 的概率密度为 $\varphi(x)=\begin{cases}a+bx^2, & 0\leqslant x\leqslant 1\\ 0, & 其他\end{cases}$ 且 $E(X)=\dfrac{2}{3}$，求常数 a，b。

19. 袋中有 8 只红球，2 只白球，无放回地从袋中抽取，每次一球，直到抽到红球为止，求（1）抽取次数为 X 的概率分布；（2）$E(X)$，$D(X)$。

20. 设随机变量 X 的概率分布为

X	-2	0	2
P	0.4	0.3	0.3

，试求（1）$E(X)$；（2）$E(X^2)$；（3）$E(3X^2+5)$；（4）$D(X)$。

21. 设随机变量 X 的概率密度为 $\varphi(x)=\begin{cases}2(1-x), & 0<x<1\\ 0, & 其他\end{cases}$，求（1）$E(X)$；（2）$D(X)$。

22. 设 X 的密度为 $\varphi(x)=\begin{cases}Ce^{-3x}, & x>0\\ 0, & x\leqslant 0\end{cases}$，求（1）$C$；（2）$E(2X+1)$；（3）$D(2X+1)$。

自测题 7

一、选择题

1. 设随机变量 $X\sim B(n,\ p)$，且 $E(X)=4.8$，$D(X)=0.96$，则参数 n 与 p 分别是（　　）。

A. 6，0.8　　B. 8，0.6　　C. 12，0.4　　D. 14，0.2

2. 设连续型随机变量 X 的密度函数为 $\varphi(x)=\begin{cases}\dfrac{A}{x^2}, & x>100\\ 0, & 其他\end{cases}$，则常数 $A=$（　　）。

A. 50　　B. -50　　C. 100　　D. -100

3. 设函数 $f(x)$ 在 $[a,\ b]$ 上等于 $\sin x$，在此区间外等于零，若 $f(x)$ 可以作为某连续型随机变量的概率密度，则区间 $[a,\ b]$ 应为（　　）。

A. $\left[-\dfrac{\pi}{2},\ 0\right]$　　B. $\left[0,\ \dfrac{\pi}{2}\right]$　　C. $[0,\ \pi]$　　D. $\left[0,\ \dfrac{3\pi}{2}\right]$

4. 设连续型随机变量 X 的密度函数 $f(x)$，分布函数 $F(x)$，则对任给的区间

(a, b)，则 $P(a < X < b) = ($　　$)$。

A. $F(a) - F(b)$　B. $\int_a^b F(x)\mathrm{d}x$　C. $f(a) - f(b)$　D. $\int_a^b f(x)\mathrm{d}x$

5. 设 X 为随机变量，则 $D(2X-3) = ($　　$)$

A. $2D(X)+3$　B. $2D(X)$　C. $2D(X)-3$　D. $4D(X)$

6. 设 X 是随机变量，$E(X)=\mu$，$D(X)=\sigma^2$，若有 $E(Y)=0$，$D(Y)=1$，则令 $Y=($　　$)$

A. $Y=\sigma X+\mu$　B. $Y=\sigma X-\mu$　C. $Y=\dfrac{X-\mu}{\sigma}$　D. $Y=\dfrac{X-\mu}{\sigma^2}$

二、填空题

1. 已知连续型随机变量 X 的分布函数为 $F(x)$，且密度函数 $\varphi(x)$ 连续，则 $\varphi(x)=$ ________。

2. 设随机变量 $X \sim U(0, 1)$，则 X 的分布函数 $F(x)=$ ________。

3. 抛一枚硬币 3 次，记其中正面向上的次数为 X，则 $P(X \geqslant 1)=$ ________。

4. 若 $X \sim N(\mu, \sigma^2)$，则 $P(|X-\mu| \leqslant 2\sigma)=$ ________。

5. 设随机变量服从参数为 3 的泊松分布，则 $E(X^2)=$ ________。

6. 设连续型随机变量 X 服从正态分布 $N(3, 2^2)$，则其密度函数 $\varphi(x)=$ ________。

三、计算题

1. 同时掷两枚均匀的骰子，求点数和 X 的概率分布。

2. 某篮球运动员一次投篮投中篮筐的概率为 0.8，该运动员投篮 5 次，求

(1) 至少投中篮筐 1 次的概率；(2) 至多投中篮筐 1 次的概率。

3. 射击某目标的纵向偏差 X 服从正态分布 $N(0, 400)$，求

(1) 射击一发炮弹的纵向偏差绝对值不超过 20m 的概率；(2) 纵向偏差超过 30m 的概率。

4. 盒中有 5 只球，编号为 1，2，3，4，5，一次取出 2 只，以 X 表示取出的最大编号号码，求

(1) X 的概率分布；(2) $E(X)$。

5. 已知随机变量 X 的概率分布为

X	-1	0	1	3
P	C	0.3	0.2	0.1

，求

(1) C；(2) $P(X \geqslant 1)$；(3) $Y=|X|$ 的概率分布。

6. 设随机变量 X 服从正态分布 $N(2, 25)$，求

(1) $P(X \leqslant -5)$；(2) $P(2 \leqslant X \leqslant 7)$；(3) $P(|X| > 3)$。

7. 设随机变量 X 的分布函数为 $F(x)=\begin{cases}1-\mathrm{e}^{-2x}, & x \geqslant 0\\ 0, & x<0\end{cases}$，求

(1) $P(X>1)$；(2) 分布密度 $\varphi(x)$；(3) $E(2X+1)$；(4) $D(3-2X)$。

8. 设随机变量 X 的密度函数为 $p(x)=\begin{cases}Ax^2, & -1<x<1\\ 0, & \text{其他}\end{cases}$，求

(1) A；(2) $P\left(X<\dfrac{1}{2}\right)$；(3) $E(X)$，$D(X)$。

第 8 章　数理统计初步

学习目标

1. 理解总体、样本、统计量和抽样分布等基本概念。
2. 理解点估计的矩估计法，极大似然估计法，了解评价估计量优劣的标准。
3. 理解区间估计的概念，掌握单个正态总体均值和方差的区间估计方法。
4. 理解假设检验的基本原理和步骤，掌握单个正态总体均值和方差的检验方法。

前面两章我们介绍了概率论的基本内容，本章我们将讲述数理统计的基本内容。数理统计作为一门学科诞生于 19 世纪末 20 世纪初，它以概率论为基础，是具有广泛应用的一个数学分支。

统计抽样推断是数理统计研究的重要内容，它包括两大核心内容：参数估计（parameter estimation）和假设检验（hypothesis testing）。两者都是根据样本资料，运用科学的统计理论和方法对总体的参数进行推断；参数估计是对所要研究的总体参数，进行合乎数理逻辑的推断；假设检验是对提出的关于总体或总体参数的某个“假设”进行检验，判断真伪。

8.1　数理统计的基本概念

数理统计的基本概念

通过第 6 章和第 7 章对概率论的基本概念与方法的讨论，我们知道随机变量及其概率分布全面描述了随机现象的统计规律。

在概率论的研究中，概率分布通常总是已知或假设为已知的，但在实际问题中，一个随机现象所服从的分布是什么概型可能完全不知道，或者由于随机现象的某些事实而知道其概型，但往往不知道其概率分布中所含的参数，这就是数理统计所要解决的一个首要问题。为了研究这些问题，在数理统计中我们总是从所要研究的对象中抽取一部分进行观测或试验以取得信息，从而对整体作出估计和推断，这就是数理统计中最基本的方法。

8.1.1 总体与样本

在数理统计中我们把具有一定共性的研究对象的全体称为**总体**，而把组成总体的每个成员称为**个体**。

例如，在研究某工厂所生产的一批手机显示屏的平均命寿命时，该批手机显示屏的寿命的全体就组成一个总体，其中每一只手机显示屏的寿命就是一个个体。又如，在研究江苏省全体男大学生的身高的分布情况时，江苏省的全体男大学生的身高就是总体，每个男大学生的身高就是个体。

从概率论的角度来看，任何一个总体都可以用一个随机变量 X 来表示，因此，我们将把总体与对应的随机变量等同起来，如正态总体，即表示总体的随机变量服从正态分布。

从总体 X 中抽取一个个体，就是对总体进行一次试验，从总体中抽取 n 个个体，就是对总体进行 n 次试验，这 n 个个体记为 X_1，X_2，…，X_n 称它们为总体 X 的一个**样本**（或**子样**），样本中所含个体的数目 n 称为**样本容量（样本大小）**。

我们抽取样本的目的就是为了对总体的分布规律进行分析和推断，因此要求抽取的样本能客观地反映总体的情况，为此从总体中抽取样本时要求满足以下两个特征。

①随机性：总体中的每一个个体都有同等的机会被抽取到。

②独立性：各次抽样必须是相互独立的，即每次抽样的结果既不影响其他各次抽样的结果，也不受其他各次抽样结果的影响。

把具有上述两个特征的样本叫作**简单随机样本**，把得到简单随机样本的抽样方法叫作**简单随机抽样**。显然，简单随机样本是一种非常理想化的样本，在实际应用中要获得严格意义上的简单随机样本并不容易。

当总体有限时，通常采用有放回地抽样方法，得到简单随机样本；对于无限总体或个体数目很大时，采用不放回抽样得到的样本可以近似看作简单随机样本。

今后，如不特别说明，我们所提到的抽样与样本都是指简单随机抽样与简单随机样本。

由于样本 X_1，X_2，…，X_n 是从总体 X 中随机抽取的，每个 X_i（$i=1$，2，…，n）的取值就在总体 X 可能取值的范围内随机取得，但在抽样前无法预知 X_1，X_2，…，X_n 具体取得哪一组数值，所以 X_1，X_2，…，X_n 也都是随机变量，而且由于是简单随机样本，所以 n 个随机变量 X_1，X_2，…，X_n 相互独立，且与总体具有相同的分布。在每一次抽样后，它们都有了具体的数值，记作 x_1，x_2，…，x_n，称其为**样本观测值**，简称为**样本值**。

总体、样本和样本值的关系可以用图 8-1 来表示。

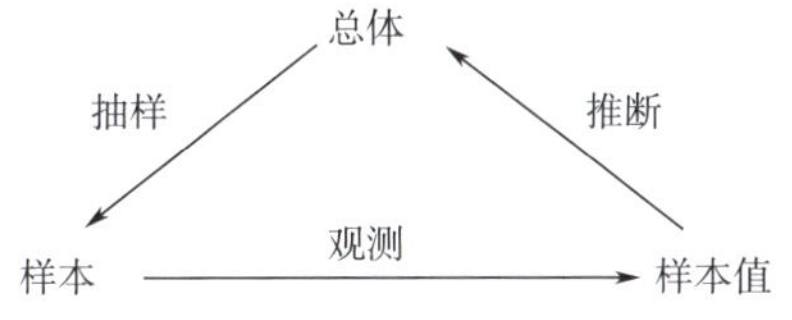

图 8-1　总体、样本和样本值的关系

8.1.2 统计量

数理统计的目的是为了通过对样本 $X_1, X_2, \cdots, X_n$ 的研究来推断总体 X 的某些概率特征，但是样本所含的信息往往较为分散，不能直接用于解决我们所要研究的问题。我们需要把样本所含有的信息进行数学上的加工，在数理统计中往往是构造一个合适的依赖于样本的函数。

如果 $f(X_1, X_2, \cdots, X_n)$ 是样本 $X_1, X_2, \cdots, X_n$ 所构成的函数，且这个函数不包含任何未知参数，则称该函数 $f(X_1, X_2, \cdots, X_n)$ 为**统计量**。

由于样本 $X_1, X_2, \cdots, X_n$ 是随机变量，所以作为样本函数的统计量也是一个随机变量，也有其统计规律和概率分布。

当 $x_1, x_2, \cdots, x_n$ 是样本 $X_1, X_2, \cdots, X_n$ 的一组观测值时，函数值 $f(x_1, x_2, \cdots, x_n)$ 就是相应的统计量 $f(X_1, X_2, \cdots, X_n)$ 的一个观测值。

例 8-1 设 $X_1, X_2, \cdots, X_n$ 是来自总体 $X \sim N(\mu, \sigma^2)$ 的一个样本，其中 μ 未知，σ^2 已知，则 $f_1(X_1, X_2, \cdots, X_n) = \sum_{i=1}^{n} X_i$、$f_2(X_1, X_2, \cdots, X_n) = \frac{1}{\sigma^2}\sum_{i=1}^{n} X_i^2$、$f_3(X_1, X_2, \cdots, X_n) = X_1 + 5$ 都是统计量，而 $f_4(X_1, X_2, \cdots, X_n) = \frac{1}{n}\sum_{i=1}^{n}(x_i - \mu)^2$ 由于含有未知参数 μ，所以不是统计量。

在数理统计中，常用的统计量有样本均值、样本方差和样本标准差。

（1）样本均值

设 $X_1, X_2, \cdots, X_n$ 是总体 X 的一个容量为 n 的样本，$x_1, x_2, \cdots, x_n$ 是样本的一组观测值，则把统计量

$$\overline{X} = \frac{1}{n}\sum_{i=1}^{n} X_i$$

称为**样本均值**，它的观测值记作

$$\overline{x} = \frac{1}{n}\sum_{i=1}^{n} x_i$$

它们反映了总体 X 取值的平均状态。

（2）样本方差、样本标准差

设 $X_1, X_2, \cdots, X_n$ 是总体 X 的一个容量为 n 的样本，$x_1, x_2, \cdots, x_n$ 是样本的一组观测值，则把统计量

$$S^2 = \frac{1}{n-1}\sum_{i=1}^{n}(X_i - \overline{X})^2$$

称为**样本方差**，它的观测值记作

$$s^2 = \frac{1}{n-1}\sum_{i=1}^{n}(x_i - \overline{x})^2$$

将

$$S=\sqrt{S^2}=\sqrt{\frac{1}{n-1}\sum_{i=1}^{n}(X_i-\overline{X})^2}$$

称为**样本标准差**，它的观测值记作

$$s=\sqrt{s^2}=\sqrt{\frac{1}{n-1}\sum_{i=1}^{n}(x_i-\overline{x})^2}$$

另外，样本方差 S^2 的表达式也可以简化为

$$S^2=\frac{1}{n-1}\left(\sum_{i=1}^{n}X_i^2-n\overline{X}^2\right)$$

这是由于

$$S^2=\frac{1}{n-1}\sum_{i=1}^{n}(X_i-\overline{X})^2=\frac{1}{n-1}\sum_{i=1}^{n}(X_i^2-2X_i\overline{X}+\overline{X}^2)=\frac{1}{n-1}\left(\sum_{i=1}^{n}X_i^2-2\overline{X}\sum_{i=1}^{n}X_i+n\overline{X}^2\right)$$

$$=\frac{1}{n-1}\left(\sum_{i=1}^{n}X_i^2-2\overline{X}\cdot n\overline{X}+n\overline{X}^2\right)=\frac{1}{n-1}\left(\sum_{i=1}^{n}X_i^2-n\overline{X}^2\right)$$

于是，样本方差的观测值 S^2 的表达式也可以简化为

$$s^2=\frac{1}{n-1}\left(\sum_{i=1}^{n}x_i^2-n\overline{x}^2\right)$$

样本方差和样本标准差反映了总体的离散程度。

为了计算样本均值 $\overline{x}$，样本方差 S^2 和样本标准差 S，借助于具有统计计算功能的计算器或利用统计计算软件在计算机上进行计算，可以大大节省计算的工作量。对于各种不同型号的计算器及不同的统计计算软件，详细的计算方法可参阅所用计算器的说明书或所用统计计算软件的提示。

例 8-2　某厂实行计件工资制，为及时了解情况，随机抽取 30 名工人，调查各自在一天内加工的零件数，然后按规定算出每名工人的日工资如下（单位：元）

156	134	160	141	159	141	161	157	171	155	149	144	169	138	168
147	153	156	125	156	135	156	151	155	146	155	157	198	161	151

这便是一个容量为 30 的样本观测值，其样本均值为

$$\overline{x}=\frac{1}{30}(156+134+\cdots+161+151)=153.5$$

它反映了该厂工人日工资的平均水平。

进一步计算样本方差 S^2 及样本标准差 S 为

$$S^2=\frac{1}{30-1}\left(\sum_{i=1}^{30}x_i^2-30\overline{x}^2\right)=\frac{1}{30-1}\times 5\ 287.5=182.33$$

样本标准差为 $S=\sqrt{182.33}=13.50$。

8.1.3 抽样分布

所谓抽样分布，即样本统计量的概率分布。在取得总体的样本后，通常是借助样本的统计量对未知的总体分布进行推测，除在概率论中所提到的常用分布外，还有χ^2分布和t分布。

(1) χ^2分布

设随机变量X_1，X_2，…，X_n相互独立，且都服从标准正态分布，则将统计量

$$\chi^2 = X_1^2 + X_2^2 + \cdots + X_n^2 = \sum_{i=1}^{n} X_i^2$$

所服从的分布称为**自由度为n的χ^2分布**，记作$\chi^2 \sim \chi^2(n)$，这里的自由度n不妨理解为所包含的独立随机变量的个数。

本书附表3中，对某些不同的n和α $(0 < \alpha < 1)$，给出了满足等式

$$P[\chi^2 \geqslant \chi_\alpha^2(n)] = \int_{\chi_\alpha^2(n)}^{+\infty} f_{\chi^2}(x)\,\mathrm{d}x = \alpha$$

的临界值$\chi_\alpha^2(n)$的数值（图8-2）。

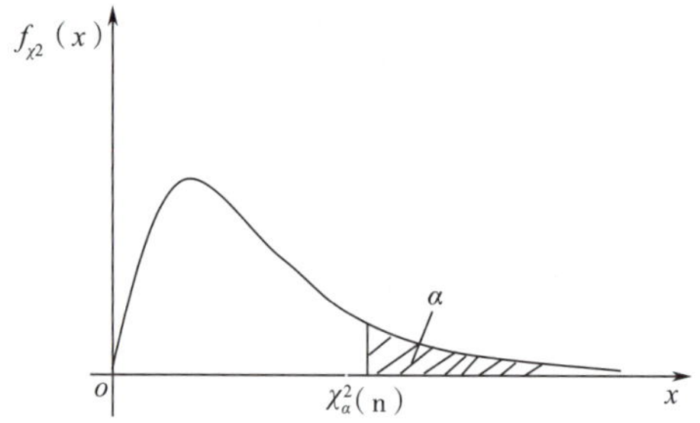

图8-2 χ^2分布曲线

例如，由查表可得：$\chi_{0.05}^2(6) = 12.6$，$\chi_{0.1}^2(10) = 16.0$。

例8-3 X_1，X_2，X_3，X_4，X_5，X_6是取自$X \sim N(0, 1)$的样本，则$\sum_{i=1}^{6} X_i^2 = \chi^2 \sim \chi^2(6)$。若$\alpha = 0.05$，则$\chi_{0.05}^2(6) = 12.6$，即有$P(\chi^2 \geqslant 12.6) = 0.05$。

(2) t分布

设随机变量X，Y相互独立，并且X服从标准正态分布，Y服从自由度为n的χ^2分布，则将随机变量$t = \dfrac{X}{\sqrt{Y/n}}$所服从的分布称为**自由度为$n$的$t$分布**，记作$t \sim t(n)$。

本书附表2中，对某些不同的n和$\alpha(0 < \alpha < 1)$，给出了满足等式

$$P[t \geqslant t_\alpha(n)] = \int_{t_\alpha(n)}^{+\infty} f_t(x)\,dx = \alpha$$

的临界值$t_\alpha(n)$的数值（图8-3）。例如，查表可得$t_{0.05}(6) = 1.943$，$t_{0.01}(10) = 2.76$。

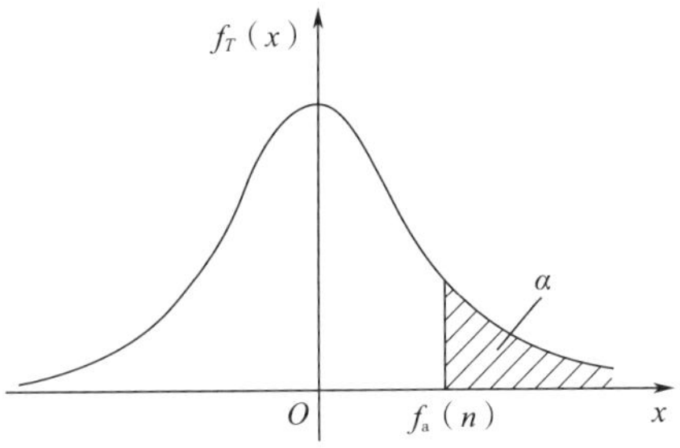

图 8-3　t 分布曲线

（3）常用统计量及其分布

①统计量 $U=\dfrac{\overline{X}-\mu}{\sigma/\sqrt{n}}$。如果 X_1，X_2，⋯，X_n 是取自正态总体 $X\sim N(\mu,\ \sigma^2)$ 的一个样本，可以证明，样本均值 $\overline{X}$ 也是一个正态随机变量，且

$$\overline{X}\sim N(\mu,\ \frac{\sigma^2}{n})$$

将其标准化的随机变量 $U=\dfrac{\overline{X}-\mu}{\sigma/\sqrt{n}}$ 服从标准正态分布，即

$$U=\frac{\overline{X}-\mu}{\sigma/\sqrt{n}}\sim N(0,\ 1)$$

②统计量 $T=\dfrac{\overline{X}-\mu}{S/\sqrt{n}}$。如果 X_1，X_2，⋯，X_n 是取自正态总体 $X\sim N(\mu,\ \sigma^2)$ 的一个样本，样本均值为 $\overline{X}$，样本方差为 S^2，可以证明，统计量 $T=\dfrac{\overline{X}-\mu}{S/\sqrt{n}}$ 服从自由度为 $n-1$ 的 t 分布，记为

$$T=\frac{\overline{X}-\mu}{S/\sqrt{n}}\sim t(n-1)$$

③统计量 $\chi^2=\dfrac{(n-1)S^2}{\sigma^2}$ 如果 X_1，X_2，⋯，X_n 是取自正态总体 $X\sim N(\mu,\ \sigma^2)$ 的一个样本，样本均值为 $\overline{X}$，样本方差为 S^2，可以证明，统计量 $\chi^2=\dfrac{(n-1)S^2}{\sigma^2}$ 服从自由度为 $n-1$ 的 χ^2 分布，记为

$$\chi^2=\frac{(n-1)S^2}{\sigma^2}\sim\chi^2(n-1)$$

上述结论的证明要用到较多的线性代数等方面的知识，所以本书没有进行证明，着重强调结论本身。

8.2 点估计

在实际问题中，当所研究的总体分布类型已知，但分布中含有一个或多个未知参数时，如何根据样本来估计未知参数，这类问题称为参数估计。参数估计一般分为点估计和区间估计两种。所谓点估计，就是用其一个函数值作为未知参数的估计值；区间估计就是对于未知参数给出一个范围，并且在一定可靠度下使这个范围包含未知参数的真值。

设总体 X 的分布中含有未知参数 θ，从总体 X 中抽取样本 X_1，X_2，…，X_n，相应的样本观测值是 x_1，x_2，…，x_n。点估计问题就是要求出适当的统计量 $\hat{\theta}(X_1, X_2, \cdots, X_n)$，用它的观测值 $\hat{\theta}(x_1, x_2, \cdots, x_n)$ 作为未知参数 θ 的估计值，统计量 $\hat{\theta}(X_1, X_2, \cdots, X_n)$ 称为参数 θ 的**点估计量**，$\hat{\theta}(x_1, x_2, \cdots, x_n)$ 称为参数 θ 的**点估计值**。

当总体 X 的分布中含有 k 个未知参数 θ_1，θ_2，…，θ_k 时，则需要求出 k 个统计量 $\hat{\theta}_1=\hat{\theta}_1(X_1, X_2, \cdots, X_n)$，$\hat{\theta}_2=\hat{\theta}_2(X_1, X_2, \cdots, X_n)$，…$\hat{\theta}_k=\hat{\theta}_k(X_1, X_2, \cdots, X_n)$ 分别作为 θ_1，θ_2，…，θ_k 的点估计量；用它们的观测值 $\hat{\theta}_1=\hat{\theta}_1(x_1, x_2, \cdots, x_n)$，$\hat{\theta}_2=\hat{\theta}_2(x_1, x_2, \cdots, x_n)$，…$\hat{\theta}_k=\hat{\theta}_k(x_1, x_2, \cdots, x_n)$
分别记为 θ_1，θ_2，…，θ_k 的点估计值。

下面介绍两种求未知参数的点估计量（或点估计值）的方法：矩估计法和极大似然估计法。

8.2.1 矩估计

由于样本来自总体，在一定程度上反映了总体的信息，所以人们自然而然地想到用样本的数字特征来作为总体相应的数字特征的估计，这种估计的方法称为**矩估计法**。

设 X_1，X_2，…，X_n 是正态总体 X 的一个样本，矩估计法就是指分别用样本的均值 $\overline{X}$ 和样本的方差 S^2 来作为总体的均值 μ 和方差 σ^2 的估计量，即

$$\hat{\mu}=\overline{X}=\frac{1}{n}\sum_{i=1}^{n}X_i,\ \hat{\sigma}^2=S^2=\frac{1}{n-1}\sum_{i=1}^{n}(X_i-\overline{X})^2$$

若 x_1，x_2，…，x_n 是一组样本观测值，则代入以上两式，可得 μ 和 σ^2 的估计值分别为

$$\hat{\mu}=\overline{x}=\frac{1}{n}\sum_{i=1}^{n}x_i,\ \hat{\sigma}^2=S^2=\frac{1}{n-1}\sum_{i=1}^{n}(x_i-\overline{x})^2$$

例 8-4 设某种灯泡的寿命 $X\sim N(\mu, \sigma^2)$，其中 $\mu\sigma^2$ 都是未知，在这批灯泡中随机抽取 10 只，测得其寿命（单位：小时）如下：

948　920　1156　1067　919　1196　1126　785　936　918

试用矩估计法估计 μ 和 σ^2。

解：由矩估计法知，可用样本均值来估计总体均值 μ，用样本方差来估计总体方差 σ^2，于是

$$\hat{\mu}=\bar{x}=\frac{1}{10}\sum_{i=1}^{10}x_i=997.1$$

$$\hat{\sigma}^2=S^2=\frac{1}{9}\sum_{i=1}^{10}(x_i-\bar{x})^2=17\ 304.77$$

以上的计算可以通过计算器的统计功能完成。

例 8-5 设总体 X 的概率密度为 $\varphi(x,\ \theta)=\begin{cases}\theta x^{\theta-1}, & 0<x<1\\ 0, & \text{其他}\end{cases}$，$X_1$，$X_2$，…，$X_n$ 是来自总体 X 的一个样本，求参数 θ 的矩估计量。

解：本例中待估计的参数 θ 不能明确是何种数字特征，我们可以尝试找出它与某种数字特征的关系，间接求出 θ 的估计量 $\hat{\theta}$。

因为

$$E(X)=\int_{-\infty}^{+\infty}x\varphi(x,\ \theta)\mathrm{d}x=\int_0^1\theta x^{\theta}\mathrm{d}x=\frac{\theta}{\theta+1}$$

所以

$$\theta=\frac{E(X)}{1-E(X)}$$

用 $\bar{X}$ 作为 $E(X)$ 的估计量，则 θ 的估计量为 $\hat{\theta}=\dfrac{\bar{X}}{1-\bar{X}}$。

8.2.2 极大似然估计

极大似然估计法首先由德国数学家高斯（Gauss）于 1821 年提出，英国统计学家罗纳德·费雪（Sir Ronold Aylmer Fisher）于 1912 年重新发现并做了进一步研究。

一位农夫和一位猎人相约去打猎，一只大雁从上空飞过，只听一声枪响，大雁应声落地，请问那一枪是谁开的？

由于只开一枪，按照人们日常生活经验，猎人打中的概率要大于农夫打中的概率，所以一般认为那一枪是猎人开的。

在已经得到试验结果的情况下，可以寻找这个结果出现的可能性最大的那个参数值，作为未知参数的估计，这就是极大似然估计法的基本思想。

下面就离散型总体和连续性总体做具体讨论。

（1）离散型总体

设总体 X 的概率分布为 $P(X=x)=p(x,\ \theta)$（θ 为未知参数）。从总体中抽取样本 X_1，X_2，…，X_n，样本观测值为 x_1，x_2，…，x_n，则表明随机事件“$X_1=x_1$，$X_2=x_2$，…，$X_n=x_n$”发生了。因为随机变量 X_1，X_2，…，X_n 相互独立，并且与总体 X 具有相同的概率分布，所以上述事件发生的概率

$$P(X_1=x_1,\ X_2=x_2,\ \cdots,\ X_n=x_n)=P(\bigcap_{i=1}^{n}(X_i=x_i))=\prod_{i=1}^{n}P(X_i=x_i,\ \theta)=\prod_{i=1}^{n}p(x_i,\ \theta)$$

称此函数为 θ 的**似然函数**，记作 $L(\theta)$，即

$$L(\theta)=\prod_{i=1}^{n}p(x_i,\ \theta)$$

（2）连续型总体

设总体 X 的概率密度为 $\varphi(x,\ \theta)$，其中 θ 为未知参数，则似然函数 $L(\theta)=\prod_{i=1}^{n}\varphi(x_i,\ \theta)$。

似然函数 $L(\theta)$ 的值的大小意味着该样本值出现的可能性的大小，在已得样本值 x_1，x_2，…，x_n 的情况下，则应该选择使 $L(\theta)$ 达到最大值的那个 θ 作为 θ 的估计值 $\hat{\theta}$。因此，应当在参数 θ 的取值范围内，选择适当的 $\hat{\theta}$，使 $L(\hat{\theta})$ 是 $L(\theta)$ 的极大值，则 $\hat{\theta}$ 就是 θ 的**极大似然估计值**，这种求点估计的方法称为极大似然估计法。

由于 $L(\theta)$ 与 $\ln L(\theta)$ 同时达到极大值，故只需求 $\ln L(\theta)$ 的极大值即可，这样在计算中常常带来很大方便。求 $\ln L(\theta)$ 的极大值通常采用微分学中求极值的方法，即从方程

$$\frac{\mathrm{d}\ln L(\theta)}{\mathrm{d}\theta}=0$$

中求出 $\hat{\theta}$，上面这个方程称为**似然方程**。

求未知参数 θ 的极大似然估计问题，归结为求似然函数 $L(\theta)$ 的最大值点的问题，当似然函数关于未知参数可微时，可利用微分学中求极大值的方法求之。其主要步骤如下。

①写出似然函数：$L(\theta)=\prod_{i=1}^{n}p(x_i,\ \theta)$ 或 $L(\theta)=\prod_{i=1}^{n}\varphi(x_i,\ \theta)$。

②令 $\frac{\mathrm{d}L(\theta)}{\mathrm{d}\theta}=0$ 或 $\frac{\mathrm{d}\ln L(\theta)}{\mathrm{d}\theta}=0$，求出驻点。

③判断并求出极大值点，在极大值点的表达式中，用样本值代入即得参数的极大似然估计值。

例 8-6 设总体分布为泊松分布 $P(\lambda)$，其中 λ 为未知参数，如果取的样本观测值为 x_1，x_2，…，x_n，求参数 λ 的极大似然估计值。

解： 已知概率分布为

$$p(X=x)=\frac{\lambda^{x}}{x!}\mathrm{e}^{-\lambda},\ (\lambda>0)$$

则似然函数为

$$L(\lambda)=\prod_{i=1}^{n}\frac{\lambda^{x_i}}{x_i!}\mathrm{e}^{-\lambda}=\frac{\lambda^{\sum_{i=1}^{n}x_i}}{\prod_{i=1}^{n}(x_i!)}\mathrm{e}^{-n\lambda}$$

取对数，得

$$\ln L(\lambda)=(\sum_{i=1}^{n}x_i)\ln\lambda-\sum_{i=1}^{n}\ln(x_i!)-n\lambda$$

于是得似然方程

$$\frac{\mathrm{d}\ln L(\lambda)}{\mathrm{d}\lambda}=\frac{1}{\lambda}\sum_{i=1}^{n}x_i-n=0$$

由此解得 λ 的极大似然估计值为 $\hat{\lambda}=\frac{1}{n}\sum_{i=1}^{n}x_i=\bar{x}$。

例 8-7 设总体 X 服从指数分布，其概率密度为 $\varphi(x,\lambda)=\begin{cases}\lambda e^{-\lambda x}, & x>0\\ 0, & x\leqslant 0\end{cases}$，$(\lambda>0)$，$\lambda$ 是未知参数，X_1，X_2，…，X_n 是来自总体 X 的一个样本，求参数 λ 的极大似然估计值。

解： 设 x_1，x_2，…x_n 是样本 X_1，X_2，…，X_n 的一个样本观测值，则似然函数为

$L(\lambda)=\prod_{i=1}^{n}\lambda e^{-\lambda x_i}=\lambda^n e^{-\lambda\sum_{i=1}^{n}x_i}$，取对数，得 $\ln L(\lambda)=n\ln\lambda-\lambda\sum_{i=1}^{n}x_i$，于是得似然方程 $\frac{\mathrm{d}\ln L(\lambda)}{\mathrm{d}\lambda}=\frac{n}{\lambda}-\sum_{i=1}^{n}x_i=0$，由此解得 λ 的极大似然估计值为 $\hat{\lambda}=\frac{n}{\sum_{i=1}^{n}x_i}=\frac{1}{\bar{x}}$。

当总体 X 的分布中含有多个未知参数 θ_1，θ_2，…，θ_k 时，极大似然估计法也是适用的。这时，我们得到的似然函数 L 就是这些参数的多元函数 $L(\theta_1,\theta_2,\cdots,\theta_k)$。为了求似然函数 L 的极大值，我们有方程组 $\frac{\partial\ \ln L}{\partial\ \theta_j}=0(j=1,2,\cdots,k)$，解该方程组，就可以得到参数 θ_1，θ_2，…，θ_k 的极大似然估计值。

8.2.3 评价估计量优劣的标准

上面我们介绍了两种求总体分布中未知参数的点估计的方法。应当指出对于同一个参数，用不同的估计法得到的点估计量不一定相同，那么究竟用哪种估计法好呢？为此，应当建立衡量估计量好坏的标准。根据不同的要求，评价估计量好坏可以有各种各样的标准，这里介绍两种最常用的标准。

（1）无偏性

设 $\hat{\theta}(X_1,X_2,\cdots,X_n)$ 是未知参数 θ 的一个估计量，若 θ 的数学期望存在且等于 θ，即

$$E(\hat{\theta})=\theta$$

则称 $\hat{\theta}(X_1,X_2,\cdots,X_n)$ 为 θ 的**无偏估计量**。如果样本观测值为 x_1，x_2，…，x_n，则称 $\hat{\theta}(x_1,x_2,\cdots,x_n)$ 为 θ 的**无偏估计值**。

例 8-8 设总体 $X\sim N(\mu,\sigma^2)$，试证明样本均值 $\bar{X}$ 及样本方差 S^2 分别是 μ 和 σ^2 的无偏估计量。

证明： $\because E(\bar{X})=E(\frac{1}{n}\sum_{i=1}^{n}X_n)=\frac{1}{n}\sum_{i=1}^{n}E(X_i)=\frac{1}{n}\cdot nE(X)=\frac{1}{n}\cdot n\mu=\mu$，

$$E(S^2)=E\left[\frac{1}{n-1}\left(\sum_{i=1}^{n}X_i^2-n\overline{X}^2\right)\right]=\frac{1}{n-1}\left(\sum_{i=1}^{n}E(X_i^2)-nE(\overline{X})^2\right)$$

$$=\frac{1}{n-1}\{n[D(X)+(E(X))^2]-n[D(\overline{X})+(E(\overline{X}))^2]\}$$

$$=\frac{1}{n-1}\left[n(\sigma^2+\mu^2)-n\left(\frac{\sigma^2}{n}+\mu^2\right)\right]=\sigma^2$$

∴ 样本均值 $\overline{X}$ 及样本方差 S^2 分别是 μ 和 σ^2 无偏估计量。

应当指出，同一参数 θ 的无偏估计量不是唯一的。例如，我们有 $E(X_i)=\mu$，这表明任一样本 $X_i(i=1,2,\cdots,n)$ 都是总体均值 μ 的无偏估计量。在参数 θ 的许多无偏估计量中，当然是对 θ 的平均偏差较小者为好，也就是说，较好的估计量应当有尽可能小的方差。为此，我们引进评价估计量优劣性的第二个标准。

（2）有效性

设 $\hat{\theta}_1=\hat{\theta}_1(X_1,X_2,\cdots,X_n)$ 和 $\hat{\theta}_2=\hat{\theta}_2(X_1,X_2,\cdots,X_n)$ 都是参数 θ 的无偏估计量，如果 $D(\hat{\theta}_1)<D(\hat{\theta}_2)$，则称**估计量 $\hat{\theta}_1$ 比 $\hat{\theta}_2$ 有效**。

例 8-9 设总体 $X\sim N(\mu,\sigma^2)$，则估计量 $\hat{\mu}_1=\overline{X}$，$\hat{\mu}_2=\frac{1}{2}(\min X_i+\max X_i)$ 都是 $E(X)=\mu$ 的无偏估计量，问哪一个更有效？

解： ∵ $D(\hat{\mu}_1)=D(\overline{X})=D\left(\frac{1}{n}\sum_{i=1}^{n}X_i\right)=\frac{1}{n^2}\sum_{i=1}^{n}D(X_i)=\frac{1}{n}\sigma^2$

$$D(\hat{\mu}_2)=D\left(\frac{\min X_i+\max X_i}{2}\right)=\frac{\sigma^2+\sigma^2}{4}=\frac{\sigma^2}{2}$$

∴ 当 $n\geqslant 3$ 时，$D(\hat{\mu}_1)<D(\hat{\mu}_2)$，所以当 $n\geqslant 3$ 时，用 $\hat{\mu}_1=\overline{X}$ 作为总体数学期望 μ 无偏估计量比 $\hat{\mu}_2$ 更有效。

8.3 区间估计

区间估计

8.3.1 基本概念

用点估计来估计总体参数时，即使是无偏有效的估计量，也会由于样本的随机性，从一个样本算得的估计值一般不是参数的真值，即使估计值真正等于参数的真值，又由于参数值本身是未知的，也无从肯定这种相等。

若要根据估计量的分布，在一定的可靠程度下，指出被估计的总体参数所在的可能数值范围，这就是参数的区间估计要解决的问题。

在区间估计的理论中，被广泛接受的一种观点是置信区间，是由奈曼（Neymann）于

1934 年提出的。

其具体做法是：找两个统计量 $\hat{\theta}_1=\hat{\theta}_1(X_1, X_2, \cdots, X_n)$ 和 $\hat{\theta}_2=\hat{\theta}_2(X_1, X_2, \cdots, X_n)$，使得对于给定的 $\alpha\ (0<\alpha<1)$，有 $P(\hat{\theta}_1<\theta<\hat{\theta}_2)=1-\alpha$，则将随机区间 $(\hat{\theta}_1, \hat{\theta}_2)$ 称为参数 θ 的**置信度**（或**置信水平**）为 $1-\alpha$ 的**置信区间**，$\hat{\theta}_1$ 和 $\hat{\theta}_2$ 分别称为**置信下限**和**置信上限**。

对于给定的置信度 $1-\alpha$，根据样本观测值来确定未知参数 θ 的置信区间 $(\hat{\theta}_1, \hat{\theta}_2)$，称为参数 θ 的**区间估计**。

关于区间估计问题，如果已知统计量的分布，则问题不难解决，在前面我们已经讨论了正态总体的某些统计量的分布，下面我们就讨论正态总体中的未知参数的区间估计问题。

8.3.2 单个正态总体数学期望的区间估计

（1）总体方差 σ^2 已知，求数学期望 μ 的置信区间

设总体 $X\sim N(\mu, \sigma^2)$，则 $\bar{X}\sim N(\mu, \frac{\sigma^2}{n})$，统计量

$$U=\frac{\bar{X}-\mu}{\sigma_0/\sqrt{n}}\sim N(0, 1)$$

对于给定 $\alpha\in(0, 1)$，由标准正态分布表求满足 $P(|U|<u_{\frac{\alpha}{2}})=1-\alpha$ 或 $P(U<u_{\frac{\alpha}{2}})=\Phi(u_{\frac{\alpha}{2}})=1-\frac{\alpha}{2}$ 的临界值 $u_{\frac{\alpha}{2}}$（图 8-4），

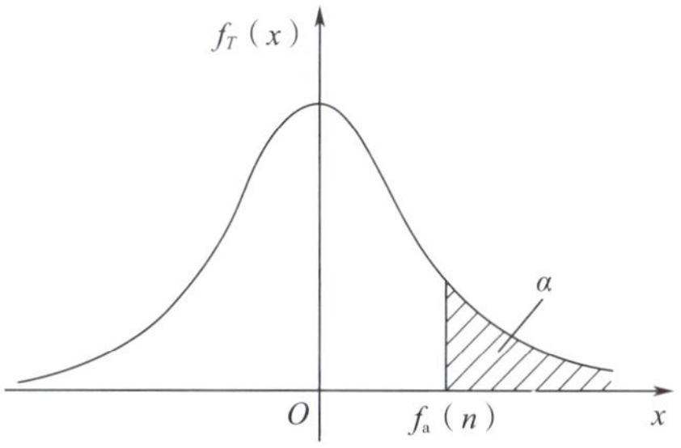

图 8-4 总体方差 σ^2 已知数学期望 μ 的置信区间

从而有 $P\left(\left|\frac{\bar{X}-\mu}{\sigma/\sqrt{n}}\right|<u_{\frac{\alpha}{2}}\right)=1-\alpha$，即 $P\left(-u_{\frac{\alpha}{2}}<\frac{\bar{X}-\mu}{\sigma/\sqrt{n}}<u_{\frac{\alpha}{2}}\right)=1-\alpha$，

亦即 $P\left(\bar{X}-\frac{\sigma}{\sqrt{n}}u_{\frac{\alpha}{2}}<\mu<\bar{X}+\frac{\sigma}{\sqrt{n}}u_{\frac{\alpha}{2}}\right)=1-\alpha$。

因此，总体数学期望μ的置信度为$1-\alpha$的置信区间为$(\overline{X}-\frac{\sigma}{\sqrt{n}}u_{\frac{\alpha}{2}},\ \overline{X}+\frac{\sigma}{\sqrt{n}}u_{\frac{\alpha}{2}})$。

例 8-10 某旅行社随机访问了100名旅游者，得知他们的平均消费额为150元，据经验旅游者的消费额$X\sim N(\mu,\ 10^2)$，求旅游者平均消费额μ的置信度为95%的置信区间。

解： 置信度$1-\alpha=0.95$，则$\alpha=0.05$，$\Phi(u_{\frac{\alpha}{2}})=\Phi(u_{0.025})=1-0.025=0.975$，查附表1得临界值$u_{\frac{\alpha}{2}}=u_{0.025}=1.96$，于是，$\mu$的置信上（下）限为

$$\bar{x}\pm\frac{\sigma_0}{\sqrt{n}}u_{\frac{\alpha}{2}}=150\pm\frac{10}{\sqrt{100}}\times1.96=150\pm1.96,$$

因此，均值μ的置信度为0.95的置信区间为(148.04，151.96)。

（2）总体方差σ^2未知，求数学期望μ的置信区间

由于σ^2未知，用σ^2的无偏估计量$S^2=\frac{1}{n-1}\sum_{i=1}^{n}(X_i-\overline{X})^2$来代替$\sigma^2$，得到统计量

$$T=\frac{\overline{X}-\mu}{S/\sqrt{n}}\sim t(n-1)$$

对于给定$\alpha\in(0,\ 1)$，由t分布表求出满足

$$P(|T|<t_{\frac{\alpha}{2}}(n-1))=1-\alpha$$

的临界值对$t_{\frac{\alpha}{2}}(n-1)$（图8-5），从而有

$$P\left(\left|\frac{\overline{X}-\mu}{S/\sqrt{n}}\right|<t_{\frac{\alpha}{2}}(n-1)\right)=1-\alpha$$

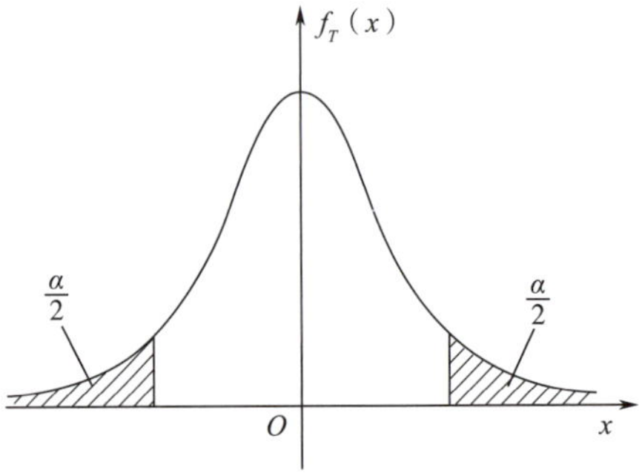

图 8-5 总体方差σ^2未知，数学期望μ的置信区间

即
$$P(-t_{\frac{\alpha}{2}}(n-1)<\frac{\overline{X}-\mu}{S/\sqrt{n}}<t_{\frac{\alpha}{2}}(n-1))=1-\alpha$$

亦即
$$P(\overline{X}-\frac{S}{\sqrt{n}}t_{\frac{\alpha}{2}}(n-1)<\mu<\overline{X}+\frac{S}{\sqrt{n}}t_{\frac{\alpha}{2}}(n-1))=1-\alpha$$

因此，总体数学期望μ的置信度为$1-\alpha$的置信区间为

$$\left(\overline{X}-\frac{S}{\sqrt{n}}t_{\frac{\alpha}{2}}(n-1),\ \overline{X}+\frac{S}{\sqrt{n}}t_{\frac{\alpha}{2}}(n-1)\right)$$

例 8-11　已知某种木材横纹抗压力 X 服从正态分布，对 10 个试体作横纹抗压力试验得数据如下：(单位：$\mathrm{kg/cm^2}$)

482　493　457　471　510　446　435　418　394　469

试对该木材平均横纹抗压力进行区间估计（$\alpha=0.1$）。

解：由数据得 $\bar{x}=457.5$, $S=35.2$

由 $\alpha=0.1$，$n=10$，查附表 2 得 $t_{\frac{\alpha}{2}}(n-1)=t_{0.05}(9)=1.833$

于是，木材平均横纹抗压力 μ 的置信上（下）限为

$$\bar{x}\pm\frac{S}{\sqrt{n}}t_{\frac{\alpha}{2}}(n-1)=457.5\pm\frac{35.2}{\sqrt{10}}\times1.833=457.5\pm20.4$$

因此，均值 μ 的置信度为 0.9 的置信区间为 (437.1，477.9)。

8.3.3　单个正态总体方差的区间估计

选取统计量

$$\chi^2=\frac{(n-1)S^2}{\sigma^2}\sim\chi^2(n-1)$$

对于给定 $\alpha\in(0,1)$，由 χ^2 分布表求出满足

$$P\left(\chi^2_{1-\frac{\alpha}{2}}(n-1)<\frac{(n-1)S^2}{\sigma^2}<\chi^2_{\frac{\alpha}{2}}(n-1)\right)=1-\alpha$$

即 $P\left(\frac{(n-1)S^2}{\chi^2_{\frac{\alpha}{2}}(n-1)}<\sigma^2<\frac{(n-1)S^2}{\chi^2_{1-\frac{\alpha}{2}}(n-1)}\right)=1-\alpha$ 的临界值 $\chi^2_{\frac{\alpha}{2}}(n-1)$，$\chi^2_{1-\frac{\alpha}{2}}(n-1)$ (图 8-6)，

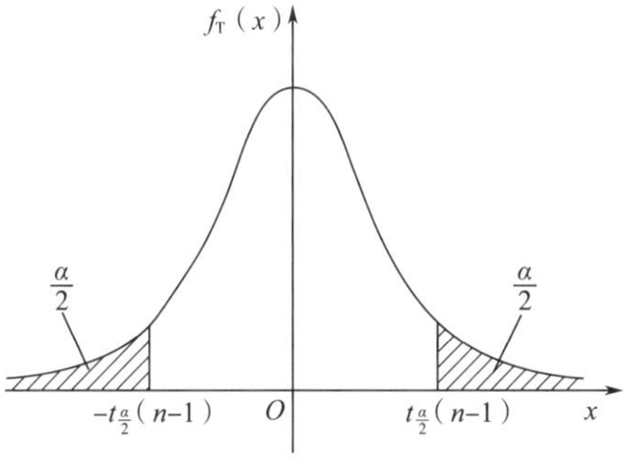

图 8-6　单个正态总体方差的置信区间

于是 σ^2 的置信度为 $1-\alpha$ 的置信区间为

$$\left(\frac{(n-1)S^2}{\chi^2_{\frac{\alpha}{2}}(n-1)}, \frac{(n-1)S^2}{\chi^2_{1-\frac{\alpha}{2}}(n-1)}\right)$$

同时，总体标准差 σ 的置信度为 $1-\alpha$ 的置信区间为

$$\left(\sqrt{\frac{(n-1)S^2}{\chi^2_{\frac{\alpha}{2}}(n-1)}}, \sqrt{\frac{(n-1)S^2}{\chi^2_{1-\frac{\alpha}{2}}(n-1)}}\right)$$

例 8-12 对 14 名足球运动员在比赛前测定的脉搏（12 秒）次数为

11 13 12 12 13 16 11 11 15 12 12 13 11 11

假使脉搏次数 X 服从正态分布，求 σ^2 的置信度为 0.95 的置信区间。

解： $\bar{x}=\frac{1}{14}\sum_{i=1}^{14}x_i=12.36$，$(n-1)s^2=\sum_{i=1}^{14}(x_i-\bar{x})^2=31.21$

由 $1-\alpha=0.95$，$\alpha=0.05$，$n-1=13$，查附表 3 得

$$\chi^2_{1-\frac{\alpha}{2}}(n-1)=\chi^2_{0.975}(13)=5.01,\ \chi^2_{\frac{\alpha}{2}}(n-1)=\chi^2_{0.025}(13)=24.7$$

于是

$$\frac{(n-1)s^2}{\chi^2_{\frac{\alpha}{2}}(n-1)}=1.26,\ \frac{(n-1)s^2}{\chi^2_{1-\frac{\alpha}{2}}(n-1)}=6.23$$

因此，σ^2 的置信度为 0.95 的置信区间为（1.26，6.23）。

8.4 假设检验

假设检验的基本概念

8.4.1 基本概念

数理统计的基本任务是根据对样本的考察来对总体的某些情况作出判断，通常是由直观或经验对观测对象总体分布类型或总体分布中的某些参数作出某种假设，然后抽取样本，根据样本提供的有关信息，利用各种方法进行检验，在一定的可靠度下做出拒绝或接受所作假设的结论，这种方法就称为**假设检验**，把所做的假设称为**原假设**（或**零假设**），记作 H_0。

若总体分布类型已知，仅仅涉及总体分布中未知参数的统计假设，称为**参数假设**；若总体分布类型未知，对总体分布类型或它的某些特性提出的统计假设，称为**非参数假设**。本节中仅介绍参数假设问题。

假设检验的基本原理是**小概率原理**：小概率事件在一次试验中基本不可能发生。例如：买一张彩票就中大奖，某天我们看到某幢楼房突然倒塌等。

假设检验的推断思路是：先假设 H_0 是正确的，然后构造一个与假设 H_0 有关，概率不超过 $\alpha(0<\alpha<1)$ 的小概率事件 A，如果在一次试验中，本来基本不可能发生的事件 A 却

意外地发生了，我们就认为原假设与实际情况矛盾，从而拒绝原假设 H_0；如果事件 A 未发生，则表明原假设 H_0 与实际情况不矛盾，从而接受原假设 H_0。在检验中给定的 α 称为**显著性水平**。通常 α 取较小的值，如 0.05 或 0.01。

从上面讨论可知，假设检验一般可以按下列步骤进行。

①提出原假设 H_0（对立假设 H_1）。

②选取适当的统计量作为检验统计量，并确定其分布。

③对于给定的显著性水平 α，提出一个与检验统计量有关的小概率事件 A，即 $P(A)=\alpha$。

④通过样本观测值计算检验统计量的观测值，视小概率事件 A 是否发生做出拒绝或接受原假设 H_0 的推断，若 A 发生则拒绝原假设 H_0，反之则接受 H_0。

对于假设检验问题，由于样本抽取的随机性，在进行判断时，有可能出现以下两类错误：一种可能是 H_0 本来正确，却被拒绝了，这种错误称为**以真为假**，发生这种错误的概率不超过显著性水平 α；另一种可能是 H_0 本来错误，却被接受了，这种错误称为**以假为真**。一般来说，当样本容量固定时，使犯两种错误的概率都很小的检验方法是不存在的，要想同时减小犯两种错误的机会，只有增大样本容量。

8.4.2　单个正态总体数学期望的假设检验

U 检验法

（1）U 检验法

设 $X_1, X_2, \cdots, X_n$ 是取自正态总体 $N(\mu, \sigma^2)$ 的一个样本，已知 $\sigma=\sigma_0$，要检验假设 H_0：$\mu=\mu_0$。

选择统计量 $U=\dfrac{\overline{X}-\mu_0}{\sigma_0/\sqrt{n}}$，在假设 H_0 成立时，$U\sim N(0, 1)$。

对于给定的显著性水平 α，查附表 1 得临界值 $u_{\frac{\alpha}{2}}$，使

$$P(|U|\geqslant u_{\frac{\alpha}{2}})=\alpha$$

这说明事件 $A=\{|U|\geqslant u_{\frac{\alpha}{2}}\}$ 是小概率事件。

将样本值代入，算出 U 的观测值，如果 $|U|\geqslant u_{\frac{\alpha}{2}}$，则说明在一次试验中，小概率事件 A 发生了，由小概率原理，拒绝假设 H_0；否则接受 H_0，这种方法称为 U **检验法**。$(-\infty, -u_{\frac{\alpha}{2}}]\cup[u_{\frac{\alpha}{2}}, +\infty)$ 称为拒绝域，$(-u_{\frac{\alpha}{2}}, u_{\frac{\alpha}{2}})$ 称为接受域。

例 8-13　假定某厂生产一种钢索，它的断裂强度 $X(\mathrm{kg/cm^2})$ 服从正态分布 $N(\mu, 40^2)$。从中选取一个容量为 9 的样本，得 $\bar{x}=780\mathrm{kg/cm^2}$，能否据此样本认为这批钢索的断裂强度为 $800\mathrm{kg/cm^2}(\alpha=0.05)$。

解：按题意，要检验的假设是 H_0：$\mu_0=800$

选取统计量 $U=\dfrac{\overline{X}-\mu_0}{\sigma_0/\sqrt{n}}$，在假设 H_0 成立时，$U\sim N(0, 1)$。

对于给定的 $\alpha = 0.05$，查附表 1 得临界值

$$u_{\frac{\alpha}{2}} = u_{0.025} = 1.96$$

计算统计量 U 得

$$|U| = \left|\frac{780 - 800}{40/\sqrt{9}}\right| = 1.5 < 1.96$$

因而，对于给定的显著性水平 $\alpha = 0.05$ 的条件下，可以接受 H_0，即可以认为这批钢索的断裂强度为 800kg/cm^2。

(2) T 检验法

设 $X_1, X_2, \cdots, X_n$ 是取自正态总体 $N(\mu, \sigma^2)$ 的一个样本，σ^2 为未知常数，要检验假设 H_0：$\mu = \mu_0$。

选择统计量 $T = \dfrac{\overline{X} - \mu_0}{S/\sqrt{n}}$，在假设 H_0 成立时，$T \sim t(n-1)$。

对于给定的显著性水平 α，查附表 2 得临界值 $t_{\frac{\alpha}{2}}(n-1)$，使 $P(|T| \geqslant t_{\frac{\alpha}{2}}(n-1)) = \alpha$，这说明事件 $A = \{|T| \geqslant t_{\frac{\alpha}{2}}(n-1)\}$ 是小概率事件。

将样本值代入算出 T 的值，如果 $|T| \geqslant t_{\frac{\alpha}{2}}(n-1)$，则说明在一次试验中，小概率事件 A 发生了，由小概率原理，拒绝假设 H_0；否则接受 H_0，这种方法称为 **T 检验法**。$(-\infty, -t_{\frac{\alpha}{2}}(n-1)] \cup [t_{\frac{\alpha}{2}}(n-1), +\infty)$ 称为拒绝域，$(-t_{\frac{\alpha}{2}}(n-1), t_{\frac{\alpha}{2}}(n-1))$ 称为接受域。

例 8-14 假定某种型号玻璃纸的横向延伸率（%）服从正态分布 $N(\mu, \sigma^2)$，现抽取容量 $n = 30$ 的样本，其样本均值 $\overline{x} = 45.06$，样本标准差 $s = 5.818$，能否据此样本认为这批玻璃纸的横向延伸率（%）为 65（$\alpha = 0.01$）。

解： 按题意，要检验的假设是 H_0：$\mu_0 = 65$

选取统计量 $T = \dfrac{\overline{X} - \mu_0}{S/\sqrt{n}}$，在假设 H_0 成立时，$T \sim t(29)$。

对于给定的 $\alpha = 0.01$，查附表 2 得临界值 $t_{\frac{\alpha}{2}}(n-1) = t_{0.005}(29) = 2.76$，计算统计量 T 的观测值 $|T| = \left|\dfrac{45.06 - 65}{5.818/\sqrt{30}}\right| = 18.77 > 2.76$。

因而，对于给定的显著性水平 $\alpha = 0.01$ 的条件下，有 $|T| > t_{0.005}(29)$，拒绝原假设 H_0：$\mu_0 = 65$，即不能据此样本认为这批玻璃纸的横向延伸率（%）为 65。

8.4.3 单个正态总体方差的假设检验（χ^2 检验法）

设 $X_1, X_2, \cdots, X_n$ 是取自正态总体 $N(\mu, \sigma^2)$ 的一个样本，要检验假设 H_0：$\sigma^2 = \sigma_0^2$。

选取统计量$\chi^2=\dfrac{(n-1)S^2}{\sigma_0^2}$，在假设 H_0 成立时，$\chi^2 \sim \chi^2(n-1)$。

对于给定的显著性水平 α，查附表 3 得临界值$\chi^2_{\frac{\alpha}{2}}(n-1)$，$\chi^2_{1-\frac{\alpha}{2}}(n-1)$，使

$$\begin{cases} P(\chi^2 \leqslant \chi^2_{1-\frac{\alpha}{2}}(n-1))=\dfrac{\alpha}{2} \\ P(\chi^2 \geqslant \chi^2_{\frac{\alpha}{2}}(n-1))=\dfrac{\alpha}{2} \end{cases}$$

这说明事件 $A=\{\chi^2 \leqslant \chi^2_{1-\frac{\alpha}{2}}(n-1)\} \cup \{\chi^2 \geqslant \chi^2_{\frac{\alpha}{2}}(n-1)\}$ 是小概率事件。

将样本值代入，算出χ^2 的值，如果$\chi^2 \leqslant \chi^2_{1-\frac{\alpha}{2}}(n-1)$ 或$\chi^2 \geqslant \chi^2_{\frac{\alpha}{2}}(n-1)$，则说明在一次试验中，小概率事件 A 发生了，由小概率原理，拒绝假设 H_0；否则接受 H_0，这种方法称为**χ^2 检验法**。$[0, \chi^2_{1-\frac{\alpha}{2}}(n-1)] \cup [\chi^2_{\frac{\alpha}{2}}(n-1), +\infty)$ 称为拒绝域，$(\chi^2_{1-\frac{\alpha}{2}}(n-1), \chi^2_{\frac{\alpha}{2}}(n-1))$ 称为接受域。

例 8-15 某炼铁厂的铁水含碳量 X 在正常情况下服从正态分布。现对操作工艺进行了某些改进，从中抽取 5 炉铁水测得含碳量数据如下：

4.421　4.052　4.357　4.287　4.683

据此是否可以认为新工艺炼出的铁水含碳量的方差仍为 $0.108^2(\alpha=0.05)$。

解： 按题意，要检验的假设是 H_0：$\sigma^2=0.108^2$

选取统计量$\chi^2=\dfrac{(n-1)S^2}{\sigma_0^2}$，在假设 H_0 成立时，$\chi^2 \sim \chi^2(4)$，对于给定的显著性水平 $\alpha=0.05$，查附表 3 得临界值

$$\chi^2_{1-\frac{\alpha}{2}}=\chi^2_{0.975}(4)=0.484, \ \chi^2_{\frac{\alpha}{2}}=\chi^2_{0.025}(4)=11.1\text{。}$$

由题意

$$S^2=\frac{1}{4}\sum_{i=1}^{5}(x_i-\overline{x})^2=0.052$$

计算统计量χ^2 的观测值，得

$$\chi^2=\frac{(n-1)S^2}{\sigma_0^2}=\frac{4\times 0.052}{0.108^2}\approx 17.833>11.1\text{。}$$

因而，在给定的显著性水平 $\alpha=0.05$ 条件下，拒绝原假设 H_0：$\sigma^2=0.108^2$，即新工艺炼出的铁水含碳量的方差不能认为是 0.108^2。

8.5 本章小结

8.5.1 数理统计的基本概念

(1) 总体、个体及样本

总体是指具有一定共性的研究对象的全体，组成总体的每个成员称为个体，从总体中抽取的部分个体称为样本。总体可以看成随机变量 X，样本可以看成 n 个随机变量 X_1，X_2，…，X_n。当样本为简单随机样本时，样本 X_1，X_2，…，X_n 满足：① X_1，X_2，…，X_n 相互独立；② $X_i(i=1, 2, \cdots, n)$ 与 X 同分布。

(2) 统计量

$f(X_1, X_2, \cdots, X_n)$ 是样本 X_1，X_2，…，X_n 所构成的函数，且这个函数不包含任何未知参数。

常用的统计量有以下几个。

①样本均值 $\overline{X}=\dfrac{1}{n}\sum\limits_{i=1}^{n}X_i$。

②样本方差 $S^2=\dfrac{1}{n-1}\sum\limits_{i=1}^{n}(X_i-\overline{X})^2$。

③样本标准差 $S=\sqrt{S^2}=\sqrt{\dfrac{1}{n-1}\sum\limits_{i=1}^{n}(X_i-\overline{X})^2}$。

(3) 常用抽样分布

① $U=\dfrac{\overline{X}-\mu}{\sigma/\sqrt{n}}\sim N(0, 1)$。

② $T=\dfrac{\overline{X}-\mu}{S/\sqrt{n}}\sim t(n-1)$。

③ $\chi^2=\dfrac{(n-1)S^2}{\sigma^2}\sim\chi^2(n-1)$。

8.5.2 点估计

(1) 点估计

①矩估计法。

②极大似然估计法。

(2) 评价估计量优劣的标准

①无偏性：$E(\hat{\theta})=\theta$，则称 $\hat{\theta}$ 为 θ 的无偏估计量。

②有效性：$\hat{\theta}_1$，$\hat{\theta}_2$ 都是参数 θ 的无偏估计量，$D(\hat{\theta}_1) < D(\hat{\theta}_2)$，则称估计量 $\hat{\theta}_1$ 比 $\hat{\theta}_2$ 有效。

8.5.3　区间估计

（1）置信度与置信区间

统计量 $\hat{\theta}_1=\hat{\theta}_1(X_1, X_2, \cdots, X_n)$ 和 $\hat{\theta}_2=\hat{\theta}_2(X_1, X_2, \cdots, X_n)$，使得对于给定的 $\alpha\ (0<\alpha<1)$，有 $P(\hat{\theta}_1<\theta<\hat{\theta}_2)=1-\alpha$，则将随机区间 $(\hat{\theta}_1, \hat{\theta}_2)$ 称为参数 θ 的置信度（或置信水平）为 $1-\alpha$ 的置信区间。

（2）单个正态总体数学期望的区间估计

①方差 σ^2 已知，总体数学期望 μ 的置信度为 $1-\alpha$ 的置信区间为

$$\left(\bar{X}-\frac{\sigma}{\sqrt{n}}u_{\frac{\alpha}{2}},\ \bar{X}+\frac{\sigma}{\sqrt{n}}u_{\frac{\alpha}{2}}\right)$$

②方差 σ^2 未知，总体数学期望 μ 的置信度为 $1-\alpha$ 的置信区间为

$$\left(\bar{X}-\frac{S}{\sqrt{n}}t_{\frac{\alpha}{2}}(n-1),\ \bar{X}+\frac{S}{\sqrt{n}}t_{\frac{\alpha}{2}}(n-1)\right)$$

（3）单个正态总体方差的区间估计

总体方差 σ^2 的置信度为 $1-\alpha$ 的置信区间为

$$\left(\frac{(n-1)S^2}{\chi^2_{\frac{\alpha}{2}}(n-1)},\ \frac{(n-1)S^2}{\chi^2_{1-\frac{\alpha}{2}}(n-1)}\right)$$

8.5.4　假设检验

（1）假设检验的基本概念

①假设检验的基本原理是小概率原理，即小概率事件在一次试验中几乎不可能发生。

②假设检验的步骤

a. 提出原假设 H_0（对立假设 H_1）。

b. 选取适当的统计量作为检验统计量，并确定其分布。

c. 对于给定的显著性水平 α，提出一个与检验统计量有关的小概率事件 A，即 $P(A)=\alpha$。

d. 通过样本观测值计算检验统计量的观测值，视小概率事件 A 是否发生作出拒绝或接受原假设 H_0 的推断，若 A 发生则拒绝原假设 H_0，反之则接受 H_0。

③假设检验可能犯以真为假和以假为真两种错误，要想同时减小犯这两种错误的机会，只有增大样本容量。

（2）单个正态总体参数的假设检验

①单个正态总体数学期望的假设检验：σ 已知，使用 U 检验法；σ 未知，使用 T 检

验法。

②单个正态总体方差的假设检验：使用χ^2检验法。

习题 8

1. 设总体$X \sim N(\mu, \sigma^2)$，其中μ已知，σ^2未知，又$X_1, X_2, \cdots, X_n$是总体X的一个样本，试指出下列哪些是统计量，哪些不是统计量。

(1) $\sum_{i=1}^{n} X_i$ (2) $\frac{1}{\sigma^2}\sum_{i=1}^{n}(X_i-\mu)^2$ (3) $\sum_{i=1}^{n} X_i^2$ (4) $\frac{\overline{X}-\mu}{\sigma/\sqrt{n}}$ (5) $\frac{\overline{X}-\mu}{S/\sqrt{n}}$

2. 某商场抽查10个柜组，每个柜组某月的人均销售额（万元）分别为

2.5　2.8　2.9　3.0　3.0　3.2　3.3　3.5　3.8　4.0

求该商场10个柜组人均销售额的均值和标准差。

3. 已知一批灯泡的使用寿命$X \sim N(\mu, \sigma^2)$，其中μ，σ^2是未知参数，现从这批灯泡中抽取10个进行寿命试验，测得数据如下（单位：小时）

1 050　1 100　1 080　1 120　1 200　1 250　1 040　1 130　1 300　1 200

试用矩估计法来估计参数μ和σ^2。

4. 总体X服从均匀分布$U(0, \theta)$，它的密度函数为$f(x, \theta)=\begin{cases}\frac{1}{\theta}, & 0 \leqslant x \leqslant \theta \\ 0, & \text{其他}\end{cases}$

(1) 求未知参数θ的矩估计量；

(2) 当样本观测值为0.3，0.8，0.27，0.35，0.62，0.55时，求θ的矩估计值。

5. 设$X_1, X_2, \cdots, X_n$是取自总体服从两点分布的样本，求参数p的极大似然估计量。

6. 设总体X的概率密度为$\varphi(x, \theta)=\begin{cases}\theta x^{\theta-1}, & x \geqslant 0 \\ 0, & x<0\end{cases}$ $(\theta>0)$，$X_1, X_2, \cdots, X_n$是总体X的一个样本，求参数θ的极大似然估计值。

7. 设X_1, X_2, X_3是总体X的一个样本，试证明：统计量

$$T_1(X_1, X_2, X_3)=\frac{1}{3}X_1+\frac{1}{3}X_2+\frac{1}{3}X_3,$$

$$T_2(X_1, X_2, X_3)=\frac{1}{6}X_1+\frac{1}{3}X_2+\frac{1}{2}X_3,$$

$$T_3(X_1, X_2, X_3)=\frac{1}{7}X_1+\frac{3}{14}X_2+\frac{9}{14}X_3$$

都是总体X的数学期望$E(X)$的无偏估计量，并指出哪一个最有效。

8. 一个车间生产的滚珠直径服从正态分布，从某天产品里随机抽取5个，测得直径如下（单位：mm）

14.6　15.1　14.9　15.2　15.1

如果知道该天产品直径的方差是 0.25，试找出平均直径的置信区间（$\alpha=0.05$）。

9. 某商店购进一批桂圆，现从中随机抽取 8 包进行检查，结果如下（单位：克）

505　502　499　501　498　497　499　501

已知这批桂圆的重量服从正态分布，试求该批桂圆每包平均重量的置信度为 0.95 的置信区间。

10. 岩石密度的测量误差服从正态分布，随机抽测 12 个样本，得 $S=0.2$，求 σ^2 的置信区间（$\alpha=0.1$）。

11. 设某产品指标服从正态分布，它的标准差 σ 已知为 150 小时，今由一批产品中随机地抽取了 25 个，测得指标的平均值为 1 637 小时，问在 5% 的显著性水平下，能否认为这批产品的指标为 1 600 小时？

12. 某制药厂生产一种抗菌素，已知在正常生产的情况下，每瓶抗菌素的某项指标服从均值为 22.3 的正态分布，某天开工后，测得 10 瓶的数据如下：

22.3　21.5　21.7　23.4　21.8　21.4　23.4　19.8　24.4　21.2

问生产是否正常（$\alpha=0.05$）？

自测题 8

一、单选题

1. 用于刻画总体平均状态的统计量是（　　）。

A. 样本极差　　B. 样本方差　　C. 样本均值　　D. 样本中位数

2. 设 $X_1, X_2, \cdots, X_n$ 是取自总体 $X\sim N(\mu,\sigma^2)$ 的一个样本，μ 为已知，σ^2 未知，则下列能构成统计量的是（　　）。

A. $\frac{1}{n}\sum_{i=1}^{n}(X_i-\mu)^2$　B. $\frac{1}{\sigma^2}\sum_{i=1}^{n}(X_i-\overline{X})^2$　C. $\frac{\overline{X}-\mu}{\sigma/\sqrt{n}}$　D. $\frac{\overline{X}-\mu}{\sigma}$

3. 设 X_1, X_2 为来自总体 X 的简单随机样本，则总体均值 μ 的一个无偏估计量是（　　）。

A. $X_1+\frac{1}{2}X_2$　B. X_1+2X_2　C. $\frac{1}{3}X_1+\frac{2}{3}X_2$　D. $\frac{1}{2}X_1+\frac{1}{3}X_2$

4. 设 $X_1, X_2, \cdots, X_n(n>1)$ 为取自总体 $X\sim N(\mu,4)$ 的样本，$\overline{X}=\frac{1}{n}\sum_{i=1}^{n}X_i$，则下列正确的是（　　）。

A. $\overline{X}\sim N(\mu,4)$　　B. $\overline{X}\sim N(\mu,\frac{4}{n})$

C. $\sum_{i=1}^{n}(X_i-\overline{X})^2\sim\chi^2(n-1)$　　D. $\frac{1}{2}\sum_{i=1}^{n}(X_i-\overline{X})^2\sim\chi^2(n-1)$

5. 设 X_1，X_2，…，X_n（$n>2$）是取自总体 X 的一个样本，X 具有期望值 μ，那么下列统计量中，（　　）是 μ 的最好的无偏估计。

A. $\frac{1}{n}\sum_{i=1}^{n}X_i$　　B. $\min_{1\leqslant i\leqslant n}\{X_i\}$　　C. $\frac{1}{n-1}\sum_{i=1}^{n}X_i$　　D. $\frac{1}{2}(X_1+X_n)$

6. 对于给定的正态总体 $N(\mu,\sigma^2)$ 的一个样本 X_1，X_2，…，X_n，σ^2 未知，求数学期望 μ 的置信区间，选用的统计量遵从（　　）。

A. t 分布　　B. χ^2 分布　　C. U 分布　　D. F 分布

二、填空题

1. 不含有未知参数的样本函数称为________________。

2. 比较估计量好坏的两个重要标准是__________、__________。

3. 设 $\hat{\theta}_1$，$\hat{\theta}_2$ 都是某总体参数 θ 的无偏估计，且 $D(\hat{\theta}_1)=1$，$D(\hat{\theta}_2)=4$，在评价估计量的准则中，$\hat{\theta}_1$ 和 $\hat{\theta}_2$ 中__________比__________更有效。

4. 设 x_1，x_2，…，x_n 是来自正态总体 $N(\mu,\sigma_0^2)$ 的样本值，σ_0^2 已知，按给定的 $\alpha(0<\alpha<1)$ 检验假设 H_0：$\mu=\mu_0$，此时需选取统计量。

5. 设 x_1，x_2，…，x_n 是来自正态总体 $N(\mu,\sigma_0^2)$ 的样本值，σ_0^2 未知，按给定的 $\alpha(0<\alpha<1)$ 检验假设 H_0：$\mu=\mu_0$，此时需选取统计量。

6. 已知总体 $X\sim f(x,\theta)=\begin{cases}\frac{1}{\theta}e^{-\frac{x}{\theta}}, & x>0\\ 0, & x\leqslant 0\end{cases}$，则样本值 x_1，x_2，…，x_n 的似然函数 $L(\theta)=$________。

三、计算题

1. 设由某总体抽得容量为 5 的样本 -5，-3，-2，2，8，试用矩估计法求总体方差 σ^2 的无偏估计值。

2. 已知总体 X 的概率密度为 $f(x,\theta)=\begin{cases}\theta\cdot e^{-\frac{\theta}{2}x}, & x>0\\ 0, & x\leqslant 0\end{cases}$ $(\theta>0)$，设 X_1，X_2，…，X_n 是取自总体 X 的一个样本，求 θ 的极大似然估计量。

3. 某种灯泡的使用寿命 $X\sim N(\mu,\sigma^2)$，今从中任意抽取 9 个，测得它们寿命的平均值为 $\bar{x}=1\ 500$ 小时，标准差 $s=20$，求 μ 的置信度为 0.95 的置信区间。

4. 某城市为调查每户职工的月收入情况，现抽测了 225 户职工的月收入，已知其月均收入 $\bar{x}=1\ 500$ 元/户，标准差 $S=200$，假设每户的月收入 X 服从正态分布，试求每户职工的月均收入的置信度为 0.9 的置信区间。

5. 设某产品的某指标服从标准差为 $\sigma=121$ 的正态分布，今随机抽取了一个容量为 31 的样本，计算得平均值为 1 585，问在显著性水平 $\alpha=0.05$ 下，能否认为这批产品的此指标的期望值 μ 为 1 600？

6. 来自正态总体 $X\sim N(\mu,0.9^2)$，容量为 9 的简单随机样本，若得到样本均值 $\bar{x}=5$，求未知参数 μ 的置信度为 0.95 的置信区间。

7. 从某商店的发票根中随机抽取 25 张，算得平均金额为 270 元，假定发票金额服从正态分布，$\sigma = 30$，求发票平均金额置信度为 95% 的置信区间。

8. 加工厂用自动包装机包装面粉，每袋额定重量是 50kg，某天开工后随机抽取 9 包，称得重量如下：

49.6　　49.3　　50.1　　50.0　　49.2　　49.9　　49.8　　51.0　　50.2

设每袋重量服从正态分布，问包装机工作是否正常（$\alpha = 0.05$）?

习题与自测题答案

习题 1

1. (1) 1　(2) 0　(3) 0　(4) −52　(5) $(a-1)^2(a-10)$　(6) 120
(7) 160　(8) $(4+x)x^3$　(9) $4abcdef$　(10) $(a+3b)(a-b)^3$　(11) x^4-y^4

2. 略　3. (1) $D_n=(a^2-1)^{\frac{n}{2}}$　(2) $-2(n-2)!$

4. (1) $x_1=x_2=x_3=0$　(2) $x_1=7$，$x_2=5$，$x_3=6$，$x_4=-3$

5. $f(x)=\frac{4}{3}x^2-5x+\frac{8}{3}$

6. 略　7. $\lambda=\frac{9}{4}$ 或 $\lambda=1$

习题 2

1. $x=3$，$y=-1$，$z=4$　2. $\begin{pmatrix}25 & 10 & 8\\ -3 & 15 & 2\end{pmatrix}$，$\begin{pmatrix}\frac{5}{2} & -5 & 12\\ \frac{1}{2} & \frac{15}{2} & -7\end{pmatrix}$，$\begin{pmatrix}14 & 8 & 0\\ -10 & 5 & 6\\ 30 & 10 & -4\end{pmatrix}$

3. $X=\begin{pmatrix}-2 & 1 & \frac{3}{2}\\ -2 & -7 & -\frac{15}{2}\end{pmatrix}$

4. (1) 10　(2) $\begin{pmatrix}3 & 6 & 9\\ 2 & 4 & 6\\ 1 & 2 & 3\end{pmatrix}$　(3) $\begin{pmatrix}35\\ 6\\ 49\end{pmatrix}$　(4) $\begin{pmatrix}\cos2\theta & -\sin2\theta\\ \sin2\theta & \cos2\theta\end{pmatrix}$

(5) $\begin{pmatrix}11 & -8 & 6\\ 1 & 2 & 3\end{pmatrix}$　(6) $\begin{pmatrix}6 & -7 & 8\\ 20 & -5 & -6\end{pmatrix}$　(7) $\begin{pmatrix}0 & -5 & 17\\ 7 & 8 & 0\end{pmatrix}\begin{pmatrix}0\\ 2\\ 3\end{pmatrix}=\begin{pmatrix}41\\ 16\end{pmatrix}$

(8) $a_{11}x_1^2+a_{22}x_2^2+a_{33}x_3^2+(a_{12}+a_{21})x_1x_2+(a_{13}+a_{31})x_1x_3+(a_{23}+a_{32})x_2x_3$

5. $\begin{pmatrix}1 & 0\\ 2\lambda & 1\end{pmatrix}$, $\begin{pmatrix}1 & 0\\ 3\lambda & 1\end{pmatrix}$, …, $\begin{pmatrix}1 & 0\\ k\lambda & 1\end{pmatrix}$

6. 证：$(B^TAB)^T = B^T(B^TA)^T = B^TA^T(B^T)^T = B^TA^TB = B^TAB$

7. （1）$\begin{pmatrix}5 & -2\\ -2 & 1\end{pmatrix}$ （2）$\begin{pmatrix}\cos\theta & \sin\theta\\ -\sin\theta & \cos\theta\end{pmatrix}$

（3）$\begin{pmatrix}-2 & 1 & 0\\ \frac{-13}{2} & 3 & \frac{-1}{2}\\ -16 & 7 & -1\end{pmatrix}$ （4）$\begin{pmatrix}-\frac{7}{2} & -\frac{5}{2} & \frac{3}{2}\\ \frac{3}{2} & \frac{3}{2} & -\frac{1}{2}\\ 3 & 2 & -1\end{pmatrix}$

8. $|2A| = 72$，$|3A^{-1}| = 3$，$|A^*| = 81$

9. （1）$X = \begin{pmatrix}4 & \frac{9}{2} & -\frac{1}{2}\\ -1 & \frac{-3}{2} & \frac{1}{2}\end{pmatrix}$ （2）$X = \begin{pmatrix}-2 & 2 & 1\\ -\frac{8}{3} & 5 & -\frac{2}{3}\end{pmatrix}$

10. 证：$\because B = BAA^{-1} = ABA^{-1}$，$\therefore A^{-1}B = A^{-1}ABA^{-1} = EBA^{-1} = BA^{-1}$

11. （1）$\begin{pmatrix}1 & 0 & 0 & 5\\ 0 & 0 & 1 & -3\\ 0 & 0 & 0 & 0\end{pmatrix}$ （2）$\begin{pmatrix}1 & 0 & 2 & 0\\ 0 & 1 & -1 & 0\\ 0 & 0 & 0 & 1\\ 0 & 0 & 0 & 0\end{pmatrix}$

12. （1）秩为 2 （2）秩为 3

13. $x = 0$，$y = 9$；$x = 0$，$y \neq 9$；$x \neq 0$，$y \neq 9$

14. （1）$\begin{pmatrix}\frac{7}{6} & \frac{2}{3} & -\frac{3}{2}\\ -1 & -1 & 2\\ -\frac{1}{2} & 0 & \frac{1}{2}\end{pmatrix}$ （2）$\begin{pmatrix}1 & 1 & -2 & -4\\ 0 & 1 & 0 & -1\\ -1 & -1 & 3 & 6\\ 2 & 1 & -6 & -10\end{pmatrix}$

15. （1）$X = \begin{pmatrix}\frac{1}{7}\\ \frac{2}{21}\end{pmatrix}$ （2）$X = \begin{pmatrix}1\\ 2\\ -2\end{pmatrix}$

16. （1）$\begin{pmatrix}2 & -1 & -1\\ -4 & 7 & 4\\ -16 & 36 & 23\end{pmatrix}$ （2）$\begin{pmatrix}38 & -36 & -4\\ 11 & -9 & 0\\ -21 & 20 & 3\end{pmatrix}$

习题 3

1. $\begin{pmatrix}2 & 1 & -5\\1 & -3 & 2\\3 & 4 & -1\end{pmatrix}$, $\begin{pmatrix}2 & 1 & -5 & 8\\1 & -3 & 2 & 9\\3 & 4 & -1 & 5\end{pmatrix}$　2. $\begin{cases}x_1=-11\\x_2=2\\x_3=-2\end{cases}$　3. $\begin{cases}x_1=1\\x_2=3\\x_3=2\end{cases}$

4. (1) $a\neq 3$ 且 $a\neq -1$；(2) $a=3$ 或 $a=-1$

5. (1) $\lambda\neq 1$ 且 $\lambda\neq -2$ 时方程组有唯一解；(2) $\lambda=1$ 时方程组有无穷多解；(3) $\lambda=-2$ 时方程组无解

6. $\begin{cases}x_1=4+3x_4\\x_2=-\dfrac{7}{3}\\x_3=-\dfrac{4}{3}+x_4\\x_4=x_4\end{cases}$, $x_4\in R$　7. $\begin{cases}x_1=x_2+x_4\\x_2=x_2\\x_3=2x_4\\x_4=x_4\end{cases}$, $x_2, x_4\in R$

8. $\boldsymbol{\alpha}=(10\quad -5\quad -9\quad 2)^T$, $\boldsymbol{\beta}=(-7\quad 4\quad 7\quad -1)^T$

9. (1) $t\neq 5$；(2) $t=5$；(3) $\alpha_3=-\alpha_1+2\alpha_2$

10. 秩为 2, (α_1, α_2)

11. 3

12. $\xi_1=\begin{pmatrix}-3/2\\7/2\\1\\0\end{pmatrix}$, $\xi_2=\begin{pmatrix}-1\\-2\\0\\1\end{pmatrix}$

13. $X=k_1\begin{pmatrix}-1\\1\\1\\0\\0\end{pmatrix}+k_2\begin{pmatrix}7/6\\5/6\\0\\1/3\\1\end{pmatrix}$, $k_1, k_2\in R$

14. $\xi_1=\begin{pmatrix}-3\\2/3\\1\\0\end{pmatrix}$, $\xi_2=\begin{pmatrix}-2\\-2/3\\0\\1\end{pmatrix}$, $X=k_1\begin{pmatrix}-3\\2/3\\1\\0\end{pmatrix}+k_2\begin{pmatrix}-2\\-2/3\\0\\1\end{pmatrix}$, $k_1, k_2\in R$

15. $X=k_1\begin{pmatrix}-\frac{9}{7}\\ \frac{1}{7}\\ 1\\ 0\end{pmatrix}+k_2\begin{pmatrix}\frac{1}{2}\\ -\frac{1}{2}\\ 0\\ 1\end{pmatrix}+\begin{pmatrix}1\\ -2\\ 0\\ 0\end{pmatrix}$，$k_1$，$k_2\in R$

16. $X=k_1\begin{pmatrix}\frac{7}{4}\\ -\frac{9}{4}\\ 1\\ 0\end{pmatrix}+k_2\begin{pmatrix}-\frac{1}{2}\\ -\frac{1}{2}\\ 0\\ 1\end{pmatrix}+\begin{pmatrix}\frac{1}{2}\\ \frac{1}{2}\\ 0\\ 0\end{pmatrix}$，$k_1$，$k_2\in R$

17. $\xi=\begin{pmatrix}5\\ -1\\ 1\\ 1\end{pmatrix}$，$X=k\begin{pmatrix}5\\ -1\\ 1\\ 1\end{pmatrix}+\begin{pmatrix}1\\ -1\\ 2\\ 0\end{pmatrix}$，$k\in R$

18. 解：$\lambda\in R$均有解

当$\lambda\neq 1$时有唯一解$X=\begin{pmatrix}-1\\ 1\\ 1\end{pmatrix}$，当$\lambda=1$时通解为$X=k\begin{pmatrix}-1\\ 0\\ 1\end{pmatrix}+\begin{pmatrix}0\\ 1\\ 0\end{pmatrix}$，$k\in R$。

习题 4

1.（1）$\lambda_1=2$，$\lambda_2=3$，$c_1\begin{pmatrix}1\\ -1\end{pmatrix}$，$c_2\begin{pmatrix}1\\ -2\end{pmatrix}$，$c_1$，$c_2$为任意非零常数

（2）$\lambda_1=0$，$\lambda_2=-1$，$\lambda_3=9$，$c_1\begin{pmatrix}-1\\ -1\\ 1\end{pmatrix}$，$E(Y)=0.15$，$c_3\begin{pmatrix}1\\ 1\\ 2\end{pmatrix}$，$c_1$，$c_2$，$c_3$为任意非零常数

（3）$\lambda_1=\lambda_2=-2$，$\lambda_3=4$，$c_1\begin{pmatrix}1\\ 1\\ 0\end{pmatrix}$，$c_2\begin{pmatrix}-1\\ 0\\ 1\end{pmatrix}$，$c_3\begin{pmatrix}1\\ 1\\ 2\end{pmatrix}$

2. $A=\frac{1}{9}\begin{pmatrix}-3&0&6\\ 0&3&6\\ 6&6&0\end{pmatrix}$

3. (1) $P=\begin{pmatrix}-1 & -1 & 2\\ 1 & 0 & 2\\ 0 & 2 & 1\end{pmatrix}$, $P^{-1}AP=\begin{pmatrix}1 & & \\ & 1 & \\ & & 10\end{pmatrix}$

(2) $P=\begin{pmatrix}1 & 2 & 1\\ 1 & 3 & 3\\ 1 & 3 & 4\end{pmatrix}$, $P^{-1}AP=\begin{pmatrix}1 & & \\ & 2 & \\ & & 3\end{pmatrix}$

(3) $P=\begin{pmatrix}0 & 0 & -1\\ 0 & 1 & 0\\ 1 & 0 & 3\end{pmatrix}$, $P^{-1}AP=\begin{pmatrix}1 & & \\ & 0 & \\ & & 0\end{pmatrix}$　　(4) 不能

4. $A^k=\dfrac{1}{2}\begin{pmatrix}(-1)^k+3^k & -(-1)^k+3^k\\ -(-1)^k+3^k & (-1)^k+3^k\end{pmatrix}$

5. (1) $\beta_1=\begin{pmatrix}1\\2\\2\\-1\end{pmatrix}$, $\beta_2=\begin{pmatrix}2\\3\\-3\\2\end{pmatrix}$, $\beta_3=\begin{pmatrix}2\\-1\\-1\\-2\end{pmatrix}$

(2) $\beta_1=\begin{pmatrix}1\\-2\\2\end{pmatrix}$, $\beta_2=-\dfrac{1}{3}\begin{pmatrix}2\\2\\1\end{pmatrix}$, $\beta_3=\begin{pmatrix}6\\-3\\-6\end{pmatrix}$

6. $C=\begin{pmatrix}-\dfrac{2}{\sqrt{5}} & \dfrac{2\sqrt{5}}{15} & \dfrac{1}{3}\\ \dfrac{1}{\sqrt{5}} & \dfrac{4\sqrt{5}}{15} & \dfrac{2}{3}\\ 0 & \dfrac{\sqrt{5}}{3} & -\dfrac{2}{3}\end{pmatrix}$

7. 属于 λ_3 的特征向量 $p_3=(1, 0, 1)^T$

8. (1) $A=\begin{pmatrix}1 & 1 & \dfrac{1}{2}\\ 1 & 2 & \dfrac{1}{2}\\ \dfrac{1}{2} & \dfrac{1}{2} & 1\end{pmatrix}$　　(2) $A=\begin{pmatrix}1 & 1 & 0 & 0\\ 1 & 1 & 0 & 0\\ 0 & 0 & -1 & 2\\ 0 & 0 & 2 & -1\end{pmatrix}$

(3) $A=\begin{pmatrix}0 & 0 & \frac{1}{2} & 0\\ 0 & 0 & 0 & -\frac{1}{2}\\ \frac{1}{2} & 0 & 0 & 0\\ 0 & -\frac{1}{2} & 0 & 0\end{pmatrix}$　(4) $A=\begin{pmatrix}3 & -1 & 0 & 2\\ -1 & -5 & -3 & 0\\ 0 & -3 & 1 & -4\\ 2 & 0 & -4 & -7\end{pmatrix}$

9. (1) $f=2x_1x_2$　(2) $f=x_1^2+2x_1x_2-x_2^2+4x_2x_3$

(3) $f=-x_1^2+2x_1x_2-\sqrt{2}x_2^2-6x_1x_3+4x_3^2$

10. (1) $C=\begin{pmatrix}1 & 0 & -2\\ 0 & 1 & \frac{1}{4}\\ 0 & 0 & 1\end{pmatrix}$, $f=2y_1^2+2y_2^2-\frac{57}{8}y_3^2$

(2) $C=\begin{pmatrix}1 & \frac{1}{2} & -\frac{3}{2}\\ 0 & \frac{1}{2} & -\frac{1}{2}\\ 0 & 0 & 1\end{pmatrix}$, $f=y_1^2-y_2^2$　(3) $C=\begin{pmatrix}1 & 1 & 3\\ 1 & -1 & -1\\ 0 & 0 & 1\end{pmatrix}$　$f=2z_1^2-2z_2^2+6z_3^2$

11. (1) $f=y_1^2+y_2^2+10y_3^2$，$P=\begin{pmatrix}-\frac{2}{\sqrt{5}} & \frac{2\sqrt{5}}{15} & \frac{1}{3}\\ \frac{1}{\sqrt{5}} & \frac{4\sqrt{5}}{15} & \frac{2}{3}\\ 0 & \frac{\sqrt{5}}{3} & -\frac{2}{3}\end{pmatrix}$

(2) $f=y_1^2+y_2^2-10y_3^2$，$P=\begin{pmatrix}0 & 1 & 0\\ -\frac{1}{\sqrt{2}} & 0 & \frac{1}{\sqrt{2}}\\ \frac{1}{\sqrt{2}} & 0 & \frac{1}{\sqrt{2}}\end{pmatrix}$

12. (1) 负定 (2) 正定

13. $0<\lambda<\frac{4}{5}$

习题 5

1. $\max Z = 30x_1 + 5x_2 + \frac{3}{5}x_3$

$$\begin{cases} 17x_1 + 2x_2 + \frac{1}{2}x_3 \leqslant 500 \\ 8x_1 + \frac{1}{2}x_2 + \frac{1}{6}x_3 \leqslant 100 \\ x_1 \leqslant 10 \\ x_2 \leqslant 30 \\ x_3 \leqslant 100 \\ x_j \geqslant 0 (j = 1, 2, 3) \end{cases}$$

2. $\min Z = x_1 + x_2 + x_3$

$$\begin{cases} x_1 + x_2 \geqslant 6 \\ x_2 + x_3 \geqslant 3 \\ x_1 + x_3 \geqslant 2 \\ x_j \geqslant 0 (j = 1, 2, 3) \end{cases}$$

3. $\min Z = 50x_1 + 60x_{12} + 70x_{13} + 60x_{21} + 110x_{22} + 160x_{23}$

$$\begin{cases} x_{11} + x_{12} + x_{13} = 23 \\ x_{21} + x_{22} + x_{23} = 27 \\ x_{11} + x_{21} = 17 \\ x_{12} + x_{22} = 18 \\ x_{13} + x_{23} = 15 \\ x_{ij} \geqslant 0 (i = 1, 2; j = 1, 2, 3) \end{cases}$$

4. (1) $\max Z = 10x_1 + 25x_2 + 30x_3$

$$\begin{cases} x_1 + x_2 + x_4 = 10 \\ 3x_1 + 4x_2 + x_5 = 30 \\ -x_1 - x_3 = 1 \\ x_j \geqslant 0 (j = 1, 2, 3) \end{cases}$$

(2) $\max Z = -x_1 - 2x'_2 + x'_3 - x''_3$

$$\begin{cases} -3x_1 - x'_2 - 4x'_3 + 4x'_3 + x_4 = 8 \\ x_1 - x'_3 + x'_3 = 2 \\ x_1 + x'_2 + x_5 = 4 \\ x_1, x_2, x_3, x_4, x_5 \geqslant 0 \end{cases}$$

5. (1) 最优解为 $x_1 = 4$，$x_2 = 1$；最优值 $Z = -3$

(2) 最优解为 $x_1 = 1$，$x_2 = 0$；最优值 $Z = -1$

(3) 线段 AB 上的所有点均为最优解，其中 $A(6, 0)$，$B(2/3, 8/3)$；最优值 $Z = 18$

(4) 无最优解

6. (1) 最优解为 $x_1 = 4$，$x_2 = 6$；最优值 $Z = 6$　(2) 无最优解

(3) 有无穷个最优解，$x_1 = 6$，$x_2 = 0$ 或 $x_1 = 4$，$x_2 = 2$ 是其中两个解，最优值 $Z = 18$

7. (1) 最优解为 $x_1 = 4$，$x_2 = 1$，$x_3 = 9$；最优值 $Z = 2$　(2) 无可行解

习题 6

1. （1）$A\bar{B}\bar{C}$ （2）ABC （3）$\bar{A}\bar{B}\bar{C}$（4）$\bar{A}(B+C)$ （5）$A+B+C$

（6）$A\bar{B}\bar{C}+\bar{A}B\bar{C}+\bar{A}\bar{B}C$ （7）$AB\bar{C}+A\bar{B}C+\bar{A}BC+ABC$

2. 三件都是正品，三件中至多有一件废品，三件中至少有一件废品，三件中至少有一件废品，不可能事件

3. （1）$A_1A_2A_3$ （2）$\overline{A_1A_2A_3}$ （3）$A_1A_2\overline{A_3}$（4）$\overline{A_1}A_2A_3+A_1\overline{A_2}A_3+A_1A_2\overline{A_3}$

4. （1）$\frac{1}{17}$ （2）$\frac{13}{102}$ 5. （1）$\frac{496}{1785}$ （2）$\frac{109}{357}$ 6. 0.75，0.25

7. （1）0.05，0.3，0.5 （2）0.5，0.95，0.85 （3）$\frac{1}{3}$，$\frac{3}{4}$，$\frac{1}{11}$

8. $\frac{2}{3}$ 9. 0.26 10. 0.06 11. （1）0.38 （2）$\frac{15}{38}$ 12. $\frac{3}{5}$

13. 0.328 14. $n \geqslant 139$

15. （1）0.01；（2）0.99 16. $1-(0.9995)^{2000}$

习题 7

1.

X	0	1
P	0.3	0.7

2.

X	0	1	2
P	7/15	7/15	1/15

3. $P(X=k)=C_5^k 0.6^k 0.4^{5-k}$，$(k=0, 1, 2, 3, 4, 5)$

4.

X	3	4	5
P	1/10	3/10	3/5

5. （1）1 （2）$\frac{1}{5}$ （3）0 6. $\frac{1}{e}$

7. $F(x)=\begin{cases}0, & x \leqslant -1 \\ 0.2, & -1<x \leqslant 2 \\ 0.7, & 2<x \leqslant 3 \\ 1, & x>3\end{cases}$，$P(X>1)=0.8$，$P(\frac{3}{2}<X \leqslant \frac{5}{2})=0.5$

8. （1）1 （2）0.4 （3）$\varphi(x)=\begin{cases}2x, & 0 \leqslant x<1 \\ 0, & \text{其他}\end{cases}$

9. （1）$A=\frac{1}{\pi}$　（2）$P(0<X<\frac{\sqrt{3}}{2})=\frac{1}{3}$，$P(X>\frac{1}{2})=\frac{1}{3}$

（3）$F(x)=\begin{cases}0, & x\leqslant -1\\ \frac{1}{2}+\frac{1}{\pi}\arcsin x, & -1<x\leqslant 1\\ 1, & x>1\end{cases}$

10.

Y	2	3	11
P	0.1	0.7	0.2

11. $\varphi_Y(y)=\begin{cases}\frac{1}{\pi}, & 5\pi\leqslant y\leqslant 6\pi\\ 0, & 其他\end{cases}$，$\varphi_Z(z)=\begin{cases}\frac{1}{\sqrt{\pi z}}, & \frac{25\pi}{4}<z\leqslant 9\pi\\ 0, & 其他\end{cases}$

12. （1）0.841 3　（2）0.818 5　（3）0.864 1

13. （1）0.345 6　（2）0.922 24

14. （1）0.954 4　（2）0.841 3　15. 0.3

16. （1）0.05　（2）$Y\sim B(3,\ 0.05)$，$E(Y)=0.15$

17. 51.5 元　18. $a=\frac{1}{3}$，$b=2$

19. （1）

X	1	2	3
P	$\frac{4}{5}$	$\frac{8}{45}$	$\frac{1}{45}$

（2）$E(X)=\frac{11}{9}$，$D(X)=\frac{88}{405}$

20. （1）−0.2　（2）2.8　（3）13.4　（4）2.76

21. （1）$\frac{1}{3}$　（2）$\frac{1}{18}$　22. （1）3　（2）$\frac{5}{3}$　（3）$\frac{4}{9}$

习题 8

1. （1）（3）（5）是统计量，（2）（4）不是统计量

2. 3.2，0.46　3. $\hat{\mu}=1147$，$\hat{\sigma}^2=7578.89$

4. （1）$\hat{\theta}=2\bar{X}$　（2）$\hat{\theta}=0.96$　5. $\hat{p}=\frac{1}{n}\sum_{i=1}^{n}X_i=\bar{X}$　6. $\hat{\theta}=\frac{-n}{\sum_{i=1}^{n}\ln x_i}$

7. T_1 最有效　8. （14.54，15.42）　9. （498.12，502.38）

10. （0.02，0.1）　11. 可以认为这批产品的指标为 1600 小时　12. 生产正常

自测题 1

一、1. C　2. B　3. B　4. B　5. A　6. A　7. B　8. D　9. D　10. B

二、1. −2（m+n）　2. 6　3. 0　4. −2　5. −2

三、1. 24　2. 598　3. $x=1$，$y=-1$，$z=2$　4. $\lambda \neq 4$ 且 $\lambda \neq -1$

四、1. 利用性质 6 及推论 1　2. 证略

自测题 2

一、1. B　2. B　3. D　4. D　5. B　6. A

二、1. 72　2. $\begin{pmatrix} 3 & -1 & 2 \\ 1 & 1 & 1 \end{pmatrix}$　3. −4　4. 5　5. 2　6. $\begin{pmatrix} 1 & \frac{7}{2} \\ \frac{1}{2} & \frac{3}{2} \end{pmatrix}$

三、1. $3B+2A=\begin{pmatrix} -17 & -5 \\ 12 & 12 \end{pmatrix}$，$2A-3B=\begin{pmatrix} 13 & 13 \\ 0 & 12 \end{pmatrix}$，$(AB)^T=\begin{pmatrix} 9 & -3 \\ 3 & -9 \end{pmatrix}$　2. $\frac{9}{8}$

3. （1）$\begin{pmatrix} -6 & 0 & 12 \\ 10 & 0 & -20 \\ 2 & 0 & -4 \end{pmatrix}$　（2）$\begin{pmatrix} 10 & 6 & 0 \\ 9 & 15 & -2 \\ 6 & 6 & -2 \end{pmatrix}$　4. $A^{-1}=\begin{pmatrix} -\frac{2}{3} & -1 & -\frac{2}{3} \\ -\frac{2}{3} & -2 & -\frac{5}{3} \\ 1 & 2 & 2 \end{pmatrix}$

5. $\begin{pmatrix} 2 & 0 & 1 & 4 \\ 1 & 2 & 0 & -1 \\ 6 & 4 & 2 & 6 \end{pmatrix} \to \begin{pmatrix} 1 & 2 & 0 & -1 \\ 0 & -4 & 1 & 6 \\ 0 & -8 & 2 & 12 \end{pmatrix} \to \begin{pmatrix} 1 & 2 & 0 & -1 \\ 0 & 1 & -\frac{1}{4} & -\frac{3}{2} \\ 0 & 0 & 0 & 0 \end{pmatrix} \to \begin{pmatrix} 1 & 0 & \frac{1}{2} & 2 \\ 0 & 1 & -\frac{1}{4} & -\frac{3}{2} \\ 0 & 0 & 0 & 0 \end{pmatrix}$

秩为 2

6. $X=\begin{pmatrix} 1 & 2 \\ 3 & 4 \\ 5 & 6 \end{pmatrix}$　7. $X=\begin{pmatrix} -1 & 1 & 1 \\ 2 & 0 & 0 \\ -1 & 0 & 0 \end{pmatrix}$

四、1. 证：$\because A^2+A-2E=O$，即 $A(A+E)=2E$

$\therefore |A||A+E|=|A(A+E)|=|2E|=2^n \neq 0$

$\therefore |A| \neq 0$　即 A 可逆。

又$\because A^2+A-2E=0$，即 $A-2E=-A^2$

$\therefore\ |A-2E|=|-A^2|=(-1)^n|A|^2\neq 0$，即 $A-2E$ 可逆。

2. 证：$\because A^2+A-2E=0$，则 $A^2-4E+A+2E=0$，则 $(A+2E)(A-2E)+(A+2E)=0$，$(A+2E)(A-2E+E)=0$，$(A+2E)(A-E)=0$

$\therefore\ |A+2E||A-E|=0$

当 $A\neq E$ 即 $|A-E|\neq 0$ 时，$|A+2E|=0$，即 $A+2E$ 不可逆。

自测题 3

一、1. C　2. D　3. C　4. D　5. B　6. D

二、1. $\begin{pmatrix}2&1&-1&1\\0&2&-3&6\\3&0&-4&2\\1&0&0&2\end{pmatrix}$，$\begin{pmatrix}2&1&-1&1&4\\0&2&-3&6&7\\3&0&-4&2&2\\1&0&0&2&9\end{pmatrix}$　2. $\begin{cases}x_1=1\\x_2=3\\x_3=2\end{cases}$

3. 无关　4. −1　5. 4　6. $\begin{pmatrix}2\\-4\\1\\0\end{pmatrix}$，$\begin{pmatrix}2\\-7\\0\\1\end{pmatrix}$

三、1. $\begin{cases}x_1=-1\\x_2=4\\x_3=-1\end{cases}$

2. $\lambda=0$ 或 $\lambda=1$，$\lambda=0$ 时 $X=\begin{pmatrix}-1\\-1\\0\end{pmatrix}+k\begin{pmatrix}-2\\-1\\1\end{pmatrix}$，$k\in R$，$\lambda=1$ 时 $X=\begin{pmatrix}-1\\0\\0\end{pmatrix}+k\begin{pmatrix}-2\\-1\\1\end{pmatrix}$，$k\in R$

3. $\beta=-11\alpha_1+14\alpha_2+9\alpha_3$

4. $\xi=\begin{pmatrix}4\\-9\\4\\3\end{pmatrix}$　5. $X=\begin{pmatrix}1/4\\-3/4\\3/2\\0\\0\end{pmatrix}+k_1\begin{pmatrix}1/2\\3/2\\-1\\1\\0\end{pmatrix}+k_2\begin{pmatrix}1/4\\-3/4\\1/2\\0\\1\end{pmatrix}$，$k_1, k_2\in R$

自测题 4

一、1. B　2. B　3. A　4. B　5. C　6. A

二、1. 根　2. 非零　3. -1　4. n　5. ± 1　6. $(1, +\infty)$

三、1. $a=-2$，$b=6$，对应的特征值 $\lambda=-4$　2. $x=0$，$P=\begin{pmatrix}-1 & 0 & 0\\ 0 & -2 & 1\\ 1 & 1 & 1\end{pmatrix}$

3. $\begin{pmatrix}1 & & & \\ & 6 & & \\ & & 1 & \\ & & & 6\end{pmatrix}$　4. $f=5y_1^2+5y_2^2-4y_3^2$，$P=\begin{pmatrix}\frac{\sqrt{5}}{5} & \frac{4\sqrt{5}}{15} & \frac{2}{3}\\ -\frac{2\sqrt{5}}{5} & \frac{2\sqrt{5}}{15} & \frac{1}{3}\\ 0 & \frac{\sqrt{5}}{3} & \frac{2}{3}\end{pmatrix}$

四、1. 提示：由矩阵转置的定义可知 $(\lambda E_n-A)^T=\lambda E_n-A^T$，

又 $|\lambda E_n-A|=|(\lambda E_n-A)^T|=|\lambda E_n-A^T|$，这说明 A 和 A^T 有相同的特征多项式，因而必有相同的特征值。

2. 提示：由 $\lambda^2P=A^2P=EP=P$ 和 $P\neq 0$ 知 $\lambda^2=\pm 1$。

3. 提示：由 A 是正定矩阵可知必存在同阶可逆矩阵 P 使得 $P^TAP=E_n$，从而有

$$A=(P^T)^{-1}E_nP^{-1}=(P^{-1})^TE_n(P^{-1})，令 U=P^{-1} 即可。$$

自测题 5

一、1. B　2. B　3. D　4. B　5. C

二、1. 等式　2. $x_1=2$，$x_2=0$，$x_3=1$，$x_4=9$；-7　3. 增大　4. 还未

5. $4x_1+x_2-4x_3-7$

三、

1. $\max Z=0.5x_1+0.9x_2$

$$\begin{cases}0.25x_1+0.5x_2\leqslant 75\\ 0.75x_1+0.5x_2\leqslant 120\\ x_1\geqslant 0,\ x_2\geqslant 0\end{cases}$$

2. $\min Z=20x_1+10x_2+60x_4$

$$\begin{cases}x_1+x_2+x_3+x_4=500\\ 8x_1+3x_2-2x_3-9x_4=0\\ x_j\geqslant 0(j=1,2,3,4)\end{cases}$$

3. $\max(-Z)=x_1-4x'_2+4x''_2$

$$\begin{cases}-3x_1+x'_2+x''_2+x_3=6\\ x_1+2x'_2-2x''_2+x_4=4\\ -x'_2+x''_2+x_5=3\\ x_1,x'_2,x''_2,x_3,x_4,x_5\geqslant 0\end{cases}$$

4. 最优解为 $x_1=2$，$x_2=3$；最优值 $Z=19$

5. 最优解为 $x_1=35$，$x_2=10$；最优值 $Z=215$

6. 无可行解

自测题 6

一、1. B　2. D　3. D　4. C　5. D　6. B

二、1. (1) $(A+B)\bar{C}$　(2) $\bar{A}\bar{B}\bar{C}$　(3) $A(\bar{B}+\bar{C})$　2. 对立事件，$1-P(B)$

3. $P(B)$　4. $\frac{7}{12}$　5. 80%　6. 0.230 4

三、1. ×　2. √　3. ×　4. ×　5. √

四、1. (1) 编号为1，2，3的三个球　(2) 否，是，否

(3) 编号为3的球，编号为2的球，编号为1，2的球

(4) 编号为1，2，3的三个球，编号为2的球，编号为1的球

2. $\frac{8}{15}$　3. (1) 0.6　(2) 0.4　(3) 0.2

4. 0.71　5. $\frac{21}{40}$　6. 0.995　7. 0.26

自测题 7

一、1. A　2. C　3. B　4. D　5. D　6. C

二、1. $F'(x)$　2. $F(x)=\begin{cases}0, & x\leqslant 1\\ x, & 0<x\leqslant 1\\ 1, & x>1\end{cases}$　3. $\frac{7}{8}$　4. $2\Phi(2)-1=0.954\ 4$

5. 12　6. $\frac{1}{2\sqrt{2\pi}}e^{-\frac{(x-3)^2}{8}}$

三、计算题

1.

X	2	3	4	5	6	7	8	9	10	11	12
P	1/36	1/18	1/12	1/9	5/36	1/6	5/36	1/9	1/12	1/18	1/36

2. (1) 0.999 68　(2) 0.006 72　3. (1) 0.682 6　(2) 0.066 8

4. (1)

X	2	3	4	5
P	1/10	1/5	3/10	2/5

(2) 4

5. (1) 0.4　(2) 0.3　(3)

Y	0	1	3
P	0.3	0.6	0.1

6. (1) 0.080 8　(2) 0.341 3　(3) 0.579 4

7. (1) e^{-2} (2) $\varphi(x)=\begin{cases}2e^{-2x}, & x\geqslant 0\\ 0, & x<0\end{cases}$ (3) 2 (4) 1

8. (1) $A=\frac{3}{2}$ (2) $\frac{9}{16}$ (3) $E(X)=0$, $D(X)=\frac{3}{5}$

自测题 8

一、1. C 2. A 3. C 4. B 5. A 6. A

二、1. 统计量

2. 无偏性 有效性 3. $\hat{\theta}_1$ $\hat{\theta}_2$ 4. $U=\frac{\bar{X}-\mu_0}{\sigma_0/\sqrt{n}}$ 5. $T=\frac{\bar{X}-\mu_0}{S/\sqrt{n}}$ 6. $\frac{1}{\theta^n}e^{-\frac{1}{\theta}\sum_{i=1}^{n}x_i}$

三、1. 26.5 2. $\hat{\theta}=\frac{2}{\bar{X}}$ 3. (1484.6, 1515.4)

4. (1 478.07, 1 521.93) 5. 可以

6. (4.412, 5.588) 7. (258.24, 281.76)

8. 工作正常

附录 MATLAB 在线性代数与概率统计中的应用

MATLAB 是一款功能强大的数值计算软件，不但可以用来进行代数运算、解方程、求解微积分及微分方程、几何作图，而且在线性代数与概率统计中有广泛应用。下面我们主要介绍：MATLAB 在线性代数中的应用，包括计算行列式，矩阵的代数运算，逆矩阵和矩阵的秩，解线性方程组，特征值与特征向量，化二次型为标准形，线性规划等；MATLAB 在概率统计中的应用，包括求随机变量的概率密度函数（概率分布）和分布函数、计算样本的统计量和抽样分布、区间估计和假设检验等。

（1）MATLAB 在线性代数中的应用

在 MATLAB 中，数据是以矩阵形式存贮和运算的，所以 MATLAB 容易进行有关矩阵的计算。在输入矩阵时，可分行输入；也可以在同一行输入，此时须在每一行结尾须加上分号（;）。有两种输入方法。

ⓐ >>A=［1 2 3 4

5 6 7 8

9 10 11 12］

ⓑ >>A=［1 2 3 4；5 6 7 8；9 10 11 12］

若不想让 MATLAB 每次都显示运算结果，只需在运算式最后加上分号（;）即可，如

>>A=［1 2 3 4；5 6 7 8；9 10 11 12］；

① 计算行列式。计算行列式的值用函数 det。

例 1 求行列式 $b=\begin{vmatrix}1&5&2&1\\2&2&2&2\\3&1&2&0\\4&2&1&2\end{vmatrix}$ 的值。

解：在 Command 窗口输入［符号“%”后面是注释（同一行）］。

>>a=［1 5 2 1；

2 2 2 2；

3 1 2 0；

4 2 1 2］； %a 矩阵

>>b=det（a）%函数 det 求行列式的值

显示结果：b=52

行列式中若含有变量，则可利用 sym 函数进行符号运算。

例 2　计算 $D=\begin{vmatrix}1&1&1\\x&3&4\\x^2&9&16\end{vmatrix}$。

解：在 Command 窗口输入

```
>>x=sym ('x')            %x 是符号变量
>>c= [1  1  1; x  3  4; x^2  9  16];
>>d=det (c)
```

显示结果：d=12-7 * x+x^2

②矩阵的代数运算。矩阵的加法减法用（+）（-）表示，矩阵的乘法用（ * ）表示，矩阵的对应元素相乘用（. * ）表示。矩阵的除法用（ \ ）（/）表示，a/b=a. b $^{-1}$， a \ b=a $^{-1}$. b，矩阵的对应元素相除用（./）表示。单位阵用函数 eye 表示，函数 zeros 形成全为零元素的矩阵，函数 ones 形成全为一的矩阵。

例 3　设 $a=\begin{bmatrix}1&1&2&1\\2&1&1&2\\1&2&2&3\end{bmatrix}$，$b=\begin{bmatrix}2&1&6&3\\3&3&2&4\\2&2&5&5\end{bmatrix}$，$c=\begin{bmatrix}1&1&1\\2&3&4\\4&9&6\\3&2&3\end{bmatrix}$，$d=\begin{bmatrix}2&5&1&0\\1&3&3&1\\4&2&1&5\\3&0&1&2\end{bmatrix}$，求 F=a+b，G=a-b，H=a * c，I=c * a，J=a. * b，K=a/b，L=a. /b，M=d \ c。

解：在 Command 窗口输入

```
>>a= [1  1  2  1; 2  1  1  2 ; 1  2  2  3];
>>b= [2  1  6  3; 3  3  2  4 ; 2  2  5  5];
>>c= [1  1  1 ; 2  3  4; 4  9  6 ; 3  2  3];
>>d= [ 2  5  1  0 ; 1  3  3  1 ; 4  2  1  5 ; 3  0  1  2];
>>F=a+b
>>G=a-b
>>H=a * c
>>I=c * a                %矩阵乘法
>>J=a. * b               %对应元素相乘
>>K=a/d                  %=a. d
>>L=a. /b                %对应元素相除
>>M=d \ c
```

显示结果

```
F=3    2    8    4
  5    4    3    6
  3    4    7    8
G=-1   0    -4   -2
  -1   -2   -1   -2
  -1   0    -3   -2
H=14   24   20
  14   18   18
  22   31   30
I=4    4    5    6
  12   13   15   20
  28   25   29   40
  10   11   14   16
J=2    1    12   3
  6    3    2    8
  2    4    10   15
K=-0.1667   0.6404   -0.0439   0.2895
   0.0000   0.1579   0.2632   0.2632
  -0.3333   0.7544   0.7018   -0.6316
L=0.5000   1.0000   0.3333   0.3333
  0.6667   0.3333   0.5000   0.5000
  0.5000   1.0000   0.4000   0.6000
M=0.6667   -0.8333   -0.0000
  -0.1754   0.5351   0.0000
  0.5439   -0.0088   1.0000
  0.2281   2.2544   1.0000
```

③逆矩阵与矩阵的秩。求逆矩阵用函数 inv，求转置矩阵用（ ′ ），求矩阵的秩用函数 rank。

例 4 求矩阵 $a=\begin{bmatrix}1 & -5 & 2 & 1\\ -3 & 2 & 6 & 7\\ 4 & 2 & -1 & 5\\ 3 & -2 & 4 & -6\end{bmatrix}$逆矩阵、转置矩阵、秩。

解： 在 Command 窗口输入

```
>>a=[1  -5  2  1
-3  2  6  7
4  2  -1  5
```

```
3  -2  4  -6]
>>b=inv (a)              %函数 inv 求逆矩阵
>>c=a * b                %c 是单位阵
>>d=b * a                %d 是单位阵
>>h=a                    %a 的转置
>>g=rank (a)             %函数 rank 求矩阵的秩
```

显示结果：

```
a=1    -5    2    1
-3    2    6    7
4    2    -1    5
3    -2    4    -6
b=0.0119   -0.0366   0.1539   0.0875
   -0.1874   0.0380   0.0403   0.0467
   -0.0064   0.0967   -0.0060   0.1067
   0.0641   0.0334   0.0596   -0.0673
c=1.0000   -0.0000   -0.0000   -0.0000
   -0.0000   1.0000   -0.0000   0.0000
   0   0.0000   1.0000   -0.0000
   0.0000   0.0000   0.0000   1.0000
d=1.0000   -0.0000   0.0000   0.0000
   0   1.0000      0   0.0000
   0   -0.0000   1.0000   -0.0000
   0      0      0   1.0000
h=1   -5   2   1
   -3   2   6   7
   4   2   -1   5
   3   -2   4   -6
g=4
```

④解线性方程组。

例 5　解线性方程组
$$\begin{cases} x_1 - \dfrac{1}{2}x_2 + \dfrac{1}{2}x_3 - x_4 = 0 \\ x_1 + x_2 - x_3 + x_4 = 10 \\ x_1 - \dfrac{1}{4}x_2 - x_3 + x_4 = 0 \\ 8x_1 + x_2 - x_3 - x_4 = 1 \end{cases}$$

解：在 MATLAB 编辑器中建立 M 文件

```
A= [1  1/2  1/2  -1 ; 1  1  -1  1; 1  -1/4  -1  1; 8  1  -1  -1];    %系
```

数矩阵

```
B=[0 10 0 1]´;          %列矩阵
X1=A\B                  %解法1
X2=inv(A)*B             %解法2
```

运行后显示结果

```
X1=3.0000
   8.0000
   16.0000
   15.0000
X2=3.0000
   8.0000
   16.0000
   15.0000
```

例 6 解线性方程组 $\begin{cases} x_1 - x_2 + 3x_3 - x_4 = 1 \\ 2x_1 - x_2 - x_3 + 4x_4 = 2 \\ 3x_1 - 2x_2 + 2x_3 + 3x_4 = -3 \\ x_1 - 4x_2 + 5x_4 = -1 \end{cases}$

解： 在 MATLAB 编辑器中建立 M 文件

```
A=[1 -1 3 -1; 2 -1 -1 4 ;3 -2 2 3 ;1 -4 0 5 ];
b=[1 2 -3 -1]´;
rref([A b]) %求增广矩阵的行最简阶梯形矩阵
```

显示结果

```
ans=1    0    0    1    0
    0    1    0   -1    1
    0    0    1   -1    1
    0    0    0    0    0
```

说明系数矩阵的秩 R（A）=3，增广矩阵的秩 R（$\overline{A}$）=4，R（A）≠R（$\overline{A}$），因此线性方程组无解。

若将本题中的 b，改为 b=[2 −2 0 −4]´；重新输入

运行后显示结果：

```
ans=1    0    0    1    0
    0    1    0   -1    1
    0    0    1   -1    1
    0    0    0    0    0
```

说明系数矩阵的秩 R（A）=3，增广矩阵的秩 R（$\overline{A}$）=3，R（A）=R（$\overline{A}$）<4，

因此线性方程组有无穷多组解。其对应的齐次线性方程组的基础解系为 $\xi = \begin{pmatrix} -1 \\ 1 \\ 1 \\ 1 \end{pmatrix}$，特解 $\eta = \begin{pmatrix} 0 \\ 1 \\ 1 \\ 0 \end{pmatrix}$，通解为 $X = k\xi + \eta$，$k \in R$。

⑤特征值与特征向量。求矩阵的特征值与特征向量可以用函数 eig，形式为：[V, D] =eig (A)。其中 D 是以特征值为主对角线元素的对角矩阵，V 是以特征向量为列组成的矩阵，并且存在一一对应关系，即 V 的第 i 列向量是属于 D 的第 i 行第 i 列元素的特征向量。

例 7 求矩阵 $A = \begin{pmatrix} -2 & 1 & 1 \\ 0 & 2 & 0 \\ -4 & 1 & 3 \end{pmatrix}$ 的特征值和特征向量。

解：在 Command 窗口输入

```
>>A= [-2  1  1; 0  2  0; -4  1  3];
>> [V, D] =eig (A)
```

显示结果

```
V=-0.7071   -0.2425   0.3015
   0   0   0.9045
   -0.7071   -0.9701   0.3015
D=-1   0   0
   0   2   0
   0   0   2
```

即特征值 -1 对应特征向量 $(-0.7071\ 0\ -0.7071)^T$，特征值 2 对应特征向量 $(-0.2425\ 0\ -0.9701)^T$ 和 $(-0.3015\ 0.9045\ -0.3015)^T$。

例 8 求矩阵 $A = \begin{pmatrix} -1 & 1 & 0 \\ -4 & 3 & 0 \\ 1 & 0 & 2 \end{pmatrix}$ 的特征值和特征向量。

解：在 Command 窗口输入

```
>>A= [-1 1 0; -4 3 0; 1 0 2];
>> [V, D] =eig (A)
```

显示结果

```
V=0        0.4082   -0.4082
   0        0.8165   -0.8165
```

```
  1.0000  -0.4082   0.4082
D=2   0   0
  0   1   0
  0   0   1
```

当特征值为 1（二重根）时，对应特征向量都是 k（0.4082　0.8165　−0.4082）^{T}，k 为任意常数。

⑥化二次型为标准形

例 9　求一个正交变换 X=PY，把二次型

$f = 2x_1x_2 + 2x_1x_3 - 2x_1x_4 - 2x_2x_3 + 2x_2x_4 + 2x_3x_4$ 化成标准形。

解：先写出二次型的实对称矩阵

$$A = \begin{pmatrix} 0 & 1 & 1 & -1 \\ 1 & 0 & -1 & 1 \\ 1 & -1 & 0 & 1 \\ -1 & 1 & 1 & 0 \end{pmatrix}$$

在 MATLAB 编辑器中建立 M 文件

```
A= [0 1 1 -1; 1 0 -1 1; 1 -1 0 1; -1 1 1 0];
[P, D] =schur (A)
syms y1 y2  y3 y4
y= [y1; y2; y3; y4];
X=vpa (P, 2) * y          %vpa 表示可变精度计算，这里取 2 位精度
f= [y1 y2 y3 y4] * D * y
```

运行后显示结果

```
P=-0.5000  0.2887  0.7887  0.2113
   0.5000  -0.2887  0.2113  0.7887
   0.5000  -0.2887  0.5774  -0.5774
  -0.5000  -0.8660     0     0
D=-3.0000     0     0     0
  0  1.0000     0     0
  0     0  1.0000     0
  0     0     0  1.0000
X=[-.50*y1+.29*y2+.79*y3+.21*y4]
  [.50*y1-.29*y2+.21*y3+.79*y4]
  [.50*y1-.29*y2+.56*y3-.56*y4]
  [                -.50*y1-.85*y2]
f=-3*y1^2+y2^2+y3^2+y4^2
```

即 f= $-3y_1^2 + y_2^2 + y_3^2 + y_4^2$。

⑦线性规划。线性规划问题是目标函数和约束条件均为线性函数的问题，MATLAB 中线性规划问题的标准形式为

$$\min Z = CX$$

$$\begin{cases} AX \leqslant b \\ Aeq \cdot X = beq \\ lb \leqslant X \leqslant ub \end{cases}$$

其中，C 为行向量，X，b，beq，lb，ub 为列向量，A，Aeq 为矩阵。

其他形式的线性规划问题都可经过适当变换化为此标准形式。

注： MATLAB 中线性规划问题的标准形和第 5 章中线性规划问题的标准形不同。

在 MATLAB6.0 版中，求解线性规划问题可用函数 linprog。格式为

X=linprog（C，A，b）　%求解没有等式约束和变量范围的线性规划问题的最优解

［X，Z］=linprog（C，A，b）　%求解没有等式约束和变量范围的线性规划问题，X 返回最优解，Z 返回最优值

［X，Z］=linprog（C，A，b，Aeq，beq）　%具有等式约束 $Aeq \cdot X = beq$，若没有不等式约束 $AX \leqslant b$，则 A=［ ］，b=［ ］

［X，Z］=linprog（C，A，b，Aeq，beq，lb，ub）　%指定 X 的范围 $lb \leqslant x \leqslant ub$，若没有等式约束 $Aeq \cdot X = beq$，则 Aeq=［ ］，beq=［ ］

例 10　求解线性规划问题

$$\min Z - 5x_1 - 4x_2 - 6x_3$$

$$\begin{cases} x_1 - x_2 + x_3 \leqslant 20 \\ 3x_1 + 2x_2 + 4x_3 \leqslant 42 \\ 3x_1 + 2x_2 \leqslant 30 \\ x_1 \geqslant 0,\ x_2 \geqslant 0,\ x_3 \geqslant 0 \end{cases}$$

解： 在 Command 窗口输入

```
>>C=[-5; -4; -6];
>>A=[1 -1  1; 3  2  4; 3  2  0];
>>b=[20; 42; 30];
>>lb=zeros(3, 1);
>>[X, Z]=linprog(C, A, b, [], [], lb)
```

显示结果

```
X=0.0000      %最优解
15.0000
3.0000
Z=-78.0000    %最优值
```

（2）MATLAB 在概率统计中的应用

求离散型随机变量的概率分布或连续型随机变量的概率密度函数，在 MATLAB 中用函

数 pdf，求概率分布在 MATLAB 中用函数 cdf。

①离散型的二项分布、泊松分布

a. 二项分布

binopdf（k，n，p） $= P(\xi = k) = C_n^k p^k q^{n-k}$ %二项分布的概率分布

binocdf（x，n，p） $= \sum_{i=0}^{x} C_n^i p^i q^{n-i}$ %二项分布的概率分布函数，n 是试验次数

例 11 电灯泡使用时数在 1 000 小时以上的概率为 0.2，求三个灯泡在使用 1 000 小时以后最多只有一个坏了的概率。

解： 在 Command 窗口输入［符号“%”后面是注释（同一行）］。

>>binocdf（1，3，0.8） $\% = \sum_{i=0}^{1} C_3^i (0.8)^i (0.2)^{3-i}$

显示结果：ans=0.104 0

例 12 一批产品中有 30%的一等品，进行重复抽样检查，共取 5 个样品，求

ⓐ取出的 5 个样品中恰有 2 个一等品的概率；ⓑ取出的 5 个样品中至少有 2 个一等品的概率。

解： ⓐ在 Command 窗口输入

>>binocdf（2，5，0.3）-binocdf（1，5，0.3）

ⓑ在 Command 窗口输入

>>binocdf（1，5，0.3）

显示结果

ⓐ ans=0.3087

ⓑ ans=0.5282

例 13 设某射手每次射击打中目标的概率为 0.8，现连续射击 30 次，设随机变量 ξ 表示“击中目标的次数”，求 ξ 的概率分布。

解： 在 Command 窗口输入

>>binopdf（［0：30］，30，0.8）

显示结果：ans =

```
Columns 1 through 6
0.0000   0.0000   0.0000   0.0000   0.0000   0.0000
Columns 7 through 12
0.0000   0.0000   0.0000   0.0000   0.0000   0.0000
Columns 13 through 18
0.0000   0.0000   0.0000   0.0002   0.0007   0.0022
Columns 19 through 24
0.0064   0.0161   0.0355   0.0676   0.1106   0.1538
Columns 25 through 30
0.1795   0.1723   0.1325   0.0785   0.0337   0.0093
```

Column 31

0.0012

b. 泊松分布

poisspd$f$（k，t）$= \frac{t^k}{k!}e^{-t}$　　%求泊松分布的概率分布

poisscd$f$（k，t）$= e^{-t}\sum_{i=0}^{k}\frac{t^i}{i!}$　　%求泊松分布的概率分布函数

例 14　已知 $X \sim P(8)$，即 X 服从 $\lambda = 8$ 的泊松分布，求

ⓐ $P(X \leqslant 1)$；ⓑ $P(X \leqslant k)$，$k = 0, 1, 2, 3, 4, 5$。

解： ⓐ在 Command 窗口输入

```
>>poisscdf (1, 8)
```

ⓑ在 Command 窗口输入

```
>>poisspdf ([0: 5], 8)
```

显示结果

ⓐ ans=0.0030

ⓑ ans=0.0003　0.0027　0.0107　0.0286　0.0573　0.0916

例 15　某市信息台在长度为 t 的时间间隔内收到的呼叫次数服从参数为 $4t$ 的泊松分布，且与时间间隔的起点无关（时间以分钟计），求

ⓐ在一分钟内收到呼叫 7 次的概率；ⓑ在三分钟内收到呼叫次数大于 10 次的概率。

解： ⓐ在 Command 窗口输入

```
>>poisspdf (7, 4)
```

ⓑ在 Command 窗口输入

```
>>1-poisscdf (10, 12)
```

显示结果：

ⓐ ans=0.0595

ⓑ ans=0.6528

②连续型的三个常用分布

a. 指数分布

指数分布的概率密度函数 exppd$f$（x，λ）$= \begin{cases} \frac{1}{\lambda}e^{-\frac{x}{\lambda}} & x > 0 \\ 0 & x \leqslant 0 \end{cases}$。

指数分布的概率分布函数 expcd$f$（x，λ）$= \int_0^x \frac{1}{\lambda}e^{-\frac{x}{\lambda}}dx = 1 - \frac{1}{\lambda}e^{-\frac{x}{\lambda}}$。

例 16　已知某种电子管的寿命 ξ（小时）服从指数分布 $\varphi(x) = \begin{cases} \frac{1}{1\,000}e^{-\frac{x}{1\,000}}, & x > 0 \\ 0, & x \leqslant 0 \end{cases}$，求这种电子管能使用 1 000 小时以上的概率。

解： 在 Command 窗口输入

>>1-expcdf（1000，1000）

显示结果：ans=0.3679

b. 正态分布

正态分布的概率密度函数 $normpdf(x, \mu, \sigma) = \frac{1}{\sqrt{2\pi\sigma}} e^{-\frac{(x-u)^2}{2\sigma^2}}$。

正态分布的概率分布函数 $normcdf(x, \mu, \sigma) = \int_{-\infty}^{x} \frac{1}{\sqrt{2\pi}\sigma} e^{-\frac{(t-u)^2}{2\sigma^2}} dt$。

例 17 设 $\xi \sim N(3, 0.5^2)$，求ⓐ $P(2.5 < \xi < 3.75)$；ⓑ $P(\xi > 2)$。

解： ⓐ在 Command 窗口输入

>>normcdf（3.75，3，0.5）-normcdf（2.5，3，0.5）

ⓑ在 Command 窗口输入

>>1-normcdf（2，3，0.5）

显示结果

ⓐ ans=0.7745

ⓑ ans=0.9772

c. 均匀分布

均匀分布的概率密度函数用 $unifpdf(x, a, b)$。

均匀分布的概率分布函数 $unifcdf(x, a, b) = \int_{a}^{x} \frac{1}{b-a} dt$。

例 18 某轮渡站从上午 6：00 起每 10 分钟来一班船。若乘客在 9：00 到 10：00 之间的任何时刻到达此站是等可能的，试求他候船时间不到 7 分钟的概率。

解： 在 Command 窗口输入

>>unifcdf（10，0，10）- unifcdf（3，0，10）

显示结果 ans=0.7000

（3）样本统计量与抽样分布

a. 样本均值

样本均值 $\overline{X}$ 用函数 *mean*（x），其中数组 x 表示一个样本（以下同）。

例 19 已知一组样本观测值为-1，3，5，8，11，-4，5，求样本均值 $\overline{X}$。

解： 在 Command 窗口输入

>>a=［-1　3　5　8　11　-4　5］；

>>mean（a）

显示结果 ans=3.857 1

b. 样本标准差

样本标准差用函数 std（x）或 std（x，1），两者区别为

$$\mathrm{std}(x)=\sqrt{\frac{1}{n-1}\sum_{i=1}^{n}(x_i-\bar{x})^2}$$

$$\mathrm{std}(x,1)=\sqrt{\frac{1}{n}\sum_{i=1}^{n}(x_i-\bar{x})^2}$$

例 20　已知一组样本观测值为 3，5，8，12，-3，-7，6，求样本标准差 S。

解： 在 Command 窗口输入

```
>>b=[3 5 8 12 -3 -7 6];
>>std(b)
```

显示结果 ans=6.0527

c. 样本方差

样本方差用函数 *var*（*x*）或 *var*（*x*，1），两者区别为

$$var(x)=\frac{1}{n-1}\sum_{i=1}^{n}(x_i-\bar{x})^2$$

$$var(x,1)=\frac{1}{n}\sum_{i=1}^{n}(x_i-\bar{x})^2$$

例 21　已知一组样本观测值为 1，3，5，9，求样本方差 S^2。

解： 在 Command 窗口输入

```
>>x=[1 3 5 9];
>>var(x)
```

显示结果：ans=11.6667

d. χ^2 分布

χ^2 分布用函数 chi2cd*f*（*x*，*n*）

e. t 分布

t 分布用函数 tcd*f*（*x*，*n*）

f. F 分布

F 分布用函数 fcd*f*（x，n_1，n_2）

（4）区间估计

正态总体 $X\sim N(\mu,\sigma^2)$，σ^2 未知时，求 μ 的置信区间用函数 normfit。格式为

[muhat，sigmahat，muci，sigmaci] =normfit（x，alpha）　%其中 muhat，sigmahat 分别参数 μ，σ 的估计值，[muci，sigmaci] 为置信区间，alpha 为显著性水平。

例 22　已知某厂生产的滚珠直径 $X\sim N(\mu,\sigma^2)$，从某天生产的滚珠中抽取 6 个，测得直径为

14.6，15.1，14.9，14.8，15.2，15.1

求 μ 的置信度为 0.95 的置信区间。

解： 在 Command 窗口输入

```
>>x=[14.6 15.1 14.9 14.8 15.2 15.1];
```

>> [a b c d] =normfit (x, 0.05)

显示结果 a=14.950 0

b=0.2258

c=14.7130

15.1870

d=0.1410

0.5539

(5) 假设检验

a. U 检验

正态总体，σ 已知时，检验原假设 H_0：$\mu=m$，也称为 U 检验。U 检验可用函数 *ztest*，其格式为 *h*=*ztest*（*x*，*m*，*sigma*，*alpha*）。其中 *x* 为样本观察值，原假设 H_0：$\mu=m$，*sigma* 为总体标准差，*alpha* 为显著性水平。返回参数 *h*=0 或 1，如果 *h* 为 1，则拒绝 H_0；如果 *h* 为 0，则接受 H_0。

例 23 某种零件的尺寸方差为 $\sigma^2=1.21$，对一批这类零件检查 6 件，得尺寸数据 32.56，29.66，31.64，30.00，31.87，31.03，当置信度 $\alpha=0.05$ 时，问这批零件的平均尺寸能否认为是 32.50（零件尺寸服从正态分布）？

解： 在 Command 窗口输入

>>x= [32.56 29.66 31.64 30.00 31.87 31.03];

>>h=ztest (x, 32.50, 1.1, 0.05)

显示结果：*h*=1，则应拒绝原假设，这批零件的平均尺寸不能认为是 32.50。

b. T 检验

正态总体，σ 未知时，检验原假设 H_0：$\mu=m$，也称为 T 检验。T 检验可用函数 *h*=*ttest*（*x*，*m*，*alpha*），其格式为 *h*=*ttest*（*x*，*m*，*alpha*）。其中 *x* 为样本观察值，原假设 H_0：$\mu=m$，*alpha* 为显著性水平。返回参数 *h*=0 或 1，如果 *h* 为 1，则拒绝 H_0；如果 *h* 为 0，则接受 H_0。

例 24 某制药厂生产一种抗菌素，已知在正常生产情况下，每瓶抗菌素的某项指标服从均值为 22.3 的正态分布。某天开工后，测得 10 瓶的数据为

22.3，21.5，21.7，23.4，21.8，21.4，23.4，18.9，24.4，21.2

问生产是否正常？

解： 在 Command 窗口输入

>>x= [22.3 21.5 21.7 23.4 21.8 21.4 23.4 18.9 24.4 21.2];

>>h=ttest (x, 22.3, 0.05)

显示结果：*h*=0，则应接受原假设，可以认为生产是正常的。

注： 以上 U 检验和 T 检验均以双侧检验 H_0：$\mu=m$ 为例，如需进行单侧检验，则可用 *h*=*ztest*（*x*，*m*，*sigma*，*alpha*，*tail*）及 *h*=*ttest*（*x*，*m*，*alpha*，*tail*），其中 *tail*=0 进行双侧检验 H_0：$\mu=m$，*tail*=−1 进行左侧检验 H_0：$\mu<m$，*tail*=0 进行右侧检验 H_0：$\mu>m$。

附表 1 标准正态分布表

x	0	1	2	3	4	5	6	7	8	9
0.0	0.500 0	504 0	508 0	512 0	516 0	519 9	523 9	527 9	531 9	535 9
0.1	539 8	543 8	547 8	551 7	555 7	559 6	563 6	567 5	571 4	575 3
0.2	579 3	583 2	587 1	591 0	594 8	598 7	602 6	606 4	610 3	614 1
0.3	617 9	621 7	625 5	629 3	633 1	636 8	6406	644 3	6480	651 7
0.4	655 4	659 1	662 8	666 4	670 0	673 6	677 2	680 8	684 4	687 9
0.5	691 5	695 0	698 5	701 9	705 4	708 8	712 3	715 7	719 0	722 4
0.6	725 7	729 1	732 4	735 7	738 9	742 2	745 4	748 6	751 7	754 9
0.7	758 0	761 1	764 2	767 3	770 3	773 4	776 4	779 4	782 3	785 2
0.8	788 1	791 0	793 9	796 7	799 5	802 3	805 1	807 8	810 6	813 3
0.9	815 9	818 6	821 2	823 8	826 4	828 9	831 5	834 0	836 5	838 9
1.0	841 3	843 8	846 1	848 5	850 8	853 1	855 4	857 7	859 9	862 1
1.1	864 3	866 5	868 6	870 8	872 9	874 9	877 0	879 0	881 0	883 0
1.2	884 9	886 9	888 8	890 7	892 5	894 4	896 2	898 0	899 7	901 5
1.3	903 2	904 9	906 6	908 2	909 9	911 5	913 1	914 7	916 2	917 7
1.4	919 2	920 7	922 2	923 6	925 1	926 5	927 9	929 2	930 6	931 9
1.5	933 2	934 5	935 7	937 0	938 2	939 4	940 6	941 8	942 9	944 1
1.6	945 2	946 3	947 4	948 4	949 5	950 5	951 5	952 5	953 5	954 5
1.7	955 4	956 4	957 3	958 2	959 1	959 9	960 8	961 6	962 5	963 3
1.8	964 1	964 9	965 6	966 4	967 1	967 8	968 6	969 3	969 9	970 6
1.9	971 3	971 9	972 6	973 2	973 8	974 4	975 0	975 6	976 1	976 7
2.0	977 2	977 8	978 3	978 8	979 3	979 8	980 3	980 8	981 2	981 7
2.1	982 1	982 6	983 0	983 4	983 8	984 2	984 6	985 0	985 4	985 7
2.2	986 1	986 5	986 8	987 1	987 5	987 8	988 1	988 4	988 7	989 0
2.3	989 3	989 6	989 8	990 1	990 4	990 6	990 9	991 1	991 3	991 6
2.4	991 8	992 0	992 2	992 5	992 7	992 9	993 1	993 2	993 4	993 6
2.5	993 8	994 0	994 1	994 3	994 5	994 6	994 8	994 9	995 1	995 2
2.6	995 3	995 5	995 6	995 7	995 9	996 0	996 1	996 2	996 3	996 4
2.7	996 5	996 6	996 7	996 8	996 9	997 0	997 1	997 2	997 3	997 4
2.8	997 4	997 5	997 6	99 7 7	997 7	997 8	997 9	997 9	998 0	998 1
2.9	998 1	998 2	998 2	998 3	998 4	998 4	998 5	998 5	998 6	998 6

x	$\Phi(x)$	x	$\Phi(x)$	x	$\Phi(x)$
3.0	0.998 65	4.0	0.999 968	5.0	0.999 999 7
3.1	999 03	4.1	999 979		
3.2	999 31	4.2	999 987		
3.3	999 52	4.3	999 991		
3.4	999 66	4.4	999 995		
3.5	999 77	4.5	999 997		
3.6	999 84	4.6	999 998		
3.7	999 89	4.7	999 999		
3.8	999 93	4.8	9999 992		
3.9	999 95	4.9	9999 995		

注 $\Phi(x)=\frac{1}{\sqrt{2\pi}}\int_{-\infty}^{x}\mathrm{e}^{-\frac{t^2}{2}}\mathrm{d}t=\alpha$，即 $P(X<x)=\alpha$，其中 $X\sim N(0,1)$。

附表2　t 分布表

n \ α	0.45	0.40	0.35	0.30	0.25	0.20	0.15	0.10	0.05	0.025	0.01	0.005
1	0.158	0.325	0.510	0.727	1.000	1.376	1.963	3.08	6.31	12.71	31.8	63.7
2	142	289	445	617	0.816	1.061	1.386	1.886	2.92	4.30	6.96	9.92
3	137	277	424	584	765	0.978	1.250	1.638	2.35	3.18	4.54	5.84
4	134	271	414	569	741	941	1.190	1.533	2.13	2.78	3.75	4.60
5	132	267	408	559	727	920	1.156	1.476	2.02	2.57	3.36	4.03
6	131	265	404	553	718	906	1.134	1.440	1.943	2.45	3.14	3.71
7	130	263	402	549	711	896	1.119	1.415	1.895	2.36	3.00	3.50
8	130	262	399	546	706	889	1.108	1.397	1.860	2.31	2.90	3.36
9	129	261	398	543	703	883	1.100	1.383	1.833	2.26	2.82	3.25
10	129	260	397	542	700	879	1.093	1.372	1.812	2.23	2.76	3.17
11	129	260	396	540	697	876	1.088	1.363	1.796	2.20	2.70	3.11
12	128	259	395	539	695	873	1.083	1.356	1.782	2.18	2.68	3.06
13	128	259	394	538	694	870	1.079	1.350	1.771	2.16	2.65	3.01
14	128	258	393	537	692	868	1.076	1.345	1.761	2.14	2.62	2.98
15	128	258	393	536	691	866	1.074	1.341	1.753	2.13	2.60	2.95
16	128	258	392	535	690	865	1.071	1.337	1.746	2.12	2.58	2.92
17	128	257	392	534	689	863	1.069	1.333	1.740	2.11	2.57	2.90
18	127	257	392	534	688	862	1.067	1.330	1.734	2.10	2.55	2.88
19	127	257	391	533	688	861	1.066	1.328	1.729	2.09	2.54	2.86
20	127	257	391	533	687	860	1.064	1.325	1.725	2.09	2.53	2.85
21	127	257	391	532	686	859	1.063	1.323	1.721	2.08	2.52	2.83
22	127	256	390	532	686	858	1.061	1.321	1.717	2.07	2.51	2.82
23	127	256	390	532	685	858	1.060	1.319	1.714	2.07	2.50	2.81
24	127	256	390	531	685	857	1.059	1.318	13.711	2.06	2.49	2.80
25	127	256	390	531	684	856	1.058	1.316	1.708	2.06	2.48	2.79
26	127	256	390	531	684	856	1.058	1.315	1.706	2.06	2.48	2.78
27	127	256	389	531	684	855	1.057	1.314	1.703	2.05	2.47	2.77
28	127	256	389	530	683	855	1.056	1.313	1.701	2.05	2.47	2.76
29	127	256	389	530	683	854	1.055	1.311	1.699	2.04	2.46	2.76
30	127	256	389	530	683	854	1.055	1.310	1.697	2.04	2.46	2.75
40	126	255	388	529	681	851	1.050	1.303	1.684	2.02	2.42	2.70
60	126	254	387	527	679	848	1.046	1.296	1.671	2.00	2.39	2.66
120	126	254	386	526	677	845	1.041	1.289	1.658	1.980	2.36	2.62
∞	0.126	0.253	0.385	0.524	0.674	0.842	1.036	1.282	1.645	1.960	2.33	2.58

注　$P(T > t_{\alpha}(n)) = \alpha$，其中 $T \sim t(n)$。

附表 3　χ^2分布表

n \ α	0.995	0.99	0.975	0.95	0.90	0.75	0.50	0.25	0.10	0.05	0.025	0.01	0.005
1	0.044	0.032	0.001	0.004	0.015	0.102	0.455	1.32	2.71	3.84	5.02	6.64	7.88
2	0.010	0.020	0.051	0.103	0.211	0.575	1.39	2.77	4.61	5.99	7.38	9.21	10.6
3	0.072	0.115	0.216	0.352	0.584	1.21	2.37	4.11	6.25	7.82	9.35	11.3	12.8
4	0.207	0.297	0.484	0.711	1.06	1.92	3.36	5.39	7.78	9.49	11.1	13.3	14.9
5	0.412	0.554	0.831	1.15	1.61	2.67	4.35	6.63	9.24	11.1	12.8	15.1	16.7
6	0.676	0.872	1.24	1.64	2.20	3.45	5.35	7.84	10.6	12.6	14.4	16.8	18.5
7	0.989	1.24	1.69	2.17	2.83	4.25	6.35	9.04	12.0	14.1	16.0	18.5	20.3
8	1.34	1.65	2.18	2.73	3.49	5.07	7.34	10.2	13.4	15.5	17.5	20.1	22.0
9	1.73	2.09	2.70	3.33	4.17	5.90	8.34	11.4	14.7	16.9	19.0	21.7	23.6
10	2.16	2.56	3.25	3.94	4.87	6.74	9.34	12.5	16.0	18.3	20.5	23.2	25.2
11	2.60	3.05	3.82	4.57	5.58	7.58	10.3	13.7	17.3	19.7	21.9	24.7	26.8
12	3.07	3.57	4.40	5.23	6.30	8.44	11.3	14.8	18.5	21.0	23.3	26.2	28.3
13	3.57	4.11	5.01	5.89	7.04	9.30	12.3	16.0	19.8	22.4	24.7	27.7	29.8
14	4.07	4.66	5.63	6.57	7.79	10.2	13.3	17.1	21.1	23.7	26.1	29.1	31.3
15	4.60	5.23	6.26	7.26	8.55	11.0	14.3	18.2	22.3	25.0	27.5	30.6	32.8
16	5.14	5.81	6.91	7.96	9.31	11.9	15.3	19.4	23.5	26.3	28.8	32.0	34.3
17	5.70	6.41	7.56	8.67	10.1	12.8	16.3	20.5	24.6	27.6	30.2	33.4	35.7
18	6.26	7.02	8.23	9.39	10.9	13.7	17.3	21.6	26.0	28.9	31.5	34.8	37.2
19	6.84	7.63	8.91	10.1	11.7	14.6	18.3	22.7	27.2	30.1	32.9	36.2	38.6
20	7.43	8.26	9.59	10.9	12.4	15.5	19.3	23.8	28.4	31.4	34.2	37.6	40.0
21	8.03	8.90	10.3	11.6	13.2	16.3	20.3	24.9	29.6	32.7	35.5	38.9	41.4
22	8.64	9.54	11.0	12.3	14.0	17.2	21.3	26.0	30.8	33.9	36.8	40.3	42.8
23	9.26	10.2	11.7	13.1	14.8	18.1	22.3	27.1	32.0	35.2	38.1	41.6	44.2
24	9.89	10.9	12.4	13.8	15.7	19.0	23.3	28.2	33.2	36.4	39.4	43.0	45.6
25	10.5	11.5	13.1	14.6	16.5	19.9	24.3	29.3	34.4	37.7	40.6	44.3	46.9
26	11.2	12.2	13.8	15.4	17.3	20.8	25.3	30.4	35.6	38.9	41.9	45.6	48.3
27	11.8	12.9	14.6	16.2	18.1	21.7	26.3	31.5	36.7	40.1	43.2	47.0	49.6
28	12.5	13.6	15.3	16.9	18.9	22.7	27.3	32.6	37.9	41.3	44.5	48.3	51.0
29	13.1	14.3	16.0	17.7	19.8	23.6	28.3	33.7	39.1	42.6	45.7	49.6	52.3
30	13.8	15.0	16.8	18.5	20.6	24.5	29.3	34.8	40.3	43.8	47.0	50.9	53.7
40	20.7	22.2	24.4	26.5	29.1	33.7	39.3	45.6	51.8	55.8	59.3	63.7	66.8
50	28.0	29.7	32.4	34.8	37.7	42.9	49.3	56.3	63.2	67.5	71.4	76.2	79.5
60	35.5	37.5	40.5	43.2	46.5	52.3	59.3	67.0	74.4	79.1	83.3	88.4	92.0

注　$P(\chi^2 > \chi^2_\alpha(n)) = \alpha$，其中$\chi^2 \sim \chi^2(n)$。

参考文献

[1] 朱长坤．应用高等数学基础——线性代数与概率统计［M］. 2 版．上海：上海交通大学出版社，2008.

[2] 朱弘毅．高等数学：下册［M］. 6 版．上海：上海科学技术出版社，2011.

[3] 赵树嫄．线性代数［M］. 3 版．北京：中国人民大学出版社，2004.

[4] 袁荫棠．概率论与数理统计［M］. 北京：中国人民大学出版社，1990.

[5] 施光燕．线性代数讲稿［M］. 辽宁：大连理工大学出版社，2004.

[6] 吴赣昌．线性代数：理工类［M］. 北京：中国人民大学出版社，2007.

[7] 吴赣昌．线性代数与数理统计：经管类·高职高专版［M］. 3 版．北京：中国人民大学出版社，2011.

[8] 吴赣昌．概率论与数理统计：理工类［M］. 北京：中国人民大学出版社，2007.

[9] 赵静，但绮．数学建模与数学实验［M］. 3 版．北京：高等教育出版社，2010.

[10] 陈家鼎，郑忠国．概率与统计［M］. 北京：北京大学出版社，2007.

[11] 孔造杰．运筹学［M］. 北京：机械工业出版社，2007.

[12] 魏宗舒．概率论与数理统计教程［M］. 2 版．北京：高等教育出版社，2008.

[13] 王萼芳．高等代数［M］. 北京：高等教育出版社，2009.